大飞机出版工程

飞机驾驶舱显示控制
设计和评价指南

揭裕文 郑弋源 陆燕玉 编著

上海交通大学出版社
SHANGHAI JIAO TONG UNIVERSITY PRESS

内容提要

　　人为因素被作为一门学科应用到航空领域中,已经得到了蓬勃的发展。人为因素在安全飞行活动中的角色也日渐突出。随着航空需求的逐步扩大,新技术的不断涌现,以及自动化系统的大量使用,新形式和未预期的人为差错也时有发生,航空安全面临着新的机遇和挑战。航空安全最终需要通过人的能力进行保障。航空人为因素应该是一门应用性的学科,通过具体的要求为飞行员、设计人员、审查人员以及维修人员等提供最优的解决方案。

　　本书一共包含 10 个部分的内容,关注于多种飞行型号项目中的关键的人为因素/飞行员界面问题,包括驾驶舱显示和控制。本书的目标是指导飞机驾驶舱显示和控制器件的设计和评价中对人为因素问题的理解和优化,提出具体的要求和推荐的措施,从而提高航空安全。

图书在版编目(CIP)数据

飞机驾驶舱显示控制设计和评价指南/揭裕文,郑
弋源,陆燕玉编著. —上海:上海交通大学出版社,2017
ISBN 978 - 7 - 313 - 18228 - 9

Ⅰ.①飞… Ⅱ.①揭… ②郑… ③陆… Ⅲ.①座舱飞行显示
系统-设计-指南 Ⅳ.①V441 - 62

中国版本图书馆 CIP 数据核字(2017)第 250673 号

飞机驾驶舱显示控制设计和评价指南

编　　著:揭裕文　郑弋源　陆燕玉
出版发行:上海交通大学出版社
邮政编码:200030
出 版 人:谈　毅
印　　制:苏州市越洋印刷有限公司
开　　本:710 mm×1000 mm　1/16
字　　数:317 千字
版　　次:2018 年 2 月第 1 版
书　　号:ISBN 978 - 7 - 313 - 18228 - 9/V
定　　价:128.00 元

地　　址:上海市番禺路 951 号
电　　话:021 - 64071208
经　　销:全国新华书店
印　　张:16
印　　次:2018 年 2 月第 1 次印刷

作 者 简 介

揭裕文 研究员级高级工程师,享受国务院特殊津贴;主要研究方向为飞机总体气动设计、性能操稳、试飞及适航审定、人为因素等。现任中国民用航空上海航空器适航审定中心副主任、中国民航 TA600 型号合格审定委员会成员和型号合格审查大组组长、C919 飞机型号合格审定委员会成员、性能操稳审查组组长和人为因素与最小机组审查组组长。曾在洪都航空工业集团飞机设计研究所先后担任飞机设计工程师、副主任、型号副总设计师、专业副总设计师;担任 ARJ21—700 飞机试飞性能组副组长;担任庞巴迪 C 系列飞机同步认可审查大组组长。多次获省部级奖、获航空重点型号研制个人二等奖、民航中青年技术带头人、上海市五一劳动奖章等。

郑弋源 中国民用航空上海航空器适航审定中心科研工作站博士后研究员,上海交通大学博士。主要研究方向为人为因素、人机交互、界面设计等。参与 C919 飞机和 TA600 飞机驾驶舱人为因素适航审定,任 C919 首发用户驾驶舱评估委员会观察员。曾参与国家重点基础研究发展计划项目、国家基础自然科学基金项目、航空基金项目、民航安全基金项目等。在 SCI 和 EI 收录的国际期刊和国际会议上发表学术论文超过 10 篇。

陆燕玉 上海交通大学电子信息与电气工程学院自动化系,助理研究员,主要研究方向为人机交互、视觉认知等。主持国家自然科学基金、装备预研重点实验室基金、博士后基金等,参与"973"计划项目、"863"计划项目等多项国家科研项目。发表国际期刊和会议论文 20 余篇。

前　言

　　人为因素作为一门学科被应用到航空领域中,已经得到了迅速的发展,人为因素在安全飞行活动中担任的角色也日渐突出。随着航空需求的逐步扩大,新技术的不断涌现以及自动化系统的大量使用,新形式和未预期的人为差错也时有发生,航空安全面临着新的机遇和挑战。航空安全最终需要通过人的能力进行保障,包括直接操纵飞机的驾驶员、飞机设计人员、审查人员以及维修人员等。航空人为因素应该是一门应用性的学科,通过具体的要求为驾驶员、设计人员、审查人员以及维修人员等提供最优的解决方案。

　　本书编写的目标是指导飞机驾驶舱显示和控制器件的设计和评价中对人为因素问题的理解和优化,并提出具体的要求和推荐的措施,从而提高航空安全水平。本书针对所有类型的飞机,包括 CCAR－23 部、25 部、27 部和 29 部。中国民用航空局(CAAC)和美国联邦航空局(FAA)在不同的文件中提供了具体的航空人为因素需求和指南,但是很多人为因素的问题都是相关的,提供一个系统的具体指南可能会帮助理解和解决其他系统中与人为因素相关的问题。本书旨在为驾驶舱显示和控制器件相关的所有人为因素条例和指导性资料提供一个单独的、完整的参考,以期能够理解和解决不同系统中的人为因素问题。本书并不能取代局方针对特定机型所制订的管理条例和指导性资料,目前所使用的局方管理条例和指导性资料应优先于本书的使用。

　　本书共包含10部分的内容,着眼于多种飞行型号项目中关键的人为因素/驾驶员界面问题,包括驾驶舱显示和控制;一些重要的但通常会被忽视的问题;以及经常使用的局方的管理条例和指导性资料。这些问题归类为10个“专题范围”,分别对应本书中的10部分内容,如下所示。

　　第 2 章:显示硬件

　　第 3 章:电子显示信息元素与特征

第 4 章：告警

第 5 章：电子显示信息元素组织

第 6 章：控制

第 7 章：设计理念

第 8 章：预期功能

第 9 章：差错管理、预防、检测与恢复

第 10 章：工作负荷

第 11 章：自动化

　　本书中每一部分都结合了一个特定的范围所提供的人为因素问题的背景、管理条例和指导性资料，并从工业界、学术界和政府研究机构的角度提供建议和最优的方法。此外，本书还有附录：飞行试验检查单、评价程序和场景。所有附录和上述 10 部分内容都是为了指导驾驶舱显示和控制的设计和评价中的人为因素问题的理解和优化，以期提高航空安全水平。

目　　录

1 绪 论

飞机驾驶舱是一个信息集中式的环境。随着新技术不断提供新的性能、信息显示形式、控制与交互的新方法，驾驶舱中信息和控制器件的数量也不断增加。因此，让驾驶员和飞行机组理解显示系统与控制器件的使用方式，并正确地与其他的显示系统和控制器件进行交互变得十分重要。在设计的初期和整个设计过程中充分考虑人为因素问题有助于保证显示系统和控制器件能够支持所有飞行机组的功能、任务和决策。

与驾驶舱显示和控制器件相关的人为因素要求和指南有很多，分布在各种管理条例和指导性文件中。这些管理条例和指导性文件包括：适航管理条例、技术标准指令（TSO）、咨询通告（AC）以及工业界标准（如最小操作性能标准和国际自动机工程师学会 SAE 中国际航空的推荐方法）等。这些文件中很多只针对特定的航空电子系统，如 TSO－C165 电子地图显示，但是在这些单独的文件中有很多内容是通用的，可以适用于不同的航空电子系统；同时，很多文件的内容多达几百页，但是与人为因素相关的内容却只有几页；此外，由于人为因素可能会影响显示系统或者控制器件的不同方面，因此，相关的指南可能分散在一个或者多个文件中。当新的航空电子系统提供的功能和特征超出了原先的预期时，上述情况特别容易出现。所以，本书提供了驾驶舱显示和控制器件中人为因素管理条例和指导性资料的总的参考性内容，以期提高飞机设计水平和飞行安全水平。

本书编写的目的是帮助读者能够在早期就理解和解决驾驶舱显示和控制器件中的人为因素问题，并提交局方批准。本书中涉及的资料适用于各种类型飞机所有形式的驾驶舱显示和控制器件（CCAR－23 部、25 部、27 部和 29 部）。本书关注于显示系统的硬件、软件（信息显示元素和特征的描述和组织）以及控制器件设计的人为因素/驾驶员界面方面。同时，本书还对建立机组工作负荷评价、差错管理、自动化应用以及系统失效防护和管理方面设计理念的重要性进行了描述。

本书不是管理条例，也不能作为符合性文件。本书的内容并不能代替针对具体飞行型号的局方管理条例和指导性资料，目前所使用的局方管理条例和指导性资料应优先于本书的使用。确切地说，本书是为了增强对人为因素的意识，帮助理解和解决人为因素问题，支持驾驶舱设计的一致性和兼容性而编写的。

1.1　技术方法

本书中使用了系统集成的观点，其中"系统"是指一群交互的元素一起工作以完成一个共同的目标。本书旨在建立指导性的手册，以帮助局方的飞机审定试飞员、工程师以及人为因素专家进行人为因素的设计和评价。

本书的格式经过了多次修改，期望能为使用者提供快速的资料查找方式。有些内容在不同的章节是重复的，以便使用者进行有针对性的查找。本书的最终目标是建立一个容易使用的手册，能够为局方的飞机审定试飞员、工程师和人为因素专家评价驾驶舱显示和控制器件提供帮助。本书的另外一个编写目标是为飞机审定专家提供完整的与系统相关的管理条例和指导性资料清单。

1.2　组织结构

本书的主体分为 11 个章节，包括绪论和 10 个包含人为因素问题的章节，此外本书还包括 1 个附录。

本书核心的 10 个章节着眼于关键的人为因素/驾驶员界面问题，这些关键问题来源于包含驾驶舱显示与控制器件的局方飞机审定项目；一些重要的，但是通常容易被忽略的问题；还包括局方管理条例和指导材料中所要求的问题，由此构成 10 类"主要问题"。

本书的组织结构如表 1.1 所示。

表 1.1　本书的组织结构

章节和标题	内　　容
2 显示硬件	由硬件特征所决定的与显示相关的可视性、可读性和易识性，如分辨率和大小，驾驶舱中显示安装的位置等
3 电子显示信息元素与特征	信息显示的设计和格式，如标签、符号和颜色
4 告警	管理条例和指导性资料中使用"告警"的实例和内容；警告（warning）、戒备（caution）、咨询（advisories）、信息（messages）和通告（annunciations）设计和评价所需的信息
5 电子显示信息元素组织	描述在驾驶舱中应该如何安排不同的显示，单独的信息元素和/或显示如何配置
6 控制器件	控制器件的设计、布局和操作；特定类型控制器件的独特使用问题的讨论
7 设计理念	使用驾驶舱设计理念所规定的人为因素方法
8 预期功能	评价系统预期功能的指南

（续表）

章节和标题	内　　　容
9 差错管理、预防、检测 与恢复	识别与减轻潜在的人为差错的考虑
10 工作负荷	最小机组要求；工作负荷评价方法讨论
11 自动化	飞行机组角色改变和操作方法

以上每个章节都提供了与该"主要问题"相关的管理和指导材料，从而帮助识别和解决人为因素/驾驶员界面的设计和评价。

每个主要问题的材料分为四个部分：① "主要问题"的背景介绍；② 局方管理条例和指导性材料；③ 其他推荐的标准和指南；④ "主要问题"的实例描述。

1）背景

背景提供了对相应"主要问题"的要求、指南和其他推荐的解释和说明。在一些情况下，背景中描述了要求、指南和其他推荐的来龙去脉；在另外一些情况下，背景讨论了相应"主要问题"的重要性，这些重要性能够帮助读者理解设计中潜在的权衡考虑。

2）局方管理条例和指导材料

局方管理条例和指导材料包含从以下内容中提取的人为因素要求：局方管理条例（来自 CCAR/FAA/EASA 等局方机构）、咨询通告（AC）、技术标准指令（TSO）、政策申明、政策备忘录以及工业文件（如 RTCA 和 SAE 出版物）。只有当所用工业文件（如 RTCA 文件）是由局方文档具体调用的时，例如 TSO，这些工业文件才会列入"局方管理条例和指导材料"中。

局方管理条例和指导材料的来源用方括号"[　　]"表示，紧接在对应的条例或者材料之后。所有的内容都从原始的资料中进行摘录，并没有进行更改。但是，为了帮助读者更好地进行理解，书中去掉了与系统具体相关的词语或缩略语。原始资料中包含的解释注解全部被引用，同时这些注释也进行了来源资料的标注以保证引用资料的正确性。也有可能出现几个注释引用同样的原始资料的情况。

如果原始资料中使用"应当""必须"或者"应该"，那么本书也同样使用"应当""必须"或者"应该"。在这些原始资料中"应当"用来表示最小的要求；"必须"是典型的条例要求；"应该"指示强烈的推荐。在一些情况下，使用通用的方法表示参考的管理条例，例如 CCAR - 2X.777（a）或者 CCAR - 2X.1301。在这些情况中，"2X"表示 23 部、25 部、27 部和 29 部规章。

当资料的内容来自局方文档或者是局方文档调用的工业文档，例如 TSO 中调用的 RTCA 文件时，总是首先列出 TSO，因为局方文档调用了工业文档。其他没有被局方材料直接或非直接支持的内容在"其他推荐"中列出。

3）其他推荐

其他推荐提供了工业界和学术文章中所列举的其他指南，如设计标准、人为因素文件、研究文章和报告。这些内容不是管理条例，也不强制要求符合性。

"其他推荐"中引用的研究包括与航空环境相关的研究以及与感知（如视觉）相关的基础实验。如果推荐是直接从来源中提取的，那么推荐的来源在方括号"[　]"中显示；如果"其他推荐"的来源并不清楚，则不提供来源信息；如果推荐的内容来自学术文章，则来源列于参考文献中。

4）实例

实例提供了"主要问题"及计算方法的例子，有些实例并不适用于所有的显示、飞机、操作或环境，但是为一些系统、特征或功能提供了深入了解。

本书中包含的附录如表1.2所示。

表 1.2　附　　录

附录	飞行试验检查单，评价程序和场景的快速参考 1）评价的步骤 2）AC - 25 - 11A 驾驶舱显示的符合性评价 3）评价显示和控制器件的通用程序、场景和考虑 4）气象显示评价程序 5）GPS 评价程序和场景 6）EVS/SVS 评价程序

2 驾驶舱显示

早期的显示受技术的限制,在光亮的条件下,显示有时难以看见或者难以进行阅读。现在的显示技术已经发展到几乎在所有光线条件下都能够提供清楚的图像的程度。驾驶舱中显示的质量和位置对信息的可读性有显著性的影响。2.1 节提供了与视觉显示特征相关的考虑,2.2 节提供了信息位置和安装的考虑。

2.1 视觉显示特征

2.1.1 背景

显示技术会影响视觉质量。显示的基本特征包括大小、分辨率、对比度、显示亮度范围以及颜色数量,这些特征会影响操作者的行为。当使用新的显示技术时,可能需要在开销、可靠性和维护性之间进行权衡。在确定总的驾驶舱适应性时,需要根据显示的物理特性对其进行评价。

驾驶舱显示必须在各种光线条件下可读。设备灯的目的是让飞行机组在所有光线条件下都能够看见显示的信息,能够定位和识别信息,并与控制器件进行交互。其中,要能够方便地读取警告、戒备或者咨询信息这一点尤为重要。眩光和对比度也是需要重点考虑的两个因素。眩光是由于驾驶舱内部或者外部的光源所引起,会损害驾驶员观察驾驶舱外部的能力;显示对比度也可能由于光线变暗的原因而降低,原本可以清楚显示的颜色可能会变模糊。眩光和对比度的降低可能是由于显示的亮度不够所造成的。显示的亮度是其本身的亮度和外部光线照射到显示部分的综合亮度,显示本身的亮度反映了显示本身发射或反射的光,它与显示亮度是不同的概念。因此,显示亮度可能比显示本身的亮度更亮或更暗,这取决于驾驶舱内的环境光量。在亮的光线下,显示或其他亮的信号容易检测,而在正常的光线条件下则困难一些,这是由于驾驶舱中额外增加的光线所造成的。在夜晚或者暗的环境中,必须考虑维持驾驶员对暗的适应性,使得他们的眼睛能够习惯黑暗的条件。

显示闪烁是一个符号或者一组符号的亮度快速且短暂的变化。事实上,显示是一直在闪烁的,但是只有在观察者的视觉阈值高于显示的刷新率时,才会发现闪烁。例如当刷新率太低时,随着亮度等级的提升,可能更容易发现显示闪烁。抖动是显示上元素的几何不稳定性所造成的。抖动的大小根据 1 秒内元素(像素)在水平方向和垂直方向的最大位移而确定。抖动由幅度(如显示元素的移动距离)和频度(如显示元素的移动速度)组合而成。闪烁和抖动都会引起轻微的眼疲劳。

2.1.2 局方管理条例和指导性资料

2.1.2.1 总则

显示的尺寸必须足够大,使得在所有可预见的条件下向飞行机组呈现的信息是一种可用的形式(可读或可辨识)。可预见的条件包括操作环境和灯光环境,同时信息应该与预期的功能相一致。[AC-25-11A,16.a.(1)]

2.1.2.2 显示分辨率

分辨率和最小的线宽应该足够支持所有的信息图像。显示信息在所有可预见的条件下,对位于飞行机组位置上的驾驶员都是可见的,并且是可理解的。可预见的条件包括操作环境和灯光环境。[AC-25-11A,16.a.(2)]

2.1.2.3 亮度和照明

(1) 仪表灯必须使得每个仪表和控制装置易于判读和识别。[CCAR-23.1381(a)]

(2) 显示符号应该在所有外界亮度等级的条件下可读和/或可观察,亮度等级范围从 1.1 lx(0.1 ft-c[①])到 86 100 lx(8 000 ft-c),同时提供在前视界中快速的眼部适应亮度等级到 34 300 cd/m² (10 000 fL[②])。[TSO-C113a/SAE AS 8034B,4.3.1]

(3) 应该有足够的显示亮度使得在最大的外界亮度情况下能够提供可用的显示。[TSO-C113a/SAE AS 8034B,4.3.2]

(4) 显示系统应该能够进行手动亮度控制。[TSO-C113a/SAE AS 8034B,4.3.2.1]

(5) 如果显示系统有自动亮度补偿,则补偿的操作应该在变化的驾驶舱外界照明等级下使得系统满足要求。当自动亮度控制失效时,手动亮度控制不应该受影响。[TSO-C113a/SAE AS 8034B,4.3.2.2]

(6) 当显示的最大亮度和最小亮度不相同时,所有显示信息的亮度应该保持视觉一致性。在设置最小亮度时,不允许重要的符号或特征不可见而其他的符号或特征可见。[TSO-C113a/SAE AS 8034B,4.3.2.3]

(7) 应该保证足够的显示亮度以防止出现有威胁的分神情况或者对信息产生错误的理解。[TSO-C113a/SAE AS 8034B,4.3.2.4]

(8) 应该保证足够的显示信息亮度对比度和/或颜色差别,使得能够对以下内容进行区分:[TSO-C113a/SAE AS 8034B,4.3.3]

① ft-c:英尺·烛光,照度单位,1 ft-c=0.092 9 lx。
② fL:英尺·朗伯,亮度单位:1 fL=0.291 9 cd/m²。

a. 当符号(包括特征和/或线)和背景(包括外界背景和产生的背景)有重叠时,符号和背景之间的区别。

b. 不同的符号、特征和线之间的区别,当它们与外界背景或产生的背景相重叠时也应该考虑。

c. 产生的背景和外界背景之间的区别。

d. 产生的背景和具体的颜色之间的区别。

(9) 在可预期的情况下,所有符号、特征、线条或者所有背景的亮度对比度和/或颜色差异应该足够充分以防止显示信息的内容发生混淆或不明确。当与操作相关时,信息的颜色应该是可识别的(告警所使用的颜色)。制造商应该具体说明满足要求的外界亮度等级和亮度特征。[TSO-C113a/SAE AS 8034B,4.3.3]

注:即使有颜色的区分,也不建议符号和背景使用同样的亮度。背景不推荐使用深色,深色应该用于较小的项目例如符号、图标、目标等。[TSO-C113a/SAE AS 8034B,4.3.3]

(10) 所有的亮度信息都必须让驾驶员在所有的外界照明条件下容易识别、可读和可控(阳光直射到全黑)。驾驶舱照明评价应该保证:[PS-ACE 100-2001-004,附录 A]

a. 提供足够的照明使得所有相关的任务能够容易地以较高的速度和准确度等级完成。

b. 能够让驾驶员快速地认识和察觉危险的条件或潜在的威胁。

c. 提供视觉舒适度。

(11) 每个照明组件都应该对统一的照明和平衡进行独立的评价。每个组件也应该与其他所有的亮度仪表一起进行统一性和平衡性评价。亮度仪表包括其他的显示、控制器件、告警系统和辅助照明,所有这些仪表都应该与其他仪表相兼容。[PS-ACE 100-2001-004,附录 A]

(12) 所有控制器件的标志都应该进行评价以保证它们在白天和夜晚的运行环境中都是可见的和均匀照明的。同时应该指明显示的字符大小变化(例如:特征笔画大小、宽度和长度),因为这会影响可读性和亮度的感知。字符大小的变化可能会产生亮度感知的不平衡。一个控制器件的亮度不应该对周围控制器件的识别产生干扰。在白天和夜晚的运行环境中都必须对告警灯进行评价以保证驾驶员能够获得足够的意识。[PS-ACE 100-2001-004,附录 A]

(13) 电子显示指示器,包括因其特性而无法实现动力装置仪表系统间的隔离或独立性的那些电子显示指示器,必须:考虑到电子显示指示器使用寿命末期所预期的显示亮度,在驾驶舱内可能遇到的各种照明条件(包括直射阳光)下易于识别。在第 23.1529 条所要求的持续适航文件中,必须包括对该显示系统使用寿命的具体限制。[CCAR-23.1311(a)(2)]

(14) 电子显示应当具有足够的对比度和亮度,使得在所有外界亮度环境中能够识别,包括从明亮的阳光直射环境到全暗的环境。亮度控制也必须有足够的调节范围以满足这些情况。该要求的目的是为了提供可读的显示而不增加飞行机组工作负荷。[PS－ACE 100－2001－004,附录 A]

(15) 在所有与运行环境相关的可预见的条件下,信息应该在广泛的外部亮度情况下可读。这些条件包括但不限于:[AC－25－11A,16.a.(3)]

a. 显示上直射的阳光。

b. 从前挡玻璃射入的光线(反射)。

c. 在飞行机组成员眼部前方水平面上部和云甲板上方的光线。

d. 夜晚和/或暗环境。

(16) 对于暗的外界条件,显示应该可以调节光线让飞行机组适应暗的环境,以保持外部视觉和可接受的信息显示。[AC－25－11A,16.a.(3)(a)]

(17) 自动亮度调节系统可以用来减轻驾驶员工作负荷,增加显示寿命。这些系统的运行应该满足各种外部亮度调节,包括前方暗的光线以及四等分后方光线直射显示这些极端的情况。[AC－25－11A,16.a.(3)(b)]

(18) 应该为正常和非正常的运行差异保留一些手动调整,使得亮度变化不会让飞行机组分神,同时不会干扰他们完成当前的工作。[AC－25－11A,16.a.(3)(b).1]

(19) 使用特定区域显示或分层显示呈现信息时,例如气象雷达图像,应该能够对重叠的符号进行亮度独立调整。亮度控制的范围应该允许在主要尺寸上不超过5毫弧度的区域内对颜色差异进行检测;在这种设置情况下,如果有地图符号重叠,应该能够识别。[AC－25－11A,16.a.(3)(b).2]

(20) 在整个驾驶舱中的显示亮度变化应该最小化,从而使得在任意的亮度设定和所有可预期的运行情况下,相同亮度的显示符号、线条或特征保持统一。[AC－25－11A,16.a.(3)(c)]

(21) 应该有显示亮度和对比度的操作范围,以保证在正常预期的驾驶舱亮度条件的所有范围内显示的可读性(参考 SAE ARP 4256)。[TSO－C165/RTCA/DO－257A,2.2.3]

注: 正常预期的驾驶舱亮度条件包含从全黑到无过滤的阳光直射。[TSO－C165/RTCA/DO－257A,2.2.3]

(22) 显示亮度不应该干扰其他驾驶舱显示的使用,或者产生不可以接受的眩光。[TSO－C165/RTCA/DO－257A,3.1.3]

2.1.2.4　眩光和光反射

(1) 对于无降水情况,采用下列规定:驾驶舱不得有影响(按第25.1523 条规定的)最小飞行机组完成正常职责的眩光和反射,必须在无降水情况下通过昼和夜间的飞行试验表明满足上述要求。[CCAR－25.773(a)(2)]

(2) 开展的评价应该包含所有潜在的光线条件(如太阳接近地平线的黎明或黄

昏条件)、较高的太阳角度(前、后以及头顶直射)以及夜晚条件(有月光和无月光条件)。此外,还应该评估内部的灯光选择及其等级对飞机设备和系统的可读性和可用性的影响,以及驾驶员观察驾驶舱外部的能力。[PS-ACE 100-2001-004,附录A]

(3) 必须在无降水情况下通过白天和夜间飞行试验表明符合性。最小机组的标准和基本的工作负荷功能和因素在 AC-25 部附录 D 进行了说明。[AC-25-11A,16.a.(11)]

(4) 显示的反射比应该最小,以保证显示的可读性。[TSO-C165/RTCA/DO-257A,2.2.3]

(5) 应该将驾驶舱眩光和光反射的评价考虑为评价程序的一部分。评价应该保证眩光和光反射不会造成视觉不适或者妨碍外视界观察以及干扰其他的视觉任务。如果条件允许,则光线试验可以在工程样机中进行。飞机的地面和飞行试验也应该在白天和夜晚的运行条件下进行。[PS-ACE 100-2001-004,附录A]

(6) 应该在所有潜在的光线条件下进行评价,包含太阳接近地平线的黎明或者黄昏条件、有较高的太阳角度(前、后以及头顶直射),以及夜晚条件(有月光和无月光条件)。此外,还应该评价内部灯光的选择和等级对电子显示的可读性和可用性的影响。[PS-ACE 100-2001-004,附录A]

2.1.2.5　调暗

(1) 不应该提供手动调暗,除非在所有外界光线条件下,能够使用最小的设置保持足够的注意力水平进行飞行。[AC-25.1322-1,附录A,1.d.(2)]

(2) 应该检查从亮到关闭的调暗操作的一致性。调暗的范围应该充分,以保证在所有的运行光线环境中有足够的可读性。应该考虑提供变暗控制的数量,变暗控制的增多会增加驾驶员的工作负荷以及产生混淆和差错的可能性。因此,变暗控制应该保持最小的需求。[PS-ACE 100-2001-004,附录A]

2.1.2.6　对比度

(1) 显示对比度应该保证在所有与运行环境相关的可预见的条件下,飞行机组在位置上能够识别在所有的外界亮度情况下的信息。[AC-25-11A,16.a.(4)(a)]

(2) 所有符号、特征、线条以及与它们对应的背景都应该有足够的对比度以防止信息混淆或产生歧义。[AC-25-11A,16.a.(4)(b)]

2.1.2.7　色度

(1) 显示色度的差异以及亮度的差异,应该使得从飞行机组位置上并在所有与运行环境相关的可预见的条件下,能够区分图形符号之间、符号与背景以及背景阴影区域。光栅或者视频(非向量图如气象雷达)应该允许图形能够从重叠的符号中进行区分,同时应该允许显示预期的图像符号。[AC-25-11A,16.a.(5)(a)]

(2) 在可预测的条件下,显示应该提供色度稳定性。[AC-25-11A,16.a.(5)(b)]

2.1.2.8 灰度

(1) 显示可以提供的灰度的数量和灰度的差异应该对所有的信息内容和使用都是足够的,同时应该适合所有的观察条件。[AC-25-11A,16.a.(6)(a)]

(2) 显示应该提供足够的灰度等级稳定性。[AC-25-11A,16.a.(6)(b)]

2.1.2.9 显示响应

(1) 在标准的外界条件下,显示应该在接受真实数据1分钟以内呈现数字正确和无歧义的信息。所有动态的和其他具体的性能要求应该在10分钟内得到满足。分段显示应该进行一个测试,这个测试可以在开始时完成以验证对分段的有效显示。[TSO-C113a/SAE AS 8034B,4.6.1]

(2) 200毫秒的电源中断的恢复时间不应该超过1秒。在所有情况下,电力暂态都不应该引起任何的显示或输入错误(参考DO-160G第16段)。[TSO-C113a/SAE AS 8034B,4.6.2]

(3) 显示的动态响应应该提供足够的显示信息的可识别性和可读性,而不会出现歧义、注意力分散的情况或者是混淆的信息。响应时间应该充分保证颜色、线宽、灰度等级和相应的符号位置的动态稳定性。应该将不期望的显示特征,例如移动图像的拖尾效应以及亮度丢失最小化,使得信息在所有可预见的条件下仍然可读和可识别,不会引起注意力分散以及对数据的理解错误。[AC-25-11A,16.a.(7)]

(4) 影响安全飞行的重要信息显示应该对运行要求完全做出响应和保持正确。由于电子显示系统延时而造成的对重要信息的影响,包括姿态、空速、高度、航向和特定的推力参数,都不应该降低驾驶员控制飞机的能力。显示系统的延时应该与飞机控制任务相应的参数保持一致。[AC-23.1311-1C,19.0,a]

(5) 显示数据的更新应该有足够的频率以满足对符号运动的要求。特别值得注意的是,对于俯仰和滚转的更新率不应该小于15 Hz。[TSO-C113a/SAE AS 8034B,4.6.3]

(6) 显示应该在500毫秒内响应操作者的控制输入。[TSO-C165/RTCA/DO-257A,2.2.4]

注: 最好能够提供临时的视觉线索以指示被系统接受的控制操作。推荐系统的响应在250毫秒内。[TSO-C165/RTCA/DO-257A,2.2.4]

2.1.2.10 刷新率

(1) 显示的刷新率应该足够防止由于闪烁而导致的信息歧义或者信息阅读以及解释的困难。显示的刷新率应该足以预防出现不可接受的闪烁。[AC-25-11A,16.a.(8)]

(2) 当在视觉包线内进行观察时,不应该出现可辨识的显示抖动。在所有的情况下,显示抖动都不能接受。在设备制造商所指定的设计眼位视觉包线内进行观察时,显示抖动的间隔不应该超过0.6毫弧度。在视觉包线内的任意位置进行观察时,推荐的上限是0.3毫弧度的显示抖动间隔,但是可能在一些情况下这种限制也不能被接受。[TSO-C113a/SAE AS 8034B,4.2.6]

(3)在主视界和所有的外周视界内,显示都不应该出现不可接受的闪烁等级。[TSO-C113a/SAE AS 8034B,4.2.7]

2.1.2.11　显示缺陷

(1)由于硬件和图形图像导致的显示缺陷,例如元素缺陷,都不应该影响显示的可读性或者引起理解的错误。[AC-25-11A,16.a.(10)]

(2)显示表面可视的缺陷(如错误的"开"行/列或错误的"关"行/列等)不应该引起注意力分散,同时不应该引起对显示的错误理解。[TSO-C113a/SAE AS 8034B,4.2.11]

(3)不允许在显示上出现错误的"开"行/列。[TSO-C113a/SAE AS 8034B,4.2.11.1]

(4)由于分辨率、模式、颜色和格式的原因,可能存在错误的"关"行/列。这些错误既不会造成注意力的分散也不会引起理解的错误。在所有情况下都不应该由于错误的"关"行/列而引起期望信息的丢失或者理解错误。如果错误的"关"行/列在不使用的区域,那么可能永远不会被飞行机组检测到。[TSO-C113a/SAE AS 8034B,4.2.11.2]

(5)可接受的缺陷数量取决于格式。分段显示的段落错误会导致一种不可接受的显示(除非有备份的段落)。[TSO-C113a/SAE AS 8034B,4.2.11.3]

2.1.3　其他推荐

2.1.3.1　总则

光学设计应该被证明能够防止在可能导致不安全情况的所有运行和试验条件下,被灰尘或湿气所污染。[SAE AS 8034B,3.12]

2.1.3.2　亮度和光线

(1)推荐的最小特征亮度为1 cd/m²。[DOT-VNTSC-FAA-95-7]

(2)显示亮度应该统一,显示边缘的亮度变化应该小于或者等于显示中间亮度的50%,显示中间的80%区域的亮度变化应该小于或等于20%。[DOT-VNTSC-FAA-95-7]

(3)如果亮度可以调整,那么在低的和中等的外界光线亮度条件下,最小的对比度应该为1.4∶1。在高的外界光线亮度条件下,对比度可能需要30∶1。[DOT-VNTSC-FAA-95-7]

(4)如果亮度不可调整,则最小的对比度应该为3∶1。[DOT-VNTSC-FAA-95-7]

2.1.3.3　刷新率

(1)不管是白天或是夜晚,应当难以识别在主视界或者所有外周视界内存在的

闪烁。[SAE ARP 1874,5.1.11]

（2）为了防止闪烁，阴极射线显像管显示器 CRT 的最小刷新率应该在 50～60 Hz 之间。液晶显示器 LCD 的最小刷新率应该为 30 Hz。为了避免抖动，显示元素位置的变化应该小于或等于 0.000 2 倍的观察距离。[DOT-VNTSC-FAA-95-7]

2.1.3.4　更新率

如果在显示中信息是集成的，那么更新率应该保持一致。

2.1.3.5　显示响应

控制与显示响应的延时应该最小化。[RTCA/DO-256,3.2.1.2.2]

2.1.4　简要案例说明

一些系统提供白天/夜间模式，从而允许驾驶员根据光线条件使用不同的颜色用法对显示的亮度等级进行调整。航空地图使用"白天"模式时，所显示的信息应当是黑色和亮背景的，从而在明亮的光线下显示能很亮并且可读；而"夜间"模式则应当使用亮色和暗背景，这样显示就不会太亮，能够保持驾驶员的暗适应性。

目前还没有简单的方法能够消减眩光。通过改进显示器技术，例如使用不同的材料、纹理或过滤器，可能可以减少眩光和光反射的影响，但是同时也会降低显示的质量。此外，减少一种来源的眩光可能会增加其他来源的眩光，调暗控制可以用来调整显示的亮度等级以实现可视最大化。通过在明亮光线条件下增加显示的亮度，可以减少光线对对比度和眩光的影响。

2.2　显示安装和集成

2.2.1　背景

显示有时会安装到驾驶员正常视觉区域以外的地方；同时，驾驶舱内的交叉观察很重要，因为一些显示系统不能在驾驶舱中进行复制。在一些情况下，在驾驶员正常的扫描过程中，显示可能不可达；当偏角观察时，信息可能不可读，或者颜色显示有差异，那么，可以通过评价来确定显示的可达性和可读性是否受到位置的影响。对于特定的显示系统需要考虑安装的限制。

飞行中出现飞机的抖动是正常的现象，但是有一些研究和事故表明抖动的幅度和频率会妨碍驾驶员观察前方窗外的信息或者仪表。1991 年，英国 ATP 飞机在爬升的过程中，遭遇了严重的推进器结冰事故，从而导致严重的抖动使得电子飞行仪表不可读。事故发生之后的研究实验表明当抖动频率在 10～20 Hz 范围内时，抖动对可读性有负面的影响。因此，在设计和评价过程中考虑抖动是很重要的。

2.2.2　局方管理条例和指导性资料

2.2.2.1　总则

（1）对于无降水情况，采用下列规定：驾驶舱的布局必须给驾驶员以足够宽阔、清晰和不失真的视界,使其能在飞机使用限制内安全地完成任何机动动作,包括滑行、起飞、进场和着陆。[CCAR-25.773(a)(1)]

(2) 必须向驾驶员提供足够的外部视界,使得他们可以安全地飞行和操纵飞机。设计必须提供安全性等级以保证充分的外部视界使得驾驶员能够"看见和避免"环境中的其他飞机和障碍。此外,应该特别考虑主视界区域,例如挡风玻璃造成的光学失真等问题。[PS-ACE 100-2001-004,附录 A]

(3) 人为因素审定计划应该定义设计参考眼位以计算预期的驾驶员物理尺寸的范围。提供足够的外部环境视界的能力对安全运行非常重要,应该选择能够代表不同物理尺寸范围的个体进行评价;应该考虑座椅调整能力以适应预期的驾驶员物理尺寸的范围;同时特别应该考察可能会阻碍外部视界的飞机结构件的大小和位置。[PS-ACE 100-2001-004,附录 A]

(4) 在主显示上的主要的飞行信息不应该被阻挡,应该持续位于最显著的位置。[AC-25-11A,16.b.(3)]

(5) 驾驶舱工作位置的每个座椅必须设有带单点脱扣装置的安全带和肩带组合式约束系统,使驾驶舱内乘员就座并系紧安全带—肩带后能执行该乘员在驾驶舱内所有必要的职责。必须有措施在每个组合约束系统不使用时将其固定,以免妨碍对飞机的操作和在应急情况下的迅速撤离。[CCAR-25.785(g)]

(6) 飞机的物理构型和运行环境会影响驾驶舱系统的集成和安装。系统会受到驾驶舱环境的影响,例如湍流、噪声、外界光线、烟雾和振动,系统设计时应该意识到这些因素对使用性、工作负荷以及飞行机组任务绩效的影响。例如湍流和外界光线会影响显示的可读性,驾驶舱噪声可能会影响听觉告警的可听性。型号申请人(后简称"申请人")还应该考虑非正常情况下驾驶舱环境的影响,例如从异常姿态中恢复或重新获得对飞机或者系统的控制。[AC-25.1302-1,5-8.d.(1)]

(7) 应该依据飞行机组要求考虑驾驶舱布局,包括:[AC-25.1302-1,5-8.d.(2)]

a. 可触和可达(控制)。

b. 显示和标志的可视性和可读性。

c. 一个典型的物理集成影响可视性和可读性的例子是推力杆在正常的操作位置影响了所需的交通防撞系统的操作。

d. 人—机交互元素面向任务的位置和组合。

2.2.2.2 安装

(1) 驾驶舱显示设备和安装的设计应该与总的驾驶舱设计特征(如驾驶舱大小和形状、飞行机组成员位置、窗户位置、外部亮度等)以及飞机环境(如温度、高度、电磁干扰和振动)相兼容。[AC-25-11A,16.b.(1)]

(2) 在与运行和光线环境相关的所有可预期的条件下,显示设备的安装必须不能影响飞行机组的可读性和外部场景的可视性。[AC-25-11A,16.b.(4)]

（3）如果显示系统设计取决于驾驶员的交叉观察，那么安装的设备应该考虑显示单元的观察角度限制、显示信息的大小以及显示到每个飞行机组成员的距离。[AC-25-11A,16.b.(6)]

（4）如果显示用来将符号与真实的外部数据进行匹配或重叠（如平视显示上的符号），那么显示安装的位置应该在所有的飞行阶段都能够保证符号的准确性。[AC-25-11A,16.b.(7)]

（5）在与运行环境（如湍流或紧急撤离）相关的所有可预期的条件下，显示系统组件不应该对驾驶员造成物理伤害。[AC-25-11A,16.b.(8)]

（6）安装的显示必须不能在视觉上遮挡其他的控制器和仪器或者妨碍控制器和仪器完成预期的功能。[AC-25-11A,16.b.(9)]

（7）无线电和电子设备、控制装置和导线，必须安装成在任一部件或系统工作时，对中国民用航空规章所要求的任何其它无线电和电子部件或系统的同时工作不会有不利影响。[CCAR-25.1431(c)]

（8）对于要求一个以上飞行机组成员的飞机，或飞机运行需要一个以上飞行机组成员时，必须进行驾驶舱评估，以确定在飞机运行时的驾驶舱真实噪声条件下，所有飞行机组成员是否能够在其工作位置上毫无困难地进行交谈。如果飞机设计包括了使用头戴式通讯耳机的措施，该评估还必须考虑使用耳机时的情况。如果评估表明，存在有交谈困难的情况，则必须设置内话通讯系统。[CCAR-23.1431(c)]

（9）需要进行评价以确保飞行机组成员之间的交流能够实现。该条款的符合性评价通常采用在所预期的最高的噪声条件下（如高速和全推力）开展地面和飞行试验进行证明。飞行机组成员应该不需要过度的努力就能完成有效的交流，例如通过喊叫等方式。在设计的初期分析和识别潜在的噪声源是有帮助的。[PS-ACE 100-2001-004,附录 A]

（10）在与飞机环境相关的所有可预期的条件下，显示组件的安装应该保持机械完整性。[AC-25-11A,16.b.(11)]

（11）在驾驶舱中，液体溅落到显示系统组件时或者显示系统组件损坏时不应该产生危险。[AC-25-11A,16.b.(12)]

2.2.2.3　振动

（1）飞机必须通过飞行演示在任何很可能的运行情况下，都不会发生任何妨碍继续安全飞行的振动和抖振。[CCAR-25.251(a)]

（2）在直到 V_D/M_D 的任何相应的速度和功率状态，不得存在严重的振动和抖振导致结构损伤，飞机的每一部件必须不发生过度的振动。另外，在任何正常飞行状态，不得存在强烈程度足以干扰飞机良好操纵、引起飞行机组过度疲劳或引起结构损伤的抖振状态。在上述限度以内的失速警告抖振是允许的。[CCAR-23.251]

（3）驾驶舱设备的振动和噪声特性不得影响飞机的安全运行。[CCAR-

25.771(e)]

（4）仪表板的振动不得破坏或降低任何仪表的精度。［CCAR－23.1321(c)，25.1321(d)，27.1321(c)，29.1321(f)］

（5）局方适航审定小组应该保证申请人已经认真考虑在正常和非正常的情况下，抖动和噪音的类型和幅度。同时，还应该识别抖动对任务的影响（如显示可读性和控制操作）以及噪声对任务的影响（如交流和听觉告警的识别）。此外，应该识别用以证明抖动和噪声对飞机安全运行影响的符合性方法的可接受性。［PS－ANM 100－01－03A，附录 A］

（6）当确定符合性时，应该认真考虑抖动的频率和幅度，以及这些情况在正常条件下暴露的时长。有些任务可能特别容易受到抖动的影响，包括读取显示信息的能力和控制接入或操作，应该进行评价以验证在正常飞行条件下可能发生的潜在抖振不会干扰驾驶员完成任务和控制飞机的能力。如果驾驶员可能处在抖动条件下一段时间，那么应该评价在最差的情况下，抖动对驾驶员疲劳的影响。［PS－ACE 100－2001－004，附录 A］

2.2.3 其他推荐

2.2.3.1 安装

（1）应该提供驾驶舱驾驶员间显示的交叉检查，以保证驾驶员能够发现重要功能的失效。安装的离轴角度不能超过正常显示的 50°。在中央面板或中央基座上安装的显示应该使两名驾驶员都可见。［SAE ARP 1874，5.1.2］

（2）如果可行，显示表面应该垂直于驾驶员正常的视线，显示表面的入射角应该与相应的驾驶员视线成 45°到 90°。［MIL－STD－1472G］

（3）对于不太重要的显示，推荐的水平角度为 35°，最大为 60°；推荐的垂直角度相较于驾驶员视线为小于 20°或大于 40°，最大为小于 36°或大于 66°。［DOT－VNTSC－FAA－95－7］

（4）对于不是完全复制给两名驾驶员的显示，应该可以从任何一个位置进行观察，而不需要大幅度调整身体位置。［DOT－VNTSC－FAA－03－07］

（5）所有支持用户活动或活动序列所必需的显示应该组合在一起。［MIL－STD－1472G，5.10.3.6.4.c.(8)］

2.2.3.2 可用屏幕

（1）设备所提供的最大可视区域应该与单元外形以及要求的特征（控制、把手等）相一致。［SAE ARP 1874，5.1.1］

2.2.4 简要案例说明

如果显示的玻璃安装在遮光板内，那么当从偏角观察显示时，遮光板可能会遮掩图像区域的边缘。

当从偏角观察显示时，一些线条和细节的内容可能会消失。例如，航线交通管制心中(ARTCC)边界是由比邻的垂直和水平线条组成,当从偏角观察显示时,垂直的线条可能会消失,只剩下一些水平的线条。

2.3 视界

2.3.1 背景

在管理条例和指导性资料中使用不同的词汇表示"主视界",包括"主视界""最优主视界"以及"最大主视界"。局方推荐使用"主视界",在局方管理条例和指导性资料中提供的当前使用的词汇列表和定义包含在后文表 2.1 中。局方管理条例和指导性资料中驾驶员主视界的建立通常基于最佳的设计中能够适应眼部转动的参考眼部位置的垂直和水平视界。通常建立的视线为低于水平表面 15°,最佳的视界为视线垂直上下 15°,最大情况向上 +40°,向下 −20°。对于水平视界,最佳的视界为视线垂直 +/−15°,最大情况为 +/−35°(参考 25.1322 − 1),区域如图 2.1 所示。

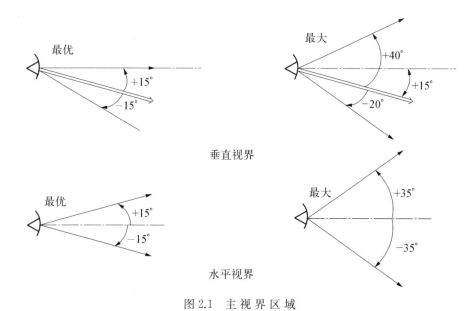

图 2.1　主 视 界 区 域

在人为因素研究报告中对主视界的描述通常定义为正常视线 15°半径的延伸区域;眼部延伸水平线下方 15°。一些文件也提到了最优主视界,并将其描述成最大主视界为水平 +/−35°,向上 +40°,向下 −20°。该描述与管理条例和指导性资料中使用的区域相同,如图 2.1 主视界区域中所示。最后,其他文件将主视界定义为正常视线的 30°区域内,并允许戒备信号或其他次要信号显示在该区域。从主要的人为因素研究报告中提取的定义如后文中表 2.2 所示。

构成主视界的区域对应的视觉区域具有最高的视觉清晰度,这对应着眼部视觉接收器细胞最高密度的部分,因此,在该区域内有最佳的视觉清晰度和细节视觉。接收器细胞的密度从眼部中央区域到边缘逐渐减小,因此视觉清晰度相应降低。在主视界外的信息可能不会快速地检测到。因此,安全运行所必需的以及需要驾驶员立即动作或意识的重要信息通常显示在中央位置。

到设计眼位的距离(DEP)可以用来评价驾驶舱信息的可视性和可读性,AC-25-11A 中定义的设计眼位为:"每名驾驶员坐在座椅上,能够完成所需的外部可视性和设备扫描的位置。DEP 是一个单独的点,由申请人进行选择以满足 CCAR-25.773(d)、25.777(c)和 25.1321 中对每名驾驶员位置的要求。通常设计眼位是与飞机结构相关的(自然坐姿参考点)。到设计眼位的距离(DEP)是驾驶舱面板、控制、显示和外部视界的主要空间参考点。"

AC-25-11A 中包含使用 DEP 测量到驾驶舱设备的可视距离的要求,但是,AC-23.1311-1C 中强调"23 部的条款不要求申请人建立测量驾驶舱设备的可视距离和角位移的设计眼部参考点"。当申请人为多种类型的飞机(如 CCAR-23部、25 部、27 部、29 部)申请相同的特定系统的显示批准时,申请人应该遵循局方管理条例和指导性资料中最严格的要求,通常为 25 部的要求。

旋翼飞机驾驶舱中有些显示构型的类型可能不适用于固定翼飞机。特别值得注意的是,AC-29-2C,即运输类旋翼飞机审定,所提供的视界要求与大部分的驾驶舱设计的要求不一致,因此,应该根据 AC-29-2C、AC-29.773 的规定提供具体的运输类旋翼飞机的视界要求。

2.3.2　局方管理条例和指导性资料

2.3.2.1　总则

(1)必须使任一驾驶员在其工作位置沿飞行航迹向前观察时,尽可能少偏移正常姿势和视线,即可看清供他使用的每个飞行、导航和动力装置仪表。[CCAR-25.1321(a)]

(2)设备的安装应该让每名驾驶员都可以使用,同时必须让驾驶员容易看见。设备的位置和安装,参考驾驶员的座位,设计应该满足身高从 $5'2''$(158.5 cm)到 $6'0''$(182.9 cm)的驾驶员,在这个高度范围内的驾驶员应该能够看见,必要时,可以操作所有的显示。[AC-27-1B,AC-27.1321;AC-29-2C,AC-29.1321a]

(3)所有的显示应该在 35°的水平视角到显示屏幕表面可读。[TSO-C146c/RTCA/DO-229D,2.2.1.1.4.3]

(4)所有的显示应该在 20°的垂直视角到显示屏幕表面可读。[TSO-C146c/RTCA/DO-229D,2.2.1.1.4.3]

(5)以上这些角度不能保证可能安装在任何飞机中的设备,推荐使用这些角度使得安装设备的灵活性最大。[TSO-C146c/RTCA/DO-229D,2.2.1.1.4.3]

(6)如果飞机沿垂直路径飞行(如 VNAV 路径),那么路径的偏差应该在主视界中显示,例如主飞行显示(PFD)、导航显示(ND)或是其他可接受的显示。[AC-

25.1329 - 1B,64.i.(1)(b)]

(7) 所有指示方式的显示(标记、指针、符号等)应该在设备制造商规定的视界包线内都可以完全看见。文本和符号应该容易识别,并且在规定的视界包线内应该可读。[TSO - C113a/SAE AS 8034B,4.2.1]

注：设备的安装者有责任确保所需的飞机视界包线在规定的显示视界包线以内。[TSO - C113a/SAE AS 8034B,4.2.1]

(8) 视界包线的大小应该在飞行机组正常的头部移动范围内提供驾驶舱显示的可视性,同时支持必需的驾驶舱交叉观察。[AC - 25 - 11A,16.a(12)]

(9) 显示应该位于只需要驾驶员头部和眼部最小移动的位置。飞行信息应该可读、准确、容易理解且不会引起视差和歧义。[AC - 23.1311 - 1C,14.1]

(10) 飞行机组成员坐在他们的座位上,正常移动头部时,必须能够看见和读取格式特征,如字体、符号、图标和标志,从而可以安全地完成任务。在一些情况下,可能需要驾驶舱交叉可读性以满足预期功能,见 25.1301(a),两名驾驶员都必须能够接触和读取显示。[AC - 25 1302 - 1,5 - 5.b.(2)]

(11) 必须保持光线条件下 25.773(a)和其他不利条件,例如抖动和湍流时的可读性。图形和字母不应该超出 SAE ARP 4102 - 7 中定义的飞行机组成员设计眼位的视角范围。[AC - 25 1302 - 1,5 - 5.b.(2)]

(12) 从驾驶员视觉中心线对显示的角度偏差进行分析可以确定在视觉扫视过程中显示的可达性。此外,通过显示的视觉角对向可以确定显示的可读性。设备可视性的可接受性的最终评定需要在几何形状正确的样机或者真实的飞机中进行。[PS - ACE 100 - 2001 - 004,附录 A]

(13) 线宽应该有足够的大小和最佳的清晰度以显示预期的信息而不会引起造成注意力分散的视觉痕迹或模糊不清,从而避免不安全的情况发生。当在设计的眼位视界包线(DEP - VE)内进行观察时,特定颜色和亮度的线条应该在所有的选择和平移方向上显示一致,线条宽度的变化不应该明显可见。当最细线条的线宽比最粗线条的线宽小 70% 时,可能会产生不期望的视觉"绳状"效应。[TSO - C113a/SAE AS 8034B,4.2.5]

(14) 设计的眼位是申请人选择的一个点,满足 25.773(d)和 25.777(c)中所要求的每个驾驶员位置。[AC - 25.773 - 1,4.b]

(15) 显示信息的位置时通常使用到设计眼位的距离(DEP)。如果需要驾驶舱交叉观察信息,则应该使用到补偿设计眼位的距离,考虑正常的头部移动,对于不是安装在前方面板上的显示,距离的确定应该包括飞行机组从 DEP 进行的预期的移动。[AC - 25 - 11A,31.a(2)]

2.3.2.2 告警和通告

(1) 在大多数应用中,关乎安全飞行的重要信息以及需要驾驶员立即动作或意识的警告或戒备信息,应该在主视界内显示。[AC - 23.1311 - 1C,15.2]

(2) 如果一些通告有相应的独特的听觉声音,那么它们在 35°以内是可以接受的,或者主警告/戒备通告在 15°以内也是可以接受的。[AC-23.1311-1C,15.4,注 4]

(3) 通告和指示应该一致地安置在电子显示的特定区域。可能需要飞行机组立即意识的通告应该安置在飞行机组前方/主视界内。[AC-25-11A,31.f.(2)]

(4) 视觉告警信息应该处于让两名驾驶员都能够容易识别告警状态的位置。[AC-25.1322-1,附录 1,2.a.(2)]

(5) 水平(和垂直)的偏差显示和失效通告应该位于驾驶员的主视界内,同样,任何需要飞行机组立即动作的指示也应该位于驾驶员的主视界内。[AC-25-138C,11-8.b.(4)]

(6) 航路点序列、转弯起点、转弯预期、活跃的航路点、到航路点的距离、期望的航迹和正常的航迹(航迹角)以及自动模式的显示选择应该位于驾驶员主视界内,或位于可达的显示页面上。[AC-20-138C,14-2.b]

(7) 完整性监视缺失的显示、TO/FROM 指示以及进近模式通告应该位于驾驶员主视界内。[AC-20-138C,14-2.b.(1)]

(8) 通常,CCAR-23 部飞机中的"T 型"布局的模拟仪表包含在允许的视界内安装的中央无线电中以实现导航,在长距离的导航中并不需要对该咨询通告进行修改。[AC-20-138C,14-2.b.(2)]

(9) 时间紧迫度高的警告的告警元素应该包括:[AC-25.1322-1,6.b]

a. 对每个告警状态有独特的语音信息或独特的声音,或两者皆有。

b. 对每个告警状态在每名驾驶员的主视界内有独特的视觉告警信息。

(10) 例如:在每名驾驶员主视界内,如果告警信息能够提供立即的意识和充分的注意力获取特性,那么独特的视界告警信息位于主视觉告警的位置上是可接受的。[AC-25.1322-1,6.c]

(11) 警告(主警告)和戒备(主戒备)的主视界告警应该位于每名驾驶员的主视界内。[AC-25.1322-1,附录 1,1.a]

(12) 为了确保提供警告、戒备和咨询告警的显示质量,应综合考虑驾驶舱中人为因素、操作和可靠性标准以及物理空间的限制。[AC-25.1322-1,附录 1,2.a.(1)]

(13) 所有与主视觉告警相联系的警告和戒备的视觉信息应该组合显示在一个单独的区域,这可能对每名驾驶员来说都是单独的区域。咨询告警应该显示在与警告和戒备信息相同的区域,这是为了对信息显示提供一个明确一致的位置。[AC-25.1322-1,附录 1,2.a.(3)]

(14) 时间紧迫度高的警告视觉信息应该出现在每名驾驶员的主视界内。[AC-25.1322-1,附录 1,3.a]

注:主飞行显示(PFD)可以用作显示时间紧迫度高的警告告警,因为驾驶员会

一直观察 PFD。是否将时间紧迫的信息综合到 PFD 中,取决于警告确切的性质。如 PFD 上专用的位置可以用来实现注意力获取功能,也可以作为视觉信息显示用以显示告警信息,如"WINDSHEAR""SINK RATE""PULL UP""TERRAIN AHEAD"以及"CLIMB,CLIMB"。[AC-25.1322-1,附录1,3.a]

(15) 差错检测的信息可以是在正常监视任务中提供给飞行机组的指示。在正常运行环境中,在主视界内的仪表指示可能是充分的,指示本身包括的信息是经常使用的,同时以一种可达的方式提供的,这些指示可能包括模式通告和正常的飞机状态信息,如高度或航向。参考飞行机组的任务,信息的其他位置可能也是合适的,当任务包含飞行计划处理时,信息可以显示在控制显示单元上。[AC-25.1302-1,5-7.b]

2.3.2.3　主视界内显示的信息

(1) 设置和监视发动机推力或者功率的发动机指示应该一直位于飞行机组的主视界内,除非申请人可以证明本规定不需要。动力信息的自动选择显示不应该抑制其他需要飞行机组意识的信息。[AC-25-11A,36.b.(4)(a)]

(2) 在主飞行显示上的 FPV/FPA 信息必须不能干扰姿态显示,同时姿态信息必须总是在驾驶员主视界中心的最上层,如 25.1321 中所规定。[AC-25-11A,附录1,4]

(3) AC-23.1311-1C,表 2.1 提供了在视界内推荐的信息内容。[见简要案例说明]

1) 所需导航性能(RNP)进近-性能和功能性需求

(1) 对飞机导航、操作预期以及失效/状态/集成指示的主飞行指示,可以使用一个非数字的横向偏差显示(如偏航指示器 CDI、电子水平状态指示器 EHSI)以及一个 TO/FROM 指示和一个失效通告,并应该有以下的属性:显示必须让驾驶员可见且位于主视界内。[AC-20-138C,8-3.g.(3)(a)]

(2) 为了被确认为额外的显示方式,导航地图显示必须满足要求并位于主视界内。[AC-20-138C,8-3.g.(3)(f)]

(3) 下列项的显示方式,要么在驾驶员主视界内,要么在容易达到的显示页面内:[AC-20-138C,8-3.h.(b)]

a. 飞行计划航路点之间的距离。

b. 驾驶员选择到航路点的距离。

c. 航路点之间沿航线的距离。

d. 有效的导航传感器类型。

e. 有效航路点的识别。

f. 有效航路点的地速或时间。

g. 有效航路点的距离和方位。

(4) 显示 RNP 系统失效指示在驾驶员的主视界内。[AC-20-138C,8-3.h.(11)]

2) 所需导航性能(RNP)终端－系统性能监视和告警

(1) 对飞机导航、操作预期以及失效/状态/集成指示的主飞行指示,可以使用一个非数字的横向偏差显示(如偏航指示器 CDI、电子水平状态指示器 EHSI)以及一个 TO/FROM 指示和一个失效通告,并应该包含以下的属性:显示必须让驾驶员可见,同时位于主视界内。[AC－20－138C,9－3.g.(2)]

(2) 为了被确认为额外的显示方式,导航地图显示必须满足要求并位于主视界内。[AC－20－138C,9－3.g.(2)(f)]

(3) 下列项的显示方式,要么在驾驶员主视界内,要么在容易达到的显示页面:[AC－20－138C,9－3.h.(b)]

a. 有效的导航传感器类型。

b. 有效航路点的识别。

c. 有效航路点的距离和方位。

d. 有效航路点的地速或时间。

(4) 显示 RNP 系统失效指示在驾驶员的主视界内。[AC－20－138C,9－3.h.(14)]

3) 气压-垂直导航(Baro－VNAV)设备性能:IFR 条件下运行

为飞行导引仪和自动驾驶提供操作信号的系统应该提供自动垂直操作预期以及航路告警。与自动导航/控制系统相耦合的系统不应当使得飞机离开一个指定的高度,除非在驾驶员的主视界内存在即时的高度变化指示,并且能够引起飞行机组及时的动作。[AC－120－38C,10－2.f.(7)(a)]

4) 人为因素总体考虑

(1) 当驾驶员看前方飞行轨迹时,在飞行导航和控制中用作主飞行指示的每个显示元素,都必须让驾驶员在自己的座位上只需用最小可用的位移就可以清楚观察。这个最小可用的位移参考驾驶员正常的位置和视线。(**注**:当数字显示信息与非数字显示进行综合时或者位于驾驶员的主视界内时,飞行技术差错可以减少。)[AC－20－138C,11－8.b.(1)]

(2) 水平和垂直的偏差、显示、失效通告应该位于驾驶员主视界内,同样,任何需要飞行机组立即动作的指示也应该位于驾驶员的主视界内。[AC－25－138C,11－8.b.(4)]

5) 全球卫星导航系统(GNSS)

(1) 航路点序列、转弯起点、转弯预期、活跃的航路点、到航路点的距离、期望的航迹和正常的航迹(航迹角)以及自动模式的显示选择应该位于驾驶员主视界内,或位于可达的显示页面上。[AC－20－138C,14－2.b]

(2) 完整性监视缺失的显示、TO/FROM 指示以及进近模式通告应该位于驾驶员主视界内。[AC－20－138C,14－2.b.(1)]

(3) 将高级别的信息和主飞行信息显示在主视界内。[AC－29.1321,b.(1)(i)]

2.3.2.4 最佳主视界内的信息显示

1) 所需导航性能(RNP)需要认证(AR)总要求

(1) 飞机应该有一个合适等级,使得非数字偏差的显示(如横向偏差指示器和垂直偏差指示器)在驾驶员的最佳主视界内。[AC‐20‐138C,A2‐3.d.(1)(b)]

(2) 基于飞行机组工作负荷和数字显示的特征,在驾驶员最佳主视界内用数字显示偏差代替合适等级的横向和垂直偏差指示器是可以接受的。[AC‐20‐138C,A2‐3.d.(1)(c)]

(3) 导航系统必须在驾驶员最佳主视界内,或者在飞行机组容易达到和可视的显示中提供有效的航路点识别。[AC‐20‐138C,A2‐3.d.(2)]

(4) 导航系统必须在驾驶员最佳主视界内提供有效航路点的距离和方位的显示。当不可行时,控制显示单元上容易获得且容易被飞行机组看见的页面,可以用来显示数据。[AC‐20‐138C,A2‐3.d.(4)]

(5) 导航系统必须在驾驶员最佳主视界内提供一个 TO/FROM 显示。[AC‐20‐138C,A2‐3.d.(5)]

(6) 导航系统必须在驾驶员最佳主视界内,或者在飞行机组容易获得和可视的显示中提供真实飞机航迹(航迹角差错)。[AC‐20‐138C,A2‐3.d.(7)]

(7) 飞机必须提供一种通告方式提示的任意区域导航系统(RNAV 系统)飞机组件失效,包括导航传感器。通告必须对驾驶员可见,并且位于最佳主视界内。[AC‐20‐138C,A2‐3.d.(8)]

(8) 飞机必须显示来自两种独立测高法测量的气压高度,并且在每名驾驶员的最佳主视界内都有显示,从而支持高度源的交叉检查。[AC‐20‐138C,A2‐3.d.(14)]

注: 如果飞机包含自动的比较独立的高度源输出的能力,包括独立的飞机静压系统,同时,当数据源的偏差超过+/−100 ft(30.48 m),飞机可以在驾驶员最佳主视界内提供告警。申请人随后应该在 AFM/RFM 或飞机资质指南中记录比较器监视功能。

(9) 飞机必须显示当前正在使用的导航传感器。飞机应该将该信息显示在最佳主视界内。[AC‐20‐138C,A2‐3.d.(15)]

2) 传统的飞行显示代替备用仪表或双重主飞行显示

(1) 在传统模式中,主飞行信息应该使用与在正常模式中相似的格式和足够的尺寸进行显示,让驾驶员增强对飞机的控制。传统构型应该提供持续安全飞行与着陆的重要备份信息,允许在主飞行显示 PFD 和多功能显示 MFD 上对恢复模式进行快速、及时的介入。单独的驾驶员动作应该容易识别,容易获取,并且在驾驶员最优的主视界内进行控制。单独的驾驶员动作的一种可接受的提示方式是用红色和/或亮红色"光环"来表示在面板上的位置。[AC‐23.1311‐1C,8.4.1.d]

(2) 飞机上安装多种姿态航向参考系统是可以接受的。当一个姿态航向参考系统失效时,通过一个单独的姿态航向参考系统驱动自动驾驶仪和主飞行显示,只要姿态航向参考系统的姿态显示(同类飞机所要求的)位于最大的主视界内即可。[AC-23.1311-1C,8.3.2]

2.3.2.5　次要视界中显示的信息

作为监视飞机和性能部分的驾驶员扫视的信号和信息位于次要视界内。对次要视界进行横向的约束使得驾驶员需要观察信息时转头的幅度最小。在次要视界中显示的典型的信息例如:[AC-29.1321,b.(1)(ii)]

a. 辅助的导航信息(移动地图、天气显示等)。

b. 次要的动力信息,如发动机油压和温度。

c. 戒备咨询和警告系统(CAWS)面板(如果主戒备或警告指示器位于主视界中,则其他的 CAWS 面板应该尽可能地靠近驾驶员主视界)。

d. 自动驾驶仪。

e. 导航控制。

2.3.2.6　旋翼飞机操作

1) 非降雨条件[AC-29-2C,29.773a]

(1) 解释:

a. 本解释的程序段阐述证明充分的视界的方法。

b. 通常由于光线倾角的不同会导致眩光和光反射的不同,因此应该在中午、清晨和傍晚分别对驾驶舱进行评价。安装嵌入式加热组件的挡风玻璃应该对系统"开"和"关"时的变形进行评价。

c. 如果需要在夜间运行,则所有的灯光,包括内部的和外部的,都应该在可能的组合和预期的飞行条件下进行评价。虽然有些设备的光反射是不可避免的,但是驾驶员的主视界不能受到干扰。挡风玻璃的光反射通常需要大的遮光板,从而可能导致最佳视界区域变小。这一问题在安装了 IFR 的飞机上更为明显(该类飞机有更大的仪表盘和航电控制台)。着陆和滑行等评价应该在驾驶员可调整的范围内检查光线的反射,应该评价防撞灯和闪光灯以保证交互频率不会引起驾驶员分神,客舱灯对驾驶员的影响也应该进行评价。

(2) 程序:

以下程序是一种可接受的驾驶员视界的评价方法。下段中可视区域的建立向最小机组人数为一名驾驶员的情况提供可接受的可视度等级。对于两人机组的情况,另一名驾驶员应该在另一侧具有相同的可视区域。如 AC-29.733-1 所示,左侧的驾驶员可视区域只需要满足左侧 60°,而右侧驾驶员的可视区域只需要满足右侧 60°。

a. 遵循本段要求的单独的驾驶员的参考眼位应当根据中央轴所在的位置建立。参考眼位是一个基于眼部位置的参考基准点,该眼部位置满足 AC-29.733-1 所要求的具体的视觉包线。参考眼位如果可以,应该遵循:

(a) 驾驶员坐在正常的操作位置上时，所有的控制都可以使用，并且应该提供给座位初始位置的垂直上下调整不少于 2.5 英寸(63.5 毫米)。

(b) 座椅靠背在最直立位置。

(c) 坐垫压力可以承受 170～200 磅(77～91 千克)的重量。

(d) 飞机的纵轴保持"巡航姿态"($0.9V_H$ 或 $0.9V_{NE}$ 中较低值)。

(e) 驾驶员座椅纵向中心线左侧或右侧不超过 1 英寸(25.4 毫米)的点。

(f) 所有从单独点建立的测量都符合本段的要求。

b. 作为图片记录器的双镜头相机应该用以测量本段中所列出的角度。其他的方法，包括测角计的使用，如果能够获得与双镜头相机同样的区域则是可以接受的。当不适用双镜头相机时，应该补充双眼之间存在的 1.5 倍距离，或者 1.25 英寸(31.75 毫米)。当参考眼位位于 AC - 29.733a(2)(i)所示的位置，并使用双目视觉和在参考位置之后的半径为 3 或 5/16 英寸(76.2 或 7.94 毫米)的头部和眼部移动角度时，驾驶员应该有如下的从合适的眼位所测量的最小的视觉区域：

(a) 左侧 0°～100°，高于水平面前方 20°。

(b) 左侧 10°～100°，低于水平面前方 20°。

(c) 从左侧 10°，低于水平面前方 20°增加到左侧 10°，低于水平面前方 30°。

(d) 右侧 10°～135°，低于水平面前方 50°。

(e) 从右侧 0°，高于水平面前方 20°，增加到右侧 80°和 100°，高于水平面前方 40°，再减少到右侧 135°高于水平面前方 20°。

c. AC - 29.733a(2)(ii)中强调的落入最小可视区域的垂直遮挡应该根据以下内容进行管理：

(a) 左侧 20°～右侧 20°之间没有垂直遮挡。

(b) 右侧 20°～右侧 135°之间，不应该出现超过宽度 2.5 英寸(63.5 毫米)的垂直遮挡。

(c) 左侧 20°～左侧 100°之间，不应该出现超过宽度 2.5 英寸(63.5 毫米)的垂直遮挡。

d. AC - 29.733a(2)(ii)中强调的落入最小可视区域的水平遮挡应该根据以下内容进行管理：

(a) 从右侧135°～左侧 40°之间，高于水平面前方 15°，减少到左侧 100°，高于水平面前方 10°，以及从右侧 135°～左侧 100°，低于水平面前方 15°，应该不会出现水平遮挡。

(b) AC - 29.733a(2)(ii)与 AC - 29.733a(2)(iv)(A)中具体规定的高于水平面和低于水平面的最小视觉区域应该限制只有一个水平遮挡。该水平遮挡宽度不应该大于 4 英寸(102 毫米)。顶部窗能够提供两倍的额外可视度，也会由于遮挡丢失两倍的可视度，因此，顶部窗应该位于水平面之上的遮挡的上方。本要求是对 AC - 29.733a(2)(ii)规定的可视区域的补充。

(c) 如果设备面板遮挡了所需的从左侧 10°～右侧 10°之间,低于水平面或低于前方 20°的区域,应该提供可以提供三倍额外可视度的窗口,并位于左侧 20°～右侧 20°低于水平面之上 65°的位置。

e. 对于陡峭的起飞和进近,可视性应该保证驾驶员能够看到着陆点,并且有足够的侧向和前向区域能够准确地进近到着陆点。在验证符合性时,驾驶员头部 5 英寸(127 毫米)的移动是可接受的。

2) 降雨条件 [AC - 29 - 2C,29.773a]

(1) 解释:

a. 国家气象服务定义大雨为 6 分钟内降雨量超过 0.03 英寸(0.762 毫米)的降雨。在以往的设计中,CCAR - 25.1307 要求挡风玻璃上的雨刷保证在低空速到中等空速的条件下可见;在高空速条件下,挡风玻璃和/或雨刷上的气流通常能够保证挡风玻璃干净。应该特别考虑侧方玻璃上的大雨造成的遮挡,特别是在限制的区域进近时。

b. 如果需要进行结冰审定,则必须提供一种方法以保证有足够大的可视区域支持安全运行。虽然一些构型可能要求其他区域能够清晰可见,但是作为最低限度,挡风玻璃上应该有一块干净的区域,可以在特定的运行中提供足够的安全性等级。

c. 必须向机长提供一个可以打开的"清楚可见"的窗户。条款要求在大雨中速度达到 V_H 以及在最差的结冰条件下窗户是可以打开的;条款还要求从该窗口看出的视界能够保证安全运行,虽然条款暗示安全的视觉必须提供至速度达到 V_H,但是它并没有这样解释。在大多数的设计中,可打开的窗口的唯一可用位置是侧方的面板或门。飞机侧滑限制通常是限制在高速条件下从可打开窗口看出的可用的视界,目的是当挡风玻璃清洗系统失效时,向驾驶员提供足够的视觉区域以保证安全进近和着陆。

(2) 程序:

本条款要求的符合性应该通过在可用的环境条件中对飞行进行检查。虽然雨刷可以在地面通过软管进行部分检查,但是在较高速度下的有效性也应该进行验证。同样的,额外的或者其他的雨水清除系统应该在所要求的空速范围内进行检验。挡风玻璃清洗系统的需求应该进行评估,特别是当飞机需要在近海、有盐的环境下运行时。为了保证在结冰条件下提供清晰的视界,系统应该在结冰飞行试验中进行评价。可打开窗口的位置和有效性应该在雨水清除系统和除冰系统失效的条件下进行评价(如果可行)。窗口打开后的视界应该允许从盘旋到可接受的进近空速过程的安全运行。在飞行试验中,应该注意考察飞机的侧滑限制。

2.3.3 其他推荐

2.3.3.1 总则

(1) 通常,可视距离应该不超过驾驶员设计的眼部位置 29 英寸(737 毫米)。

在驾驶员视界中重要的显示应该具有最小的可视距离,为 10 英寸(254 毫米);次重要显示应该具有最小的可视距离,为 13 英寸(330 毫米)。最大的可视距离应该为 40 英寸(1 016 毫米)。[DOT - VNTSC - FAA - 95 - 7]

(2) 在可用的显示界面上所有的指示方式(标记、指针、符号等)应该在设备制造商所要求的视觉包线内任意的眼部位置完全可见。应该检查设备的安装以保证设计的眼部位置在视界包线之内。检验方法可能包含试验、分析、模拟器或飞行试验。[SAE ARP 1874,5.1.2]

2.3.3.2　告警和通告

(1) 视觉告警应该显示在前方视界内一致的位置。[RTCA/DO - 256, 2.1.6]

(2) 高优先级的告警应该位于驾驶员的主视界内。如果所有重要的告警均不能位于 15°以内,则主警告显示也适用。[GAMA Publication No.10,7.1.5.1]

(3) 视觉警告必须位于主视界内。[GAMA Publication No.10,7.1.7.1]

(4) 警告和戒备的视觉阐述应该位于驾驶员主视界内,并且位于相同的位置。警告和戒备的独立和离散的阐述应该集成到单一的显示中。如果 CAS 不能在驾驶员主视界内显示所需的警告或戒备,应该提供主警告/戒备通告(听觉和视觉,如果可行);主警告/戒备的视觉指示应该位于驾驶员的主视界内。[GAMA Publication No.12,11.1]

2.3.3.3　主视界内显示的信息

(1) 重要的或经常使用的显示应该位于中央视场内,并且在视场内占据主要的位置(如顶部或左侧最多的位置)。[DOT/FAA/CT - 03/05 HF - STD - 001]

(2) 重要功能的指示器应该位于用户通常视线的 15°范围内。[DOT/FAA/CT - 03/05 HF - STD - 001]

(3) 最经常使用的显示应该组合在一起并位于最佳的视觉区域内。[MIL - STD - 1472G,5.2.2.2.5.b]

(4) 对于根据任务分析定义的重要的功能,指示器应该位于用户正常视线的 15°范围内。警告灯应该与控制杆、开关,或者其他用户进行控制动作的设备集成在一起,或是位于这些设备旁边。[MIL - STD - 1472G,5.2.3.13.11]

(5) 硬件输入控制应该位于驾驶舱内,并且以一致的方式安排方便驾驶员使用。在确定驾驶舱中控制的位置时,也必须考虑被控制的功能的重要性。如果导航系统在重要的飞行阶段使用,则导航控制的位置就格外重要。在较高工作负荷飞行阶段例如进近阶段使用的功能,需要位于主视界内。[GAMA Publication No. 10,7.1.2.5]

(6) 通过检查或分析,确定导航系统输入、导航显示命令参数以及航迹偏差位于主视界内。其他非重要的飞行导航信息可以显示在次要视觉内,如 CDU 不是一个单一的或者主要的用来显示动态位置数据的设备,则可以位于次要视觉内、基座

上或侧方控制台区域。[GAMA Publication No.10,7.1.4.6]

（7）重要的功能应该在驾驶员主视界内,在水平线上驾驶员前方的纵向意识、横向意识以及高度意识显示符号信息也应该在驾驶员主视觉内。[GAMA Publication No.10,7.1.4.7]

（8）通过在三维电子驾驶舱模型、其他模型或工作制图上对视场建模,验证姿态、高度、空速和导航的基本等级(包含航向)是否在驾驶员的主视界内。不论使用怎样的参数或应用,重要的数据和信息都应该显示在主视界内。[GAMA Publication No.10,7.1.4.7]

（9）通过检查或分析,确定重要的传统显示功能在驾驶员的主要或次要视界内。[GAMA Publication No.10,7.1.4.8]

（10）主要的导航信息必须在主视界内,并且最低限度应该包括:[GAMA Publication No.12,6.1.2.1]

a. 水平状态指示器(HSI)。水平状态指示器应该能够显示垂直偏差以及到选择点的数据距离指示,并且应该提供弧度和/或360°移动地图模式。

b. "去(TO)"和"来(FROM)"指示。TO 指示位于飞机符号与航线指示器的头部之间。FROM 指示位于飞机符号与航线指示器的尾部之间。TO/FROM 的指示应该在360°模式和弧度显示中都可见。

c. 显示状态。当显示 DO – 229C 中要求的进近、终端、在航路上、航线偏差指示器(CDI)等级或所需导航性能状态时应该位于同样的位置,并使用正确的缩略语符号。

d. 航线偏差指示器。当显示航线偏差指示器等级值时,应该使用"海里",同时紧挨着航线偏差指示器。

e. 导航源显示。提供纵向偏差条或方位指示器的导航源应该使用明显并且明确的方式标识,同时紧挨着水平状态指示器。提供给驾驶员的信息应该在相同的位置,并且使用正确的缩略语符号。

f. 导航源标识。如果安装,则以下的标识应该用来指示导航源:VOR1,VOR2;ADF1,ADF2;LOC1,LOC2;GPS1,GPS2;FMS1,FMS2;LRN1,LRN2;NAV1,NAV2。

（11）当自动驾驶仪系统任意的部分或轴向介入到飞机的飞行控制时,自动驾驶仪接通的通告必须总是显示在驾驶员的主视界内。[GAMA Publication No.12,A.3.2.1]

（12）高等级的告警应该位于驾驶员的主视界内。如果所有重要的告警不能位于15°的范围之内,则主警告显示也是合适的。[GAMA Publication No. 10,7.1.5.1]

（13）最重要的显示以及它们的控制应该位于主视界内。[GAMA Publication No.10,7.1.5.1]

2.3.3.4 次要视界内显示的信息

（1）在失效条件下，"T型"布局上的恢复数据可以位于驾驶员的次要视界内。[GAMA Publication No.10，7.1.4.8]

（2）下一个最重要的显示与它的控制可以位于次要视界内。[GAMA Publication No.10，7.1.7.1]

（3）当前表面配平位置指示器可以显示在驾驶员的次要视界内。[GAMA Publication No.10，7.1.8.2]

2.3.4 简要案例说明

位于驾驶员主视界外的告警显示可能被忽视。在与使用罗兰-C/全球定位系统(LORAN-C/GPS)接收器相关问题的检查中，驾驶员报告称有时需要4分钟才能发现和响应告警，因为这些告警信息可能不显示在主视界内。告警包括红色和黄色的警告灯、闪烁以及显示上冻结的信息。驾驶舱中显示所有警告、戒备和咨询信息的通告器面板可以让驾驶员立即观察到系统的故障或失效。

下面两个表分别列出了管理条例和指导性资料中涉及的主视界的词语和定义（见表2.1），以及人为因素研究报告和指导性文件中涉及的主视界的词语和定义（见表2.2）。

表 2.1　主视界在不同资料中的定义

局方管理条例	词　汇	定义和指导性资料
AC-20-138C，定位和导航系统的适航批准	主视界 Primary field of view	与设计眼部参考点相关的垂直和水平视界，眼部参考点只能通过眼部转动在视网膜中央凹视觉处可见。水平值（相对于正常视线）最佳为+/−15°，以及最大向上40°，最大向下−20°（参考AC-25-11最新版本）。主视界的定义应该大到足以包括CCAR-23部飞机经典与"T型"布局的设备。对于旋翼飞机，可视性要求的定义参考AC-27-1和29-2最新版本
	最优主视界 Primary optimum field of view	根据与RNP AR相关的AC的目标，最优主视界为驾驶员正常视线的垂直和水平+/−15°区域
AC-23.1311-1C，23部飞机电子显示的安装	视界 Field-of-view	当驾驶员坐在座位上时，能够被任一驾驶员看见的显示角度范围
	最优主视界 Primary optimum field of view	最优主视界是根据只适应于眼部转动所设计的眼部参考点的垂直和水平视界来确定的。根据通常建立的低于水平面15°的视线，最优主视界为垂直和水平（相对于视线）+/−15°的区域，该区域通常用于显示主飞行信息和高等级的告警

（续表）

局方管理条例	词汇	定义和指导性资料
AC－23.1311－1C，23部飞机电子显示的安装	最大主视界 Primary maximum field-of-view	最大主视界是根据适应于眼部转动和最小的头部转动所设计的眼部参考点的垂直和水平视界来确定的。该值为水平＋/－35°，以及向上40°，向下－20°。这一区域通常用于显示重要的和经常使用的信息，当信息显示在该区域内时，驾驶员的视觉扫视和头部转动最小。在该区域内显示的信息也能减少潜在的空间定向障碍
AC－25.11A，电子驾驶舱显示	主视界 Primary field of view	主视界是依据只使用视网膜中央凹视界的眼部转动就能够看见的区域所设计的眼部参考点而确定的最优垂直和水平视界。以下的描述是在低头显示中应用的实例。 根据通常建立的低于水平面15°的视线，最优为垂直（相对于视线）＋/－15°的区域，最大为向上40°，向下－20°区域
AC－25.1322－1，飞行机组告警	主视界 Primary field of view	主视界是依据只使用眼部转动就能够观察到的设计眼部参考点而确定的最优垂直和水平视界。以下的描述是在低头显示中应用的例子。 根据通常建立的低于水平面15°的视线，对于垂直范围，最优为（相对于视线）＋/－15°，最大为向上40°，向下－20°区域；对于水平范围，最优为（相对于视线）＋/－15°，最大为＋/－35°区域

表 2.2　主视界在人为因素研究报告和指导性文件中的定义

文 件	词 汇	定 义
人为因素设计标准	中央视界	中央视界（有时使用聚焦区域）是视界的中央30°区域。人用该区域来观察世界中的目标，通过移动眼睛可以将目标的图像落入视网膜中央凹内。视网膜中央凹有最高的清晰度，当目标在视网膜中央凹之外时，观察者则需要转动头部而不仅仅是转动眼睛来观察目标
驾驶舱审定人员人为因素	N/A	实际情况下，之所以FAA的指南中强调将主视界告警布置在每个驾驶员正常视线的15°区域，是因为该视界区域有最好的视觉准确性，同时通常为注意力的中心
空中交通控制系统人为因素设计与评价	N/A	最佳区域可以认为是从正常视线以15°的半径延伸的椎体（正常视线位于瞳孔中心水平延长线下方15°）

（续表）

文　件	词　汇	定　义
MIL-STD-1472G	视界	只通过眼部和头部移动就可视的区域
	最佳视觉区域	最佳的垂直和水平视界的定义使用人为因素设计标准中相同的图
GAMA Publication No. 10 推荐的 23 部驾驶舱设计实践和指南	主视界	主视界是根据只使用眼部转动就能够看见的区域所设计的眼部参考点而确定的最优垂直和水平视界。根据通常建立的低于水平面 15°的视线，对于垂直范围，最优为（相对于视线）+/−15°，最大为向上 40°，向下−20°区域；对于水平范围，最优为（相对于视线）+/−15°，最大为+/−35°区域
	次要视界	次要视界是根据使用头部转动就能够看见的区域所设计的眼部参考点而确定的最优垂直和水平视界。对于水平范围，为+/−60°区域；对于垂直范围，为−35 到+65区域。这些值的建立基于正常的视线范围。次要视界定义了驾驶员观察操作和使用系统重要参数的能力，不会引起定向障碍或过度的身体移动
GAMA Publication No. 12 推荐的 23 部审定飞机集成驾驶舱的实践和指南	主视界	未提供定义
RTCA/DO-256，通过使用 ATN，Builds I 和 IA 的数据通信的空中交通服务的最小人为因素标准	前方视界	坐在座位上的驾驶员的设计眼部参考点和显示的最大角度应该不超过相对于正常视角水平+/−35°，垂直+/−20°。正常视角为设计眼部参考点下方 15°

　　显示信息的推荐位置见 AC-23.1311-1C。表 2.3 包含了集成电子显示新的面板布局中显示信息的推荐位置，但是，这些指南应该尽可能地参照其他设备。对于单独的飞行设备限制偏差的批准可以以其他资料中列出的因素的组合为依据。这些偏差需要一个显示设备评价，有些设备的改进使用了新的电子显示所以可能并不适用，例如 ATC，STC，这是由于系统的限制和飞机与系统之间不兼容的技术导致的。在这种情况下，对于给定的项，角度的偏差应该大于可接受的原始值，显示特性应该至少与原来的显示一样好。对于改进的设备，表 2.3 中推荐数据外的设备也是可以接受的。这些偏差可能需要局方进行审定评价，评价过程中需要考虑

的因素包括辨别能力、注意力获取质量、可读性等。当存在设计眼部参考点时，应该批准设备的视界角度；当没有设计眼部参考点时，应该使用表 2.3 中的到中心线的线性面板距离。［AC－23.1311－1C］

表 2.3　集成电子显示新的面板布局中显示信息的推荐位置

数　　据	推　荐　视　界	
	视界，驾驶员视觉中心线的角度(°)(注 1)	到参考中心线大致的距离(毫米)(注 1)
主飞行信息——"T 型"布局——电子的或机械的	4(注 2)	51(注 2)
导航航迹差错数据（水平状态指示器，航路偏差指示器）	15	203
自动驾驶仪和飞行指引模式	15	203
导航源通告	15(注 3)	203(注 3)
系统警告和戒备（包括失效通告）	15(注 4)	203(注 4)
所需动力	35	533
提示的通告	35	533
备用仪表	35(注 5)	533(注 5)
主飞行信息的恢复显示	35	533

　　注 1：视界角度和到参考中心线的距离，定义为从"T 型"布局中央，或驾驶员视界中心线到可接受的角度和数据源的距离。其中，参考中心线的距离是基于到面板 30 英寸(762 毫米)的可视距离。距离是通过测量显示的中心到中心的水平距离来确定的。在面板上的垂直安装可以从"T 型"布局下方一点到遮光板。

　　注 2：主飞行信息显示离参考中心越近越好。

　　注 3：导航源通告应该在受影响的显示上或旁边，并且应该位于"T 型"布局的同侧。邻近影响的显示指南参考源通告的大小、颜色和辨识特征。

　　注 4：警告和戒备通告应该在 15°以内。一些通告如果有对应的独特声音，或是主警告/戒备通告在 15°内，或通过驾驶员评价，那么这些通告在 35°之内也是可以接受的。如果使用声音，则该声音应该能够容易地与驾驶舱内所有其他声音进行区分，并提供明确的信息将驾驶员的注意力转移到视觉指示上。

　　注 5：备用仪表的安装尽可能靠近主飞行信息。

3　电子显示信息元素与特征

本章提供了信息元素和格式的设计指南,例如文本、标志、符号、指示和通告。

3.1　总则

3.1.1　背景

驾驶舱中呈现信息的方式会直接影响机组成员对信息的感知和理解程度,呈现方式越复杂,则需要越多的时间读取和理解信息,也更容易造成误解和差错。新的显示格式尝试在传统的设计上进行提高,但是一些改进可能违背驾驶员的预期。总的来说,信息以驾驶员熟悉的格式呈现,或者与驾驶员预期以及组织信息的方式保持一致性,可以减少出现误解和差错的可能性。此外,系统间的兼容性设计可以更好地利用驾驶员现有的知识,减少训练时间。包含不合理的、不是很好组织信息的显示或缺乏必要信息的显示则需要消耗驾驶员更多的精力,增加工作负荷。

如果显示上出现过多的信息,则很容易出现视觉杂乱现象。对杂乱的客观测量结果用显示密度来表示,描述为使用的显示空间与总的可用的显示区域的关系,等于总的显示上呈现的特征数量比上最大可呈现特征数量。

因此,多余的或不重要的信息呈现可能会造成驾驶员分神,并且会妨碍有效的搜索以及驾驶员接受必要的信息。

影响可读性的最重要因素是显示亮度、对比度和信息大小。大小是显示信息的物理大小(如字符大小)和到显示器的视觉距离的函数。通常用视觉角($VisualAngle$)表示,参考下面的公式

$$VisualAngle(\min) = \frac{(57.3)(60)L}{D}$$

式中:L 为目标大小;D 为眼到目标的距离。

在单一应用内的信息呈现以及驾驶舱多种显示都要求具有一致性。如果数据是从不同来源获得的,那么复制到多个驾驶舱显示上时,相同的信息可能有不同的数据分辨率和准确度,这种不一致性会引起驾驶员注意力分散,因为这会导致飞行机组关注信息的呈现方式而不是信息本身。显示格式、术语和符号的一致性能够产生可预期性,从而具有更快的识别和解释时间,减少所需的训练和出现差错的可

能性。与文化传统保持一致性也很重要,在驾驶舱显示上使用的图标和标签,需要让不同文化背景的驾驶员都能够理解,考虑对不同文化用词的选择能够防止产生误解。

3.1.2 局方管理条例和指导性资料

3.1.2.1 可视性

(1) 每一仪表标记必须使相应机组人员清晰可见。[CCAR-25.1543(b)]

(2) 电子显示指示器,包括因其特性而无法实现动力装置仪表系统间的隔离或独立性的那些电子显示指示器,必须:考虑到电子显示指示器使用寿命末期所预期的显示亮度,在驾驶舱内可遇到的各种照明条件(包括直射阳光)下易于识别。在第 23.1529 条所要求的持续适航文件中,必须包括对该显示系统使用寿命的具体限制。[CCAR-23.1311(a)(2)]

(3) 驾驶员应该有清楚的、未遮挡的、未失真的显示信息。[AC-25-11A,31.a.(1)]

(4) 所有可能对飞行机组可用的显示构型应该对安排、可视性和干扰性进行设计和评价。[AC-25-11A,36.a.(1)]

3.1.2.2 照明条件

(1) 对所有的显示构型,应该考虑所有与照明相关的可预见的条件。可预见的照明考虑应该包括失效模式,例如照明和动力系统失效;此外还应该包括驾驶舱照明和显示系统照明选择的所有情况以及运行环境(如白天和夜间运行)。[AC-25-11A,31.a.(1)]

(2) 考虑驾驶舱照明对标识外观的影响,以及驾驶中颜色的使用(如颜色理念)。[AC-20-175,2-7.c]

(3) 飞行导引系统的功能、操纵器件、指示和警告必须被设计成使飞行机组对于飞行导引系统的工作和特性产生的错误和混淆最小。必须提供措施指示当前的工作模式,包括任何预位模式、转换和复原。选择器电门的位置不能作为一种可接受的指示方式。操纵器件和指示必须合理和统一地进行分类组合和排列。在任何预期的照明条件下,指示都必须能够被每个驾驶员看见。[CCAR-25.1329(i)]

3.1.2.3 可读性

(1) 可读性必须能够在如 23.773(a)中的光线视觉条件下保持,并且在所有其他不利的条件下例如振动和湍流条件下保持。图形和字母应该不超过 SAE ARP 4102-7 所定义的视角范围。[AC-25.1302-1,5-5.b.(2)]

(2) 所有的显示、控制和通告必须在所有的驾驶舱条件和预期的外界光线条件下(全暗到亮的,反射光线)容易读取。[AC-20-138C,11-8.c]

(3) 显示信息应该容易且清楚地识别,并且有足够的视觉对比度,能够让驾驶员观察和解释信息。总的来说,信息能够让驾驶员识别和区分,而不会造成眼部疲

劳。[AC-25-11A,31.a.(1)]

(4) 在不利的条件下,例如振动条件,应该保持可读性。[AC-25-11A,31.a.(2)]

(5) 文本和符号应该容易识别,并且应该能够在特定的视觉包线内辨认和可读。[TSO-C113a/SAE AS 8034B,4.2.1]

注:设备安装人员有责任确保所需的飞机视界包线在特定的显示设计包线内。[TSO-C113a/SAE AS 8034B,4.2.1]

(6) 在所有可期的运行条件下,信息元素(文本、符号等)应该足够大,使得驾驶员坐在位置上就可以观察和理解信息。如果两名或多名驾驶员需要观察信息,则信息元素应该在这些可视距离上可以识别和理解。[AC-25-11A,31.a.(1)]

(7) 申请人应该表明,如 25.1302(b)中所要求的,显示格式包括飞行机组完成任务所需的信息类型,特别是读取信息所需的速度和精度。信息的格式可以是文本信息、数值或者状态以及速率信息的图形表示。状态信息体现了参数在特定时刻的特定值。速率信息表明参数变化的速率。[AC-25.1302-1,5-5.b.(1)(a)]

(8) 如果飞行机组只能通过监视显示上呈现的显示值来确定非正常的值,则设备应该提供定性化的显示格式。定性化显示格式比定量化(数字)显示方式在信息速率和趋势上更有效。如果定性化显示不可用,申请人应该表明飞行机组可以使用所提供的信息完成任务。信息的定量化呈现方式对需要精确数值的任务更加有效。参考 25.1322 和 AC-25.1322 中,非正常的值以及相应的告警。[AC-25.1302-1,5-5.b.(1)(b)]

(9) 嵌入在定性化显示中的数字读出或数值呈现应该在当它们达到当前数值时,使得等级标识或刻度可用。[AC-25.1302-1,5-5.b.(1)(c);AMC 25.1302,5.4.2.a]

(10) 所有在读出器中的值的等级标识应该清楚。[AC-25.1302-1,5-5.b.(1)(c)]

3.1.2.4　区别性

当存在相同信息的多种来源时,信息元素应该可区分,并允许驾驶员立即意识到信息元素的来源。[AC-25-11A,31.a.(1)]

3.1.2.5　驾驶舱中的一致性

(1) 在正常条件下,以下的信息应该显示在一致的位置[AC-25-11A,36.b.(1)]:

a. 主飞行信息。

b. 动力信息。

c. 飞行机组告警——每个飞行机组告警应该位于特定的位置或中央飞行机组告警区域。

d. 自动驾驶仪和运行的飞行指引仪模式。

e. 横向和纵向航路偏差指示器。

f. 雷达高度指示。

g. 故障旗应该位于所表示或代替信息的位置。

h. 导航、交通、飞机系统和其他信息的数据标注应该位于与它们所对应的信息相一致的位置。

i. 其他信息的数据,例如故障和限制标识,应该位于与它们所对应的信息相一致的位置。

j. 电子移动地图显示特征(如 VORs、航路点等)与当前飞机位置相关。此外,对选择的每个范围,都应该有固定的等级。

k. 飞行信息部分与相似的信息或其他部分相关。

(2)其他信息不应该位于主飞行信息或所需的动量信息通常显示的位置。[AC-25-11A,36.b.(5)(d)]

(3)数据输入方式、颜色编码理念,以及符号应该尽可能地在不同的应用中保持一致。[AC-120-76B,12.m,(1)]

(4)申请人应该考虑给定系统内的一致性和驾驶舱的一致性。不一致可能会导致系统的脆弱性,例如增加的工作负荷和差错,特别是在有压力的情况下。例如,在一些飞行管理系统中,经度和纬度输入的格式在不同的显示页面上是不同的,这可能会导致飞行机组出现差错,或者至少增加飞行机组工作负荷。此外,如果经度和纬度的显示格式与通常纸质图中使用的方式不同,可能会导致差错的发生,因此,应尽可能使用与其他媒介相一致的格式。虽然各有利弊,但是系统内和系统间的一致性应该考虑以下的设计属性:[AC-25.1302-1,5-8.b.(1)]

a. 符号、数据输入惯例、格式、颜色理念、术语和标签。

b. 功能和逻辑。例如,当两个或多个系统同时工作并执行相同的功能时,它们应该保持一致性的运行,并且使用相同的界面类型。

c. 驾驶舱中使用相同类型并与其他信息一起呈现的信息。例如,在其他驾驶舱系统中使用的导航符号或者在纸质图上使用的符号应该显示在电子地图上。

d. 运行环境。例如飞行管理系统与运行环境的一致性很重要,同样,系统清除输入所需的步骤应该与空中交通管制中清除输入所需的步骤相一致。

(5)在驾驶舱内多于一个的显示上呈现的信息应该具有一致性;缩略词和标注应该保持一致;信息/通告包含的内容应该保持一致。对于不一致的信息应该进行评价以保证不会造成混淆或差错,也不会影响系统所包含的预期的功能。[AC-25-11A,31.b]

(6)电子显示格式元素的设计可以基于建立的标准和传统的方法。[AC-25.1302-1,5.5.b.(4)(a);AMC 25.1302,5.4.2.e]

(7)申请人能够在给定的系统内,以及整个驾驶舱中达到一致性的方法是遵循详细的驾驶舱设计理念。另一种方式是对设计进行标准化,通过使用可接受的、已经发布的工业标准,例如 ICAO 8400/5 所推荐的标注和缩写。申请人可以在导航中使用 SAE 文件 ARP 5289 中标准化的符号,例如甚高频全向信标(VOR)。[AC-25.1302-1,5-8.b.(2)]

(8) 申请人应该提供识别呈现在不同位置的信息或数据的分析结果,并且表明数据呈现方式是一致的,如果不一致则需要说明原因。[AC-25.1302-1,5-8.c.(1)(a)]

(9) 当信息不一致时,不一致性应该是明显的或被告知的,同时不会影响信息解释。[AC-25.1302-1,5-8.c.(1)(b)]

(10) 申请人应该对系统设计中与驾驶舱设计理念不一致的地方进行原理阐述,并且考虑由于不一致可能导致的对工作负荷和差错的影响。[AC-25.1302-1,5-8.c.(1)(c)]

(11) 申请人应该描述飞行机组期望得到的结论以及在驾驶舱中出现或不出现失效时,信息冲突情况应该采取的动作。[AC-25.1302-1,5-8.c.(1)(d)]

3.1.2.6　布局和组织

(1) 动力信息必须紧密地组合在一起,并以一种易识别的、符合逻辑的方式让飞行机组能够快速和清楚地识别显示的信息和相对应的发动机。根据参数指示的重要性,将最重要的信息显示在最顶部。通常,顶部指示是主推力设置参数。[AC-25-11A,36.b.(4)(b)]

(2) 对于新的显示管理方案,只使用分析的符合性方法是不够的。申请人应该使用典型运行场景的模拟器试验或飞行试验来验证飞行机组管理可用信息的能力。[AC-25.1302-1,5.5.c.(1)(b)]

3.1.2.7　证明符合性

(1) 申请人应该使用咨询通告中提出的方法表明设计中的信息显示符合25.1302(b)。对于电子显示上的信息显示参考 AC-25-11A。提出的符合性方法应该足够详细,从而能够表明功能、控制操作模式以及结果符合 25.1301 的要求,信息显示的结果应该:[AC-25.1302-1,5-5.a.(1)]

a. 清楚。

b. 明确。

c. 分辨率和精确度合适。

d. 可达。

e. 可用。

f. 能够为飞行机组意识提供足够的反馈。

(2) 在集成驾驶舱中的信息显示,不管使用何种媒介,必须满足 25.1302 中的所有要求。对于视觉显示,本咨询通告强调的是主要显示格式问题,而不是显示硬件特征。[AC-25.1302-1,5-5.a.(2)]

(3) 25.1302 要求提供给飞行机组的信息必须是清楚、明确的格式,并具有适合

任务的分辨率和精确度,同时,信息能够表达预期的意义。[AC - 25.1302 - 1,5 - 5.b.(4)(e)]

3.1.3　其他推荐

3.1.3.1　总则

系统应该基于当前的内容清楚地区分不可用的信息和可用的信息。[RTCA/DO - 256,3.2.1.2.3]

3.1.3.2　可读性

(1) 最简单的设计应该用来表示必需的信息。[MIL - STD - 1472G]

(2) 显示不应该包含无关的信息、文本或图形。[DOT - VNTSC - FAA - 95 - 7]

(3) 对于文本显示,显示密度应该小于 50%,小于或等于 25% 更佳。[DOT/FAA/CT - 03/05 HF - STD - 001]

(4) 信息显示应该使用最高精度的显示格式。[DOT - VNTSC - FAA - 95 - 7]

3.1.3.3　驾驶舱一致性

用户习惯、数据输入要求和其他相似的显示的显示格式应该保持一致。[DOT -VNTSC - FAA - 95 - 7]

3.1.3.4　布局和组织

(1) 应该将与具体问题或特定功能相关的数据集组合在一起,用作表示功能性关系。[MIL - STD - 1472G,5.2.2.2.6.a.(3)]

(2) 一个任务所需要的所有信息应该位于相同的显示上。[NAWCADPAX - 96 - 268 - TM]

(3) 用户不需要记住不同页面间的信息。[NAWCADPAX - 96 - 268 - TM]

3.1.4　简要案例说明

显示元素之间关系的建立可以根据线条或边界将它们进行组合,或者通过大小、形状或颜色将它们联系在一起。这些相同的属性也会导致视觉杂乱,因此需要将它们进行功能化区分使用。

国际上认可的标准缩略语和机场标识在国际民航组织(ICAO)文件 8400/5《空中导航服务 ICAO 缩略语和编码》中提供。RTCA/DO - 229D 文件中列出了潜在的功能和指示,并提供了对应的标注或信息。

3.2　标记

3.2.1　背景

标记是用作所提供的功能和信息的记忆线索。标记能识别控制、符号和数据段,并指示它们的功能或它们动作的结果。谨慎地使用标记词语能够帮助用户快速地接收信息。此外,显示系统和媒介(如电子显示和纸质图)中标记术语保持一致能够减少搜寻指定功能所需的时间。如果标记的设计不合理,那么驾驶员有可能不能确定被控制的器件,不知道显示元素的目的是什么,或什么数据需要输入。

图标通常用来代替文本以识别控制或目标。图标应该由熟悉的图形组成,这些图形要能够区分并且容易理解。但是,在一些情况下,被控制的功能可能过于抽象并且难以用图形描述。如果图标的含义不明确,那么驾驶员可能记不住图标的意义,需要进行人工解释。对图标需要进行仔细地评价,使得建立的图标容易认识和识别,并且确保驾驶员理解图标所需的时间和理解的准确度与使用文本标记相符。

相较于使用缩写和术语,更推荐词语完整地呈现。但是,当空间有限时,也需要使用缩写和术语,因为它们更短且更容易显示。在驾驶舱中使用通用标准的缩写和术语更容易理解,同时能够增加一致性。使用非通用的缩写或术语需要驾驶员记住特定的含义和功能,这样容易产生误解和差错。国际民航组织(ICAO)文件8400/5提供了国际上通用的标准缩写和机场标识代码。

地图显示容易变得过度拥挤,对于标记,它也不总是能够保持一致的位置。如果在任何情况下,都将标记安置在其合适的位置,那么对标记的定位和读取可能变得缓慢并且造成混淆;如果标记太靠近地图特征,那么也不清楚标记所反映的特征。在这些情况下,可能需要将标记固定,例如,当驾驶员选择一个点后,临时显示一个标记。

文本必须可读并且易读。易读性是指单独的字体可以从上下文中快速地识别,可读性是指词语或词组在上下文中被认识的程度。有些字符容易产生混淆是因为它们在形式上很相似。不容易理解的文本可能引起驾驶员分神并且增加视觉疲劳和工作负荷,驾驶员也可能误读信息或根本不能读取信息。

易读性和可读性受很多因素影响,如字符大小、字符类型或字体类型、字符间隔、文本间距以及字符和背景之间的对比度。简单、简洁的文本比形式化文本更容易阅读也更不容易产生误读。此外,在像素分辨率低的显示上,衬线字体可能会被扭曲。如果保守地使用大写,则可以有效地表明词语有特殊的意义。虽然对于连续文本,大小写混合比全部大写更容易阅读,但是,单独的词语可能使用全部大写更容易识别。

最小的字符大小通常基于单色显示,字符大小通过笔画宽度、字符宽度和字符高度进行测量。笔画宽度是构成字符笔画的两个边缘之间的距离。字符宽度是从字符一侧到另一侧的水平距离,字符高度是顶部到底部的垂直距离。字符视角对向的测量是计算字符大小和可视距离的比值。有颜色的文本的最小尺寸取决于所使用的颜色、背景颜色以及显示中的其他颜色。如果文本太小,则驾驶员可能需要调整显示使得文本易读,如放大文本则会增加额外的工作负荷。如何优化字体的可读性取决于显示的质量(如大小和分辨率),较大的字体可能需要低的亮度以增加可读性。

3.2.2 局方管理条例和指导性资料

3.2.2.1 总则

（1）所安装的每项设备必须符合下列要求：有标牌标明其名称、功能或使用限制，或这些要素的适用的组合。［CCAR-23.1301(b)；25.1301(b)；27.1301(b)；29.1301(b)］

（2）如有必要，为了防止不适当使用或混淆，每一个指令基准控制器件的功能和运动方向，如航向选择或垂直速度，必须清楚地标示在每一控制器件上或其附近。［CCAR-25.1329(f)］

（3）申请人应该表明显示文本和听觉信息所呈现的信息是可区分的、有意义的。［AC-25.1302-1,5-5.b.(4)(e)］

（4）申请人应该表明文本和图标所标注的功能是可区分、有意义的。［AC-25.11A,31.c.(2)(a)］

（5）申请人应该表明文本所呈现的信息是可区分、有意义的。信息应该传递预期的含义。［AC-25.11A,31.c.(1)］

（6）标记应该有指向性以增强可读性。［AC-25-11A,31.c.(2)(d)］

（7）不管字符类型、大小、颜色和背景，文件都应该在所有可预见的光线和运行条件下，从飞行机组位置上可读，见§25.1321(a)。［AC-25-11A,31.c.(1)(a)］

（8）所有的显示信息，如符号、图形以及字母数字特征都应该能够清楚区分，并且在所有外界亮度条件下容易辨认。［AC-23.1311-1C,16.1］

3.2.2.2 控制器件标记

（1）除飞行主操纵器件和功能显而易见的操纵器件外，必须清晰地标明驾驶舱内每一操作器件的功能和操作方法。［CCAR-25.1555(a)，27.1555(a)，29.1555(a)］

（2）每个副翼操纵器件必须有适当标示。［CCAR-23.1555(b)］

（3）标记应该用来识别所有控制器件的功能，这些控制器件能够操作显示上的信息内容和特征。［TSO-C165/RTCA/DO-257A,2.1.5.1］

注：本条要求适用于标准的机械控制器件（如按钮、旋钮等）。［TSO-C165/RTCA/DO-257A,2.1.5.1］

（4）功能不明显的控制器件应该进行标注或辨识，从而让不熟悉飞机的飞行机组成员能够快速、准确、一致地识别控制器件的功能。［AC-25-11A,31.c.(2)］

（5）如果控制器件能够完成不止一个功能，那么标记应该包含所有预期的功能，除非控制器件的功能是明显的。［AC-25-11A,31.c.(2)(b)］

（6）通过指针控制器件进行接入的图形控制器件的标记应该包含图形显示。［AC-25-11A,31.c.(2)(b)］

(7) 在多功能显示上,标记应该用来指示激活的功能,除非功能是明显的。当功能不被激活或显示时,标记应该移除,除非有其他的方法表明被使用功能的可用性。[AC-25-11A,31.c.(2)(d)]

(8) 标记的术语应该用有意义的形式描述控制的功能。这些形式应该与功能的显示或模式的选择尽可能地保持一致。[TSO-C146c/RTCA/DO-229D, 2.2.1.1.1.2]

(9) 标记是驾驶舱中最常用的识别和描述控制器件和其他设备的方式。它们可以是完整的文本(如"备用")、缩略的文本(如"STBY")、缩写(如"AGL"对应于"高于地平面")以及图标(如"开/关")。[AC-20-175,2-8.a]

注:驾驶员愿意了解有限数量的控制器件的功能和对应的图标。大部分的功能没有被广泛接受的图标。[AC-20-175,2-8.a]

(10) 控制器件标记必须对使用该器件的驾驶员可见,易辨识,并且能够理解,参考 2X.1555(a)。[AC-20-175,2-8.b]

(11) 除非通过其他的方式(如格式、位置)使控制器件功能和运行模式是明显的,否则控制器件标记应该能清楚和明确地传递:[AC-20-175,2-8.c]

a. 每个控制器件所执行的当前的功能。

b. 当执行当前功能时,驱动控制器件的方式。

(12) 标记以及其他与控制器件功能和运行模式相关的信息应该在一个广泛的外界亮度条件下可读,包括,但不限于:[AC-20-175,2-2.d]

a. 控制器件上的直接光照。

b. 通过前玻璃透射的非直接光照(反射)。

c. 在飞行机组成员眼部水平面前上方和云甲板上方的光线。

d. 夜晚和/或暗环境。

注:当评价控制器件时,考虑上述的条件,并且表明控制器件是可接受的。补偿因素例如触觉特征,也可以作为部分环境和使用条件。对于功能受亮度信息影响的控制需要进行特别的考虑,例如灯开关和显示上的软式按键。[AC-20-175, 2-2.d]

(13) 如果控制器件可以用作多种功能,则当前的功能应该在显示或者控制器件上进行指示。[TSO-C165/RTCA/DO-257A,2.1.5.1]

(14) 控制器件标记应当从驾驶员正常座位上容易识别。[AC-20-175, 2-8.d]

(15) 多功能控制器件应该使用标识使得驾驶员能够:[AC-25-11A,41.a]

a. 快速地、准确地、一致地识别和选择控制器件的所有功能。

b. 根据指针位置在显示上快速、可靠地识别"活跃"项,并且快速、可靠地识别如果使用选择器按钮和/或使用多功能控制器件实现的功能。

c. 不需要多余的训练或经验就能够快速、准确地确定控制器件的功能。

(16) 通过指针设备,例如轨迹球,进行介入的图形控制器件标记应该包括在图形显示上。当菜单能引出其他的选项例如子菜单时,菜单的标记应该对下一级子菜单进行有效的描述。[AC-25.1302-1,5-4.c.(2)(a)]

(17) 当可用时,推荐对控制器件标记使用 FAA 政策性文件和其他标准的术语、图标或缩写。此外,使用航空界中通用的标记。[AC-20-175,2-8.e]

(18) 对于使用文本标记图标的控制,可以让接受过最小预期程序训练的驾驶员在所需的正常、非正常以及紧急情况下以可接受的工作负荷等级完成任务。如果合适,则考虑在控制器件中加入图标作为文本标记的补充,而不是取代标记(如持续的文本显示,临时"鼠标悬停"显示)。[AC-20-175,2-8.f]

(19) 如果对同样的功能存在多种控制器件,则清楚地标记所有的控制器件。但是,如果其他的控制能够适用于大部分的驾驶员,那么可以不遵循,例如,有经验的用户可能会选择较少直觉的方式获得性能的优势,例如速度。双击或推一握住常不推荐作为单一的操作方式,而是作为可接受的次要方式。申请人应该表明对同一功能的多种控制器件是可接受的,并且不会导致混淆或无意的操作。[AC-20-175,2-8.g]

(20) 如果对同样的功能存在多种控制器件(多人制机组),则必须表明有足够的信息或者其他可用的方式能够让每名机组成员都意识到当前运行的控制器件。[AC-20-175,2-8.h]

(21) 只使用一个缩写和/或一种图标标记一个功能。这是为了防止当同样的标记出现在多种位置时产生混淆。[AC-20-175,2-8.i]

(22) 保证标记不会受到划痕、变模糊、涂擦、损毁以及其他影响识别度的因素而导致无法正常使用。[AC-20-175,2-8.j]

(23) 从当前的状态指示控制器件的功能应该用一种容易识别的方式,例如,一个标记为"航迹向上"的按钮不应该显示为"航向向上"。[AC-20-175,3-3.a]

(24) 保证描述控制器件功能的弹出文本不会导致驾驶员产生不可接受的分神、干扰或杂乱。[AC-20-175,3-3.b]

(25) 如果一个控制器件能够基于顺序的命令或者选择驱动一些不同的功能,那么应该清楚地标记每个功能。[AC-20-175,3-3.c]

(26) 当控制器件的状态发生改变,或者不在默认的状态时,应该有明确的指示(例如:如果旋钮被拉出,则实现不同的功能)。[TSO-C146c/RTCA/DO-229D,2.2.1.1.4.1]

(27) 对控制器件标记应该进行评价,从而保证在整个驾驶舱中使用逻辑一致的标记用法。评价也应该考虑电子控制器件标记,特别是在所有显示页面使用的标记。控制器件功能术语的选择让驾驶员能够立即、明确地理解预期的功能是很重要的。评价应该验证术语的选择是否遵循标准化的航空传统用法。[PS-ACE 100-2001-004,附录 A]

（28）驾驶员必须能够快速和可靠地识别由软件标记所控制的功能。使用的标准是驾驶员必须能够进行与任务相关的控制，并达到与使用传统控制器件相同绩效的标准，除非绩效的降低是无关紧要的，并且设计能够获得其他重要的绩效或设计简易化。［PS－ACE 100－2001－004，附录 A］

（29）对所有的控制器件标记应该进行评价以保证在白天和夜晚运行环境中都可见。同时应该指出，显示上的字符大小会影响可读性和感知的亮度，字符大小的变化会导致感知亮度的失衡。［PS－ACE 100－2001－004，附录 A］

3.2.2.3　数据段标记

（1）可编辑、可选择或者需要操作者输入的数据段应该添加明确的注释。［TSO－C146c/RTCA/DO－229D，2.2.1.1.4.1］

（2）数据段应该通过测量单元或是描述性的标记能够被唯一识别。但是，如果没有测量单元，则一致的基本的"T 型"布局设备也是可接受的。［AC－25－11A，31.c.(2)(c)］

3.2.2.4　功能标记

RTCA/DO－229D 中列出了潜在的功能和指示，并提供了相关的标记或信息，需要注意的是所有的这些功能都是必需的。如果功能的使用是独立的动作，那么设备应该使用表中的标记或信息；如果一个独立的动作能实现一些功能，那么应该使用 RTCA/DO－229D 中可用的标记。航路点识别器中使用的缩写不应该用来表示其他的术语。［TSO－C146c/RTCA/DO－229D，2.2.1.1.6］

3.2.2.5　固定点、航路点和其他符号标记

（1）使用的标记应该识别固定点、其他符号和其他信息，在显示器合适的地方显示。［TSO－C165/RTCA/DO－257A，2.2.2］

（2）方位标记应该有朝向，以便于读取。［TSO－C165/RTCA/DO－257A，2.2.2］

注：一种符合性方式是持续保持正直的朝向。［TSO－C165/RTCA/DO－257A，2.2.2］

（3）如果使用自动命名，则设备应该标记含有离开和到达机场的飞行计划，当呈现飞行计划供飞行机组审阅、编辑、激活或删除时，如果没有离开或到达的机场，那么飞行计划应该标记第一个和最后一个航路点。［TSO－C146c/RTCA/DO－229D，2.2.1.2.1］

（4）航路点的名字应该与发布的名字相一致。［TSO－C146c/RTCA/DO－229D，2.2.1.2.1(b)］

（5）机场识别应该使用标准的 ICAO 术语（如 KJFK）。［TSO－C146c/RTCA/DO－229D，2.2.1.2.1(b)］

3.2.2.6　方位标记

所有的方位数据段应该在方位值的右侧标记有"°"。所有真实方位数据段应该

在方位值的右侧标注有"°T"。"°T"标注可以为一个字节或两个字节(适用于所有的航路、航迹和方位)。[TSO-C146c/RTCA/DO-229D,2.2.1.1.4.8]

3.2.2.7 标记位置

(1)标记与其对应的目标的空间位置关系应该明确,有逻辑性且保持一致。[TSO-C165/RTCA/DO-257A,2.2.2]

(2)标记应该位于:[AC-25-11A,31.c.(2)(d)]

a. 标注与其对应的目标的空间位置关系应该明确。

b. 显示控制的标注应该在其指示的控制之上或者在控制的旁边。

c. 显示控制的标注不应该遮挡相应的控制。

d. 标注应该具有朝向,从而可以提高可读性,例如,标注始终保持一个正直的朝向或者与相应的符号连接起来,例如跑道或空中航线。

(3)在指定的可视角度内并且标注位于其指示的控制之上或在控制的旁边时,标注不应该被控制遮挡。[TSO-C146c/RTCA/DO-229D,2.2.1.1.1.2]

(4)标注的位置设定应该遵循一个一致的逻辑。[TSO-C146c/RTCA/DO-229D,2.2.1.1.1.2]

(5)标注和标志的位置应该明确表示它们的意义而不会引起误解。[AC-25-11A,31.c.(4)(b).3]

3.2.2.8 可视距离

(1)在所有正常的预期驾驶舱亮度条件下,所有的标注都应该在30英寸(762毫米)的可视距离内可读。[TSO-C165/RTCA/DO-257A,2.2.2]

注:取决于所使用的显示技术,数字和字母的大小需要有可接受的可读性。[TSO-C165/RTCA/DO-257A,2.2.2]

(2)描述主要数据的数据和字母的显示应该在预期灯光条件下,在30英寸(762毫米)的可视距离内可读。[TSO-C146c/RTCA/DO-229D,2.2.1.1.4.5]

3.2.2.9 标记的一致性

(1)标记应该与驾驶舱内其他相关的标记保持一致。[AC-25-11A,31.c.(2)(c)]

(2)用标记的术语和缩写来描述功能和识别控制应该与RTCA/DO-257A,附录A保持一致。[TSO-C165/RTCA/DO-257A,2.2.2]

(3)驾驶舱内模式和来源选择通告器的标记应该相互兼容。[AC-23.1311-1C,18.2]

(4)缩略语和标记应该保持一致,信息/通告所包含的文本内容应该保持一致。对不一致的情况应该进行评价以保证它们不会产生混淆或差错,并且不会对系统预期功能造成不利的影响。[AC-25-11A,31.b]

(5)电子显示上的通告/标注应该与驾驶舱中其他位置上相应的开关和按钮上的标记相同。如果显示标记与相应的控制不一致,则申请人应该表明飞行机组成员能够快速、容易、准确地识别相应的控制器件,从而使得他们能够完成与系统和设备预期功能相关的所有任务(25.1302)。[AC-25.1302-1,5-4.e.(2)(e)]

(6) 当一个控制器件或指示发生在多个位置时(如"返回"在飞行管理功能的多个页面出现),标记应该在所有情况下保持一致。[AC-25-11A,31.c.(2)(c)]

(7) 一致的功能性标记也很重要,一个功能不管在什么显示页面中都应该具有相同的名字。应该进行评价以确保当显示页面变化时,标记位于一致的显示键上。评价人员应该保证在多种屏幕或页面中可用的所有相同的功能是一致的,并能最大限度地反映到相同的控制上。申请人还必须评估经常使用的功能是否容易达到。[PS-ACE 100-2001-004,附录A]

3.2.2.10 图标

(1) 当使用图标代替文本标记注时,飞行机组应该只需要短时间地关注图标就可以确定控制器件操作的功能和方式。图标的使用不应该造成飞行机组混淆。[AC-25-11A,31.c.(2)(e)]

(2) 当使用图标代替文本标记时,申请人应该表明飞行机组只需要短时间地关注图标就可以确定控制操作的功能和方式。根据经验,以下的指南可以表明图标是可用的设计。[AC-25.1302-1,5-4.c.(2)(d)]

a. 图标应该与其表示的内容相一致。

b. 图标应该是航空界通用的,被飞行机组所熟知的。

c. 图标的使用应该基于已建立的标准以及通用的含义。

(3) 在所有情况下,申请人均应该表明图标的使用至少等同于文本标记,并考虑飞行机组的完成速度和可能出现的差错率。此外,申请人应该表明如果图标不等同于文本标记,则不会对安全性和飞行机组工作负荷(如任务时间)造成不可接受的影响;也不会造成飞行机组混淆。[AC-25.1302-1,5-4.c.(2)(e)]

(4) 如果使用图标,那么驾驶员的绩效水平不应该差于使用文本标记时,可以通过测量理解控制功能的时间和准确度进行比较。[PS-ACE 100-2001-004,附录A]

3.2.2.11 大写

(1) 对长文件和长信息,推荐使用标准语法的大小写。当文本的结构是句式时,使用这一格式也有帮助。[AC-25-11A,31.c.(1)(a)]

(2) 对文本标记只使用大写是可接受的。[AC-25-11A,31.c.(1)(a)]

3.2.2.12 字体

(1) 为了提高可读性,选择的字体应该与显示技术相兼容。[AC-25-11A,31.c.(1)(b)]

(2) 对于低像素分辨率的显示,衬线字体可能发生变形。但是,可接受衬线字体的显示器有助于描述完整句子或较大的文本字符串。[AC-25-11A,31.c.(1)(b)]

(3) 无衬线字体推荐在极端亮度条件的显示中使用。[AC-25-11A,

31.c.(1)(b)〕

（4）数字字母的字体应该有足够的厚度和大小，从而让飞行机组坐在距离显示正常的可视距离时可读。〔AC－25.1322－1,附录1,2.b.(6)〕

注1：根据DODCM－400－18－05,最小的字符高度为可视距离的1/200是可接受的〔例如：可视距离为36英寸(914毫米),则需要显示上呈现0.18英寸(4.57毫米)的字符高度〕。〔AC－25.1322－1,附录1,2.b.(6)〕

注2：对于视觉告警文本,Arial字体和无衬线字体是可接受的。要求达到可接受的可读性的数字和字母的大小取决于所使用的显示技术。笔画宽度为特征高度的10％～15％最利于文本显示上的文字识别。下伸字母和上伸字母的延伸部分应该约为字母高度的40％。〔AC－25.1322－1,附录1,2.b.(6)〕

注3：不同的字体可以用来区分新认可的和以前认可的视觉告警信息。〔AC－25.1322－1,附录1,2.b.(6)〕

3.2.2.13 字符大小

所需的大小取决于显示技术的使用。指示信息分类的符号大小的初步指南有：〔TSO－C146c/RTCA/DO－229D,2.2.1.4.5〕

a. 0.18″(4.57毫米)主要数据。

b. 0.12″(3.05毫米)次要数据。

c. 0.09″(2.29毫米)图例。

注：安装限制可以用来补充显示设计的限制。〔TSO－C146c/RTCA/DO－229D,2.2.1.4.5〕

3.2.2.14 字符间隔

只使用空格或自然分隔符作为字符间隔。〔AC－25－11A,31.c.(1)(a)〕

3.2.2.15 术语

（1）设备应该显示标准的和/或明确的缩写和缩略语,并且应该与驾驶舱中同一功能保持一致。〔AC－25.1302－1,5－5.b.(4)(e);AMC 25.1302,5.4.2.e〕

（2）缩写和缩略语应该明确并且与已经建立的标准一致。〔AC－25－11A,31.c.(1)〕

（3）尽可能避免使用缩写和缩略语。〔AC－25－11A,31.c.(1)(a)〕

（4）避免缩写,例如避免使用"can't"代替"can not"。〔AC－25－11A,31.c.(1)(a)〕

（5）设计方面标准化的另一种方法是使用意见是可接受的并且已经发布的工业标准,例如ICAO 8400/5中推荐的标注和缩写。〔AC－25.1302－1,5－8.b.(2);AMC 25.1302,5.7.2〕

3.2.3 其他推荐

3.2.3.1 总则

（1）容易引起混淆的字母和数字应该易于区分。〔DOT－VNTSC－FAA－

95 - 7]

（2）标注的格式或位置应该能够区分，从而标注能够与其他显示的特征容易区分。[ESD - TR - 86 - 278]

3.2.3.2　控制器件标记

（1）在所有显示屏幕上，软控制器件标记应该出现在一致的位置。[RTCA/DO - 256,2.1.3.5]

（2）软控制器件标记应该明确地与它们所标记的控制器件相关（通过位置，或者通过标记控制器件相关的指示）。[RTCA/DO - 256,2.1.3.5]

（3）标记不应该直接位于旋转的控制器件上，因为当进行操作时，控制器件的方向会发生改变。[DOT - VNTSC - FAA - 95 - 7]

（4）应该使用线条来连接软标记和它们所指示的控制器件，使得产生的视差问题最小。[DOT/FAA/AR - 04/39]

（5）功能按键标记应该位于主内容区域之外的保留区域。[DOT - VNTSC - FAA - 03 - 07]

（6）当使用选择功能进行功能选择时，选择功能应该清楚地指示，同时选择器的位置应该通过可区分的定位装置进行识别。[SAE ARP 4102,5.3.1.3]

（7）应该清楚标明旋转控制器件的表面以提高控制器件位置的可识别性。[SAE ARP 4102,5.3.1.4]

3.2.3.3　数据段标注

（1）如果使用符号标注数据，则系统应该对等级、分钟和秒的信息使用合适的符号以增强它们的可读性。[RTCA/DO - 256,2.1.3.5]

（2）数字信息段应该包含标记的显示或者高度、航向和速度测量的单位。[RTCA/DO - 256,2.1.3.5]

（3）数据段标记应该足够靠近相应的数据段，但至少应该间隔一个空格。[RTCA/DO - 256,2.1.3.5]

（4）数据段标注的位置应该一致。[DOT - VNTSC - FAA - 95 - 7]

（5）应该提供可接受的数据格式和值的提示。[DOT - VNTSC - FAA - 95 - 7]

3.2.3.4　固定点、航路点和其他符号的标注

（1）如果不会造成额外的杂乱，那么应该对移动地图上明显的特征进行标注，标注应该位于与特征设计相一致的位置。[DOT - VNTSC - FAA - 95 - 7]

（2）地图显示上的字母、数字、数据和图例不应该遮挡移动的符号或路径。[DOT - VNTSC - FAA - 95 - 7]

（3）除了航向刻度上的数字，字母、数字、数据和图例应该在地图转动时保持在正向上。[DOT - VNTSC - FAA - 95 - 7]

3.2.3.5　文本标记

（1）标记应该是简洁的。[DOT - VNTSC - FAA - 95 - 7]

(2) 所有的缩写和术语应该在用户文档中列出和进行定义。[DOT-VNTSC-FAA-95-7]

(3) 缩写不应该使用四字或更少的单词,除非缩写和单词是同义的。[DOT-VNTSC-FAA-95-7]

3.2.3.6　标记位置

(1) 如果系统为了表明信息响应的选择,使用动态的方式对控制器件进行标注,那么在显示屏上接收信息的响应选择不应该位于响应在另一显示屏上拒绝信息相同的位置。[RTCA/DO-256,2.1.3.5]

(2) 标注应该取水平方向。[DOT-VNTSC-FAA-95-7]

(3) 标注不应该遮挡其他需要的信息。[DOT-VNTSC-FAA-95-7]

3.2.3.7　标记的一致性

不同显示或控制的词语、缩写和术语应该有区分。相同的词语或者有类似含义的词语不应该用作不同的标注,以免产生混淆。[DOT-VNTSC-FAA-95-7]

3.2.3.8　大写

(1) 保守地使用大写。对于单独的词、术语或标注适合使用大写。[DOT/FAA/CT-03/05 HF-STD-001]

(2) 对于连续文本、信息、菜单描述、按钮描述或屏幕识别应该使用大小写混合的方式。[DOT/FAA/CT-03/05 HF-STD-001]

3.2.3.9　字体大小

(1) 显示使用的数字和字母的字体应该有足够的厚度和大小,让飞行机组坐在距离显示正常的可视距离时可读。[RTCA/DO-256,2.1.3.5 和 3.1.1.3]

(2) 如果显示分辨率高或字形够大,那么推荐使用衬线字体,因为衬线不会扭曲。[DOT/FAA/CT-03/05 HF-STD-001]

(3) 对于分辨率低的显示或者小文本推荐使用无衬线字体。[DOT/FAA/CT-03/05 HF-STD-001]

3.2.3.10　字符大小

(1) 最小的字符高度为可视距离的 1/200 是可接受的[如可视距离为 36 英寸(914 毫米),则需要显示上 0.18 英寸(4.57 毫米)的字符高度]。[RTCA/DO-256,2.1.3.5 和 3.1.1.3]

(2) 字符最小的视角应该为 16 弧分。但是,对于必须在飞机环境条件下读取的字符推荐有最小 24 弧分的视角。[DOT/FAA/CT-03/05 HF-STD-001]

注: 1°= 60 弧分[DOT/FAA/CT-03/05 HF-STD-001]

(3) 字符高度和宽度的比应该:[DOT/FAA/CT-03/05 HF-STD-001]

a. 一行有 80 个或更少的字符,高度和宽度比至少为 1∶0.7～1∶0.9,并且有相同的字符间隔。

b. 如果每行需要超过 80 个字符,则高度和宽度比至少为 1∶0.5。

c. 例如"M"和"W",高度和宽度比至少为1∶1。

(4) 在白色背景上黑色字符的笔画宽度应该为字符高度的0.166 7～0.142 9之间。如果易读性在夜间也很重要,那么在白色背景上黑色字符的笔画宽度应该为字符高度的0.142 9～0.125之间。[MIL‐STD‐1472G]

(5) 有颜色的文本应该比黑色文本更大(在白色背景上)以提供相似的易读性。[DOT‐VNTSC‐FAA‐95‐3]

3.2.3.11　字符间隔

(1) 最小的字符间隔或刻度标记应该为1个笔画宽度或10%的字符高度中的较大值。[DOT/FAA/CT‐03/05 HF‐STD‐001]

(2) 最小的词语间隔应该为1个字符宽度。[DOT/FAA/CT‐03/05 HF‐STD‐001]

(3) 显示上最小的行距应该为2个笔画宽度或字符高度的15%中的较大值。[DOT/FAA/CT‐03/05 HF‐STD‐001]

3.2.3.12　对比率

(1) 所有符号和文本的对比度应该不小于3∶1。[RTCA/DO‐256,2.1.3.2和3.1.1.3]

注:美国国家标准协会(ANSI)推荐的数字字母字符的对比率为7∶1,最小为3∶1;国家民航组织(ICAO)推荐的对比率为8∶1。对于不需要读取的细节,例如地图,对比率为3∶1是可接受的。[RTCA/DO‐256,2.1.3.2和3.1.1.3]

(2) 为了获得最佳的易读性,字符对比度应该在6∶1～10∶1之间。[DOT/FAA/CT‐03/05 HF‐STD‐001]

3.2.3.13　术语

(1) 应该使用相似的术语和符号。[DOT‐VNTSC‐FAA‐95‐7]

(2) 在图形元素、文本显示和词语选择时应该考虑文化传统。[DOT‐VNTSC‐FAA‐95‐7]

3.2.4　简要案例说明

容易引起混淆的字符包括:I(字母)/1(数字),P/R,B/D/E,G/O/C,O(字母)/0(数字),Z/2。

使用无衬线字体的字符不在顶部和底部显示小的水平笔画,例如:h和p;而衬线字体则有水平笔画,例如:h和q。无衬线字体例如:Arial,Century Gothic,Tahoma或者Verdana;衬线字体,例如:Century,Garamond,Palatino Linotype以及Times New Roman。

一些显示单元有线条连接到对应的软标注,这些线条嵌入由控制按钮延伸出的面板中,以帮助用户识别按钮所对应的标记。

帮助图标识别的方式是显示"工具提示",当指针停留在图标上时,出现文本标记。

标准功能和通告标记。国际上认可的标准缩略语和机场标识在国际民航组织（ICAO）文件 8400/5《空中导航服务 ICAO 缩略语和编码》中提供。

TSO‐C146c/RTCA/DO‐229D 列出了潜在的功能和指示，并提供了相应的标记或信息，参见表 3.1。注意所有的功能都是需要的。如果功能的使用是独立的动作，那么设备应该使用表中的标记或信息。如果一个独立的动作能实现一些功能，那么应该使用表中可用标记之一。航路点识别器中使用的缩写不应该用来表示其他的术语。

表 3.1　标 记 和 信 息

功　　　能	标记/信息
输入、确认	Enter(ENT)
暂停	Suspend(SUSP)
进入选择去或从航路点	OBS, CRS①
清除之前的输入、取消或删除	Clear(CLR)
激活和撤销指针	Cursor(CRSR)
获得信息	Message(MSG)
获得直接去功能	Direct To
获得最近的基础或其他固定点	Nearest(NRST)
获得飞行计划功能	Flight Plan(FPL)
选择 Vector-to-Final	Vector-to-Final(VTF)
获得主导航显示	NAV 或 MAP②
通　　　告	标记/信息
指示有信息	Message(MSG,M)
指示丢失集成监视	LOI "Loss of Integrity — Cross Check Nav"
功　　　能	标记/信息
指示即将转弯	WPT③，或者"Turn to[下一个航向]in[距离]nm"
指示开始转弯	WPT，或者"Turn to[下一个航向]now"

---

①　如果功能通过使用按钮完成，则该功能应该标注为"OBS"以避免与"CRSR"混淆。对于选择航路的显示，可以标注为"OBS"或"CRS"。

②　如果主导航信息与移动地图集成在同一个显示中，则可以使用"MAP"。

③　可以用来指示其他条件(如航路点告警)。

缩写和缩略语。当使用缩写和缩略语时,应该使用以下的缩写和缩略语,参考表 3.2,包括在检查单、信息、控制功能的标注中使用。这些缩写和缩略语不应该用来表示其他意思。这些标准的使用应该在驾驶员手册、快速检查单以及设备控制和显示的设计中保持一致性。

表 3.2　缩写和缩略语

DO - 229C 中需要缩写的词	DO - 229C 推荐缩写	ICAO 8400/5 推荐缩写	ICAO 8400/5 中需要缩写的词
Acknowledge 感谢	ACK	ACK	Acknowledge
Active,Activate 激活	ACT, ACTV	ACT	Active 或 Activated 或 Activity
Airport 机场	APT	AP	Airport
Air Traffic Control 空中交通管理	ATC	ATC	Air Traffic Control
Alert/Alerting 告警	ALRT	ALR	Alerting
Altitude 高度	ALT	ALT	Altitude
Along-Track Distance 沿航线距离	ATD		
Along-Track Error 沿航线差错	ATE		
Along-Track 沿航线	ATK		
Approach, Approach Control 进近,进近控制	APPR, APR	APCH	Approach
Area Navigation 区域导航	RNAV	RNAV	Area Navigation
Arm, Armed 装备	ARM		
Barometric Setting 气压调整	BARO		
Bearing 方位	BRG	BRG	Bearing
Cancel 取消	CNCL	CNL	Cancel 或 Cancelled
Center Runway 中心跑道	C	C	Centre(跑道识别)
Centigrade 摄氏	C	C	Celsius(Centigrade),Degrees
Clear 清除	CLR	CLR	Clear(s) 或 Clear To ... 或 Clearance
Coordinated Universal Time 协调世界时	UTC	UTC	Coordinated Universal Time

（续表）

DO-229C 中 需要缩写的词	DO-229C 推荐缩写	ICAO 8400/5 推荐缩写	ICAO 8400/5 中 需要缩写的词
Course 航线	CRS		
Course Deviation Indicator 航线偏离指示器	CDI		
Course To Fix 到固定点的航线	CF		
Cross-Track 跨航迹	XT, XTK		
Cross-Track Error 跨航迹差错	XTE		
Cursor 指针	CRSR		
Database 数据库	DB		
Dead Reckoning 航位推测法	DR	DR	Dead Reckoning
Decision Altitude 决断高度	DA	DA	Decision Altitude
Delete 删除	DEL		
Departure，Departure Control 离港,离港控制	DEP	DEP	Depart 或 Departure
Desired Track 期望航线	DK, DTK		
Destination 目的地	DEST	DEST	Destination
Dilution of Precision 精度因子	DOP		
Direct，Direction 方向	DIR	DCT	Direct
Direct-To Fix 直接到固定点	DF		
Distance 距离	DIS, DIST	DIST	Distance
East 东	E	E	East 或 Eastern Longitude
Emergency Safe Altitude 紧急安全高度	ESA		
En Route 在途中	ENR	ENR	En Route
En Route Safe Altitude 在途中安全高度	ESA		

DO-229C 中 需要缩写的词	DO-229C 推荐缩写	ICAO 8400/5 推荐缩写	ICAO 8400/5 中 需要缩写的词
Estimated Time of Arrival 预计到达时间	ETA	ETA	Estimated Time of Arrival 或 Estimating Time of Arrival
Estimated Time of Departure 预计离港时间	ETD	ETD	Estimated Time of Departure 或 Estimating Time of Departure
Estimated Time En Route 预计在途中时间	ETE		
Fahrenheit 华氏	F		
Feet，Foot 英尺	FT	FT	Feet
Feet Per Minute 英尺每分钟	FPM	FPM	Feet Per Minute
Final Approach Fix 最终进近点	FAF	FAF	Final Approach Fix
Final Approach Waypoint，For Waypoint Identifiers 最终进近航路点	f，FA，FAWP	FAP	Final Approach point
Flight Level 飞行高度	FL	FL	Flight Level
Flight Plan 飞行计划	FPL	PLN	Flight Plan Cancellation
From 从…来	FR	FM	From
Full-Scale Deflection 满标偏转	FSD		
Global Positioning System 全球定位系统	GPS	GPS	Global Positioning System
Greenwich Mean Time 格林尼治标准时间	GMT		
Ground Speed 地速	GS	GS	Ground Speed
Heading 航向	HDG	HDG	Heading
Height Above Threshold 高度阈值	HAT		
Hold，Holding，Holding Pattern 保持	HLD	HLDG	Holding
Horizontal Alert Limit 水平告警限制	HAL		

（续表）

DO‑229C 中 需要缩写的词	DO‑229C 推荐缩写	ICAO 8400/5 推荐缩写	ICAO 8400/5 中 需要缩写的词
Horizontal Protection Limit 水平保护限制	HPL		
Horizontal Situation Indicator 水平状态指示器	HSI		
Horizontal Uncertainty Level 水平不确定等级	HUL		
Initial Approach Waypoint, For Waypoint Identifiers 初始进近航路点	i, IA, IAWP	IAF	Initial Approach Fix
Instrument Flight Rules 仪表飞行规则	IFR	IFR	Instrument Flight Rules
Intermediate Waypoint 中间航路点	IWP		
Intersection 交叉点	INT	INT	Intersection
Knots① 节	KT		
Latitude 纬度	LAT	LAT	Latitude
Left 左跑道	L	L	Left(跑道识别)
Localizer 定位信标	LOC	LLZ	Localizer
Localizer‑Type Directional Aid 定位信标式方向指引	LDA		
Longitude 经度	LON	LONG	Longitude
Magnetic 磁的	M, MAG	MAG	Magnetic
Mean Sea Level 平均海平面	MSL	MSL	Mean Sea Level
Message 消息	MSG	MSG	Message
Meters 米	M	M	Meters
Military Operating Area 军事操作区	MOA	MOA	Military Operating Area
Millibars 毫巴	mB		

---

① 法定单位应为 kn。

（续表）

DO－229C 中需要缩写的词	DO－229C 推荐缩写	ICAO 8400/5 推荐缩写	ICAO 8400/5 中需要缩写的词
Minimum Decision Altitude 最小决断高度	MDA	MDA	Minimum Descent Altitude
Minimum En Route Altitude 最小在途中高度	MEA	MEA	Minimum
Minimum Safe Altitude 最小安全高度	MSA	MSA	Minimum Sector Altitude
Missed-Approach Holding Waypoint 复飞后高度保持航路点	h, MH, MAHWP		
Nautical Mile 海里	nm, NM	NM	Nautical Mile
Nearest 最近的	NRST		
Non-Directional Beacon 无向信标	NDB	NDB	Non-Directional Radio Beacon
Non-Precision Approach 非精密进近	NPA		
North 北	N	N	North or Northern Latitude
Off Route Obstacle Clearance Altitude 航线偏置越障高度	OROCA		
Offset 抵消	OFST		
Omni-Bearing Selector 全向选择器	OBS		
Outer Marker 外指点标	OM	OM	Outer Marker
Parallel Track 等纬航线	PTK		
Precision Approach 精密进近	PA		
Present Position 当前位置	PPOS, PP	PPSN	Present Position
Procedure 程序	PROC	PROC	Procedure
Procedure Turn 程序转弯	PT	PTN	Procedure Turn
Radial 射线	R, RAD	RDL	Radial
Radial/Distance 射线/距离	R/D		

（续表）

DO－229C 中 需要缩写的词	DO－229C 推荐缩写	ICAO 8400/5 推荐缩写	ICAO 8400/5 中 需要缩写的词
Radius To Fix 到固定点半径	RF		
Range 范围	RNG	RG	Range（Lights）
Receiver Autonomous Integrity Monitoring 接收机自主完整性监测	RAIM		
Relative Bearing 相对方位	RB		
Required Navigation Performance 所需导航性能	RNP	RNP	Required Navigation Performance
Reverse，Revision，Revise 修正	REV		
Right 右	R，RT	RITE	Right Turn Of Direction
Right Runway 右侧跑道	R	R	Right（Runway Identification）
Route 航线	RTE	RTE	Route
Runway 跑道	RWY	RWY	Runway
Selective Availability 有选择的可用性	SA		
Sequence，Sequencing 排序	SEQ		
Setup 启动	SET		
South 南	S	S	South Or Southern Latitude
Special Use Airspace 特殊使用空域	SUA		
Standard Terminal Arrival Route 标准终端到达路线	STAR	STAR	Standard Instrument Arrival
Suspend 推迟	SUSP		
Temperature 温度	TEMP	T	Temperature
Test 测试	TST		
Threshold Crossing Height 跑道入口跨越高度	TCH		
Time To Alert 时间提醒	TTA		

（续表）

DO-229C 中需要缩写的词	DO-229C 推荐缩写	ICAO 8400/5 推荐缩写	ICAO 8400/5 中需要缩写的词
To 去	To	To	To … (Place)
To/From 去/来	T/F		
Tower 塔台	TWR		
Track 航迹	TK, TRK	TR	Track
Track To Fix 到固定点航迹	TF		
Track Angle Error 航迹角偏差	TKE		
Transition Level 过渡层高度	TL	TRL	Transition Level
True 真	T		
True Airspeed 真空速	TAS	TAS	True Airspeed
True Heading 真航向	TH		
Variation 变化	VAR		
Vector 矢量	VECT		
Vector To Final 到终点的矢量	VTF		
Vertical Navigation 垂直导航	VNAV, VNV		
Vertical Protection Level 垂直保护高度	VPL		
Vertical Speed 垂直速度	VS		
Vertical Track 垂直航迹	VTK		
Vertical Track Error 垂直航迹偏差	VTE		
Vertical Uncertainty Level 垂直不确定高度	VUL		
VHF Omni-Directional Range 甚高频全向信标	VOR	VOR	VHF OmniDirectional Radio Range
Warning 警告	WARN, WRN	WRNG	Warning

（续表）

DO - 229C 中需要缩写的词	DO - 229C 推荐缩写	ICAO 8400/5 推荐缩写	ICAO 8400/5 中需要缩写的词
Waypiont 航路点	WPT		
West 西	W	W	West Or Western Longitude
Wide Area Augmentation System 广域增强系统	WAAS		
World Geodetic System 世界测地	WGS		

3.3　符号

3.3.1　背景

符号的设计和选择应该基于符号使用的方式。系统设计的不一致性增加了发生混淆和误解的潜在可能。如果某一符号能够与其他的符号相区分,那么它是有区分度的。有时,制造商可能选择增强符号的设计以及通过改进细节以构造出符号特有的外形和感受,在这些情况下,保证这些改进不会影响符号的认知性是很重要的。Volpe 中心的技术报告中提到《导航信息的电子显示符号的设计和评价:符号的固定模式和符号特征规则》提供了对新符号认知度的测试考虑。

符号的外形是多样的,取决于显示的物理特征。显示的分辨率、对比度、亮度、颜色和表现技术,例如反锯齿(如平滑技术以削减锯齿状边缘),会影响信息的易读性和细节描述的等级。一些符号可能含有精密的细节,在较差的显示条件或斜向观察时难以发现。特别是一些纸制图上的符号有高等级的细节,如果这些细节过小,那么可能不能转化到电子显示上。为了保证在电子显示上保留符号的关键特征,制造商可能需要规定最小的尺寸。

3.3.2　局方管理条例和指导性资料

3.3.2.1　符号的可辨性与区分度

（1）告警和符号应该有区分度,并且容易识别。[TSO - C146c/RTCA/DO - 229D, 2.2.1.1.4.1]

（2）所有的显示信息,例如符号、图形和数字字母字符应该在所有外界照明条件下能够清楚地与其他内容进行区别并且容易识别。[AC - 23.1311 - 1C, 16.1]

（3）对符号潜在的错误理解应该最小化。[TSO - C146c/RTCA/DO - 229D, 2.2.1.1.4.4]

（4）为了尽量减小混淆或错误的理解,符号应该容易识别,并且在驾驶舱内保持一致,同时只需要最少的训练。符号的位置应该足够准确以避免产生理解错误或者显著地增加理解的时间。符号不应该有不明确的形状、颜色或其他属性,或者可能与相似的符号造成意义上的混淆。[AC - 23.1311 - 1C,17.1]

(5) 显示应该对固定的类型(航路点、机场、甚高频全向信标 VORs、全向信标 NDBs、交叉点)以及飞机本身使用有区分度的符号。[TSO - C165/RTCA/DO - 257A,2.2.1.1]

注:如果显示的输入不能区分飞行计划固定类型(如 VOR vs. NDB),那么航路点符号是可以接受的。但是,如果显示偏航固定点(如 VORs),那么必须使用适合固定类型的有区分度的符号。[TSO - C165/RTCA/DO - 257A,2.2.1.1]

(6) 新的符号和设计或者与其他符号对应的新的功能符号,应该针对飞行机组的理解、保留以及与其他符号区分的能力进行试验。[AC - 25.1302 - 1,5 - 5.b.(4)(d)]

3.3.2.2　符号与纸质图、其他航电以及航空工业标准的一致性

(1) 驾驶舱中的电子显示使用的符号应该与它们的预期功能保持一致。[AC - 23.1311 - 1C,17.1]

(2) 显示使用的字符和符号应该与已经发布的图中相似,或者是通常可接受的航空使用方法。[TSO - C146c/RTCA/DO - 229D,2.2.1.1.4.4]

(3) 申请人可以对符号进行标准化来描述导航辅助,例如甚高频全向信标(VOR),推荐使用 SAE 文件 ARP 5289* 中的用法。[AC - 25.1302 - 1,5 - 8.b.(2)]

3.3.2.3　只用作单一目的的符号

(1) 在驾驶舱中,避免对不同的目的使用相同的符号,除非可以表明不会造成飞行机组潜在的错误理解差错或增加训练时间。[AC - 25 - 11A,31.c.(3)(b)]

(2) 在同一驾驶舱中,不同显示上表示同样功能的符号形状以及其他特征应该保持一致。[AC - 25 - 11A,31.c.(3)(a);AC - 23.1311 - 1C,17.1]

(3) 在不同显示上表示相同功能的符号应该相同。只有在清楚地表明驾驶员能够快速和一致地认识、理解和正确响应,并且不会增加额外的工作负荷时,才可以在不同的显示上使用不同的符号来表示相同的功能。[AC - 23.1311 - 1C,17.1]

(4) 在已经发布的图上所使用的符号,不能在设备显示上用作其他的用途。[TSO - C146c/RTCA/DO - 229D,2.2.1.1.4.4;TSO - C165/RTCA/DO - 257A, 2.2.1.1]

3.3.2.4　符号方向

(1) 所有的符号都应该是垂直方向的,除了设计用来反映特定罗盘方向的符号。[TSO - C165/RTCA/DO - 257A,2.2.1.1]

注:本要求不适用于 RAC 数据,因为由于数据的本质特征,RAC 数据可能不能满足本要求。[TSO - C165/RTCA/DO - 257A,2.2.1.1]

(2) 符号指示具体的罗盘方向应该在所有时刻都保持罗盘方向,例如,当地图旋转时跑道符号的描述应该保持正确的罗盘方向。[TSO - C165/RTCA/DO -

257A,2.2.1.1]

（3）如果航向或航迹可用,则飞机符号应该是有指向的,要么是航向,要么是航迹。[TSO-C165/RTCA/DO-257A,2.2.1.1]

（4）如果系统支持超过一种飞机符号的方向（如航向和航迹）,那么当前的飞机符号方向应该有所指示。[TSO-C165/RTCA/DO-257A,2.2.1.1]

3.3.2.5 方向性

（1）如果方向性数据可用,那么自身飞机符号应该指示方向性。[TSO-C165/RTCA/DO-257A,2.2.1.2]

（2）如果方向/航迹不可用,那么自身飞机符号不应该暗示方向性。[TSO-C165/RTCA/DO-257A,2.2.1.2]

（3）如果自身飞机方向性信息不可用,那么应该在显示上指示条件。[TSO-C165/RTCA/DO-257A,2.2.1.2]

注: 指示方向性信息缺失的一种方式是将自身飞机从方向性符号变为非方向性符号（如圆圈）。[TSO-C165/RTCA/DO-257A,2.2.1.2]

（4）如果自身飞机符号是有方向性的,那么传递方向性的符号前段应该对应飞机的位置。[TSO-C165/RTCA/DO-257A,2.2.1.2]

（5）如果自身飞机符号是无方向性的,那么飞机的位置应该对应非方向性符号的中央。[TSO-C165/RTCA/DO-257A,2.2.1.2]

3.3.2.6 符号重叠

（1）当一个符号覆盖另一个符号时,申请人应该特别关注符号的优先权,以保证有较高优先等级的符号保持可见。[AC-25.1302-1,5-5.b.(4)(c)]

（2）自身飞机的符号应该是无遮挡的。[TSO-C165/RTCA/DO-257A,2.2.1.1]

注: 在多功能显示上描述规章所要求的较高优先级的信息可能会临时遮挡自身飞机的符号。[TSO-C165/RTCA/DO-257A,2.2.1.1]

3.3.2.7 符号位置准确度

（1）表示物理目标的符号不应该表示成目标的物理特征。[AC-25-11A,31.c.(3)(a);AC-23.1311-1C,17.1]

（2）符号的位置应该有足够的准确度以避免理解错误或明显地增加理解时间。[AC-25-11A,31.c.(3)(a)]

（3）需要通过相互理解的符号（如刻度上的指针等）,包括需要通过电子生成符号理解的机械生成符号,应该保持一致性以防产生信息的误解。[TSO-C113a/SAE AS 8034B,4.2.2]

（4）显示绝对位置的准确性应该优于显示最大对角尺寸的5%。绝不允许绝对的位置差错导致显示错误的数据。[TSO-C113a/SAE AS 8034B,4.2.3]

（5）所有显示的符号和图形应该有位置上的准确度,例如地图描绘上的位置差错小于 0.13 英寸(3.30 毫米)或者 1% 的最短的轴长,并且参考位置和数据库源所提供的数值,方位差错小于 3°。[TSO－C165/RTCA/DO－257A,2.2.1;TSO－C113a/SAE AS 8034B,4.2.2]

注:[TSO－C165/RTCA/DO－257A,2.2.1]

a. 参考 RTCA/DO－257A,附录 G 显示分辨率问题。

b. 参考 RTCA/DO－257A 中额外的注释。

(6) 遮挡的显示应该反映数据库的精密度。[TSO－C146c/RTCA/DO－229D,2.2.1.1.4.6]

(7) 显示固有的不准确性呈现给用户是很重要的,推荐的方式是在飞机符号的周围显示一个"不确定环"。[TSO－C165/RTCA/DO－257A,附录 F,F.3]

(8) 圆环的半径应该考虑初始绘图机构的特征位置标准,以及由于处理步骤引起的差错。推荐半径指示 2-sigma(95%)的置信等级,基于对固有差错的数字分析。[TSO－C165/RTCA/DO－257A,附录 F,F.3]

(9) 如果使用全球导航卫星系统(GNSS)之外的位置源,则必须考虑位置传感器系统固有的位置差错,并且可能需要一个对应半径增加的"不确定环"。[TSO－C165/RTCA/DO－257A,附录 F,F.3]

(10) 除了以上的技术,推荐制造商在用户手册和/或在产品识别屏幕上包含文本。[TSO－C165/RTCA/DO－257A,附录 F,F.3]

注:在源材料中存在机场位置和导航帮助符号之间的差异。产品本身不是为了导航指南。[TSO－C165/RTCA/DO－257A,附录 F,F.3]

(11) 申请人应该确定符号的位置和供应商准确的标准,并且将其应用到"不确定半径"的计算中。[TSO－C165/RTCA/DO－257A,附录 F,F.3.1]

3.3.2.8 符号质量

(1) 线条、符号和特征不应该有使驾驶员分神的差距、几何变形或不正常移动而导致错误的理解。任意变形的范围不应该超过 1.5 个线宽。[TSO－C113a/SAE AS 8034B,4.2.8]

(2) 移动的显示符号(平移和/或旋转)不应该有分散驾驶员注意力的抖动,或是棘轮效应。动态符号应该保持亮度、对比度、颜色、显控和与符号移动速率相关的质量特性。[TSO－C113a/SAE AS 8034B,4.2.8.2]

3.3.3 其他推荐

3.3.3.1 符号的区分度和可辨性

(1) 在系统内,符号应该用作简单的目的。[RTCA/DO－256,2.1.3.1]

(2) 符号应该在通常 29″(737 mm)的可视距离内可辨识。在驾驶舱灯光条件下,最小的可视距离为 10″(254 mm),同时最大可视距离为 40″(1 016 mm)(SAE AIR 1093*)。[RTCA/DO－256,2.1.3.1]

（3）符号应该只基于形状就可以区分，而不需要依赖次要的线索例如颜色和文本标注。[DOT - VNTSC - FAA - 03 - 07, 2.4.13]

（4）当呈现最小的预期显示分辨率时，设计的符号应该能够从最大预期可视距离处进行分辨。[DOT - VNTSC - FAA - 03 - 07, 2.4.13]

注：SAE ARP 4102/7 EADI/PFD 电子显示符号给出了最小的符号视角，对主要数据为 6 毫弧度，对次要的和描述性的数据为 4 毫弧度。[DOT - VNTSC - FAA - 03 - 07, 2.4.13]

（5）符号微小特征的变化可能容易忽视，不应该对符号的操作理解构成明显的变化。[DOT - VNTSC - FAA - 05 - 16]

（6）如果符号的更改是为了表示不同的信息等级，则更改应该基于明确说明的条款集合。任意对符号形状的更改不应该干扰对基础符号的认知或区分。[DOT - VNTSC - FAA - 05 - 16]

（7）特征更改应该是显著的、能够明确区分的。[DOT - VNTSC - FAA - 05 - 16]

3.3.3.2　符号大小

对于固定符号，最小的字符高度应该为 0.15 英寸（3.8 毫米），对于移动符号，最小的字符高度应该为 0.20 英寸（5.1 毫米）。[DOT - VNTSC - FAA - 95 - 7]

3.3.4　简要案例说明

以下是使用相同的符号表示不同的含义的符号。

美式航路点　　　　ICAO以前使用的航路点　　　ICAO当前使用的航路点

美式的定点飞向航路点的符号与国际民航组织（ICAO）推荐的飞越航路点的符号相同，但是这两个符号的含义却是有明显差异的。如果这些符号被错误理解，则导致的飞行轨迹偏差可能会影响安全性。2000 年当 ICAO 在他们所推荐的飞越航路点的符号外增加一个圆环后，这一矛盾和潜在的安全性风险被解除。

下面的图像表明了关键的特征或细节，当使用不一致时，如何导致符号的错误理解。

圆环包围的TACAN符号　　　　　　　　罗盘刻度包围的TACAN符号

左侧有圆形边框的 TACAN 符号是一个飞越报告点；右侧的 TACAN 符号也有圆形边框，但是该圆形边框表示方位圈。由于圆形边框太过于引人注意，因此驾驶员可能会错误地将带有方位圈的符号理解为飞越报告点的符号，这是相同的关键特征具有两种不同含义的例子之一。

从下面的例子中可以发现符号没有明确地使用关键特征。符号的填充通常用来区分导航帮助是强制的(填充)还是请求的(不填充),下面的例子表明符号的填充必须使用明确的方式防止错误理解。

美式航路点　　　　　　　　　　　　　　　　　　原型符号

当呈现这些符号时,驾驶员不能一眼就确定美式的定点飞向航路点的符号是否有填充,特别是相较于那些完全填充的符号。因此,驾驶员不能准确地识别左侧的符号是强制的还是请求的。

为了避免以上这些由于创建新符号而引起的问题,推荐制造商首先考虑使用现有的符号集或者至少考虑现有的、当前已经批准的符号集。航电系统、导航帮助和机场所使用的当前的符号已经编辑好。它们编辑在 Volpe 中心的报告《航图和电子显示符号调研》里,此外,以下的 SAE 国际文件也包含推荐的符号:

(1) SAE ARP 4102/7,电子显示,附录 A~C(主飞行,导航和动力显示)。

(2) SAE ARP 5289A,电子航空符号。

(3) SAE ARP 5288,运输类飞机平视显示(HUD)系统,(HUD符号)。

3.4　标记、刻度盘、磁带和数字读出器

3.4.1　背景

显示格式会影响信息的显著性和使用。刻度、刻度盘和磁带是模拟的显示格式用来显示动态的符号化信息,而数字读出器是一种数字格式。信息呈现的精确性应该满足驾驶员飞行管理的要求,而不是由软件的能力所确定。当需要精确数值时,数字读出器提供比模拟显示更加高的准确度。但是模拟显示比数值计数器更容易理解,更适合呈现定性化的信息,例如数值的变化、速率的趋势和变化的模式。刻度指示器对表现趋势或方位移动信息特别有帮助。如果使用的显示格式不适合于所进行的任务,那么完成任务所需要的时间和出现差错的可能性会增加。此外,不熟悉的,或者方位、范围、刻度标注不合适的显示格式可能没有单独的文本有效。另一个非预期的结果是增加驾驶员低头的时间,驾驶员需要花费更多的时间观察显示器才能够获得必要的信息。

在设计模拟显示时,指针和刻度的一些特征可能不同。指针可以在位置、大小、形状和颜色上有所不同,而刻度值和标志可以在方位、位置、空间和间隔上有所差异。这些属性的选取会影响模拟显示的可用性,例如,一些指针可能设计成指向它所代表的目标,但是过度细节化的指针可能产生错误或引起误解的线索,可能对

哪一端是指向端定义不够明确。

刻度可以设计成指针固定,刻度移动;或者是刻度固定,指针移动。更推荐使用刻度固定,指针移动,而不是指针固定,刻度移动,因为移动的指针能够从本质上提供当前值是否高于或低于系统限制的提示。但是,当必须呈现大的操作范围时,可能需要移动的刻度还是需要提供快速意识的提示。

3.4.2　局方管理条例和指导性资料

3.4.2.1　标记

(1) 每一仪表标记必须符合下列要求:当标记位于仪表的玻璃罩上时,有使玻璃罩与刻度盘盘面保持正确定位的措施。[CCAR-25.1543(a)]

(2) 颜色编码标记通常插入磁盘或数字显示的移动表面。在这些情况下,强制限制标记在显示旁边或以其他的方式提供,使得驾驶员可以预期接近限制。正常或戒备范围的开始和结束应该在显示旁标记。如果颜色综合在磁盘表面或在独立的数字段中,那么整个范围不需要在显示旁进行颜色编码。仅在磁盘上或在有颜色的亮段上标记限制值是不可行的。[AC-27-1B,AC-27.1541/AC-27.1543b(7)(ⅱ);AC-29-2C,AC-29.1541/AC-29.1543 b(7)(ⅱ)]

(3) 在定性显示中加入的数字读出器或数值,当标记经过当前值时不应该使得刻度标记不可用。[AC-25.1302-1,5-5.b.(1)(c);AC-25.1302,5.4.2.a]

(4) 所有数值在数字读出器中显示时,都应该保持刻度标记是明确的。[AC-25.1302-1,5-5.b.(1)(c)]

(5) 所有的指示方式显示(标记、指针、符号等)应该在设备制造商规定的视觉包线内任意的眼位可见。文本和符号应该在规定的视觉包线内容易识别,并且可读和易读。[TSO-C113a/SAE AS 8034B,4.2.1]

(6) 标记应该在100英尺(30.48米)内提供不超过20英尺(6.10米)高度的间隔。[TSO-C10b/SAE AS 392C,4.2.1]

(7) 分隔符,例如刻度线,应该允许快速地理解而不会增加不必要的杂乱。标记和标注的位置应该使得它们的含义明确,不会影响理解。指针和指数不应该遮挡刻度或分隔符。指针和指数的位置应该对它们预期的功能有足够的准确度,包含由于数据分辨率、延迟、图形定位等产生的影响。[AC-25-11A,31.c.(4)(b).3]

(8) 应该显示空速刻度标记例如失速警告、最大操作速度/最大操作马赫数或者襟翼限制,从而向飞行机组提供快速的与关键目标或限制相关的速度感知。标记应该足够突出以传递快速感知信息,但是标记也不能太突出,否则当飞行机组正常操作接近这些速度时会引起分神。[AC-25-11A,附录1,2.1]

(9) 显示上信息的密度应该与驾驶员认知必要的信息以及产生最小错误理解的能力相一致。在特定飞行阶段显示的符号和标记可以在其他的时间移除以减少

杂乱。可以建立一种信息优先权方案以保证必要信息的清晰呈现。[AC-23.1311-1C,17.3]

(10)合适的飞行机组成员,坐在座位上进行正常的头部移动,必须能够看见和阅读显示格式特征,如字体、符号、图标和标记,使得他们能够安全地完成任务。在一些情况下,整个驾驶舱的可读性需要使两名驾驶员都能够看见和阅读显示内容。[AC-25.1302-1,5-5.b.(2)]

3.4.2.2 刻度盘和磁带

(1)线性磁带高度显示应该包含增强的表示标准500英尺(152米)和1000英尺(304米)增量。这些显示应该传递明确的、一眼就可识别的高度信息。因此,综合的高度计刻度长度和标志应该允许在水平飞行中使用具有足够分辨率的精确手动高度跟踪;同时,也应该有足够的刻度长度和标志增加驾驶员对高度的感知;刻度长度也应该允许有足够向前看的空间,使得驾驶员能够充分地预测和完成平飞。[AC-23.1311-1C,17.8.a]

(2)垂直速度应该通过指针、刻度盘磁带、磁鼓或者其他类型移动元素的方式进行指示,也可以通过具有合适方位指示的数字显示进行指示。相对于刻度的指数的运动或者方位指示器,对于增加的垂直速度必须是顺时针、向上或在右侧。[TSO-C8e/SAE AS 8016A,3.1]

(3)所有的指示方式显示(标记、指针、符号等)应该在设备制造商规定的视觉包线内完全可见。文本和符号应该在规定的视觉包线内容易识别,并且易读和可读。[TSO-C113a/SAE AS 8034B,4.2.1]

注:设备供应商有责任在规定的显示视觉包线内确定所需的飞机视觉包线。[TSO-C113a/SAE AS 8034B,4.2.1]

(4)指示方式应该对移动的元素进行限制,使得其不会移动超过圆形显示的10°或者线性显示的0.25英寸(0.6毫米)而超出增加或减少方向最佳的刻度范围。当设备在最大速率指示时,方向的指示不管是增加或者减少,都应该清楚和明确。如果使用数字显示,则当飞机的垂直速度超过了设备读出器的范围时,应该在显示上提供一个主动的指示。[TSO-C8e/SAE AS 8016A,3.2.3]

(5)应该使用以下的指示方式中的一种:[TSO-C6e/SAE AS 8013A,3.8]

a. 旋转的刻度盘显示以及固定的罗盘准线,右转时刻度盘应该逆时针转动。

b. 水平刻度显示以及固定的罗盘准线,右转时刻度应该向左移动。

c. 旋转的指针和固定刻度的刻度盘,右转时指针应该逆时针转动,刻度盘的位置可以设定。

(6)指定的"RPM",以及其他所必需的术语,应该在刻度盘上易读。[TSO-C49b/SAE AS 404C,4.1.3.4]

(7)显示的范围应该足够大,以实现预期的功能。如果整个操作范围没有在给定时间显示,那么转换到范围的其他部分不应该造成驾驶员分神或混淆。[AC-

25－11A,31.c.(4)(b).1]

(8) 当下滑道指针被区域导航系统(RNAV),以及垂直导航系统(VNAV)或仪表着陆系统(ILS)相似的能力所驱动,指针不应该标记为"GS"或"Glideslope"。[AC－25－11A,36.b.(5)(b)]

(9) 对于圆形刻度盘的显示,移动的指针以及数字的输出器是可以接受的。为了适应线性磁带上较大的操作范围,在数字读出器上采用移动的刻度显示并呈现数值。由于移动的刻度显示通常不能提供呈现的数值与空速限制的关系的固有视觉线索,因此需要快速意识的提示。[AC－23.1311－1C,17.6]

(10) 对移动的刻度,可接受的最小的可视空速刻度长度为 80 节,由于该最小值依赖其他的刻度属性以及飞机运行速度范围,所以最小值的变化应该进行验证,以确定其可接受。[AC－25－11A,附录 1,2.1]

3.4.2.3　间隔/增量

(1) 空速刻度等级在 20 节的间隔中使用 5 节的增量是可接受的。此外,应该在移动刻度带上提供一种快速识别空速变化的方式(如速度趋势向量或加速提示)。如果使用趋势或加速提示,或者在空速显示中加入数字化的数值读出器,则刻度标志间隔为 10 节是可接受的。[AC－25－11A,附录 1,2.1]

(2) 最小的高度计等级应该为 100 英尺(30.48 米)的增量,并且有一个数值读出器,或者 50 英尺(15.24 米)增加仅加上数值指数。[AC－25－11A,附录 1,2.1]

(3) 应该使用下列指示的方式。指示高度上升时,感应指针应该顺时针旋转,并且每 1 000 英尺(304.8 米)高度变化旋转一圈(360°)。应该提供一种方式表明 1 000 英尺(304.8 米)的倍数。[TSO－C10b/SAE AS 392C,4.1]

(4) 等级(如果可用):应该安排等级使得提供的最大可读性与设备的准确性保持一致,最小 100 英尺/分钟(30 米/分钟),等级为 1 000 英尺/分钟(300 米/分钟);较大的等级应该为 1 000 英尺/分钟(300 米/分钟),较小的等级应该为 500 英尺/分钟(150 米/分钟)。[TSO－C8e/SAE AS 016A,3.2.1]

(5) 指示提供的角度等级不应该超过 5°,较大的等级应该为 10°,间隔不大于 30°。对于 0°、90°、180°和 270°,可以对应显示 N,E,S,W。[TSO－C6e/SAE AS 8013A,3.10.1]

(6) 应该有足够的数字,使得相关人员能够主动和快速地识别所有的等级。[TSO－C49b/SAE AS 404C,4.1.3.3;TSO－C44c/SAE AS 407D,4.2.2]

(7) 数字应该明确指示使用的等级。[TSO－C44c/SAE AS 407D,4.2.2;TSO－C47a/SAE AS 408C,4.1.3]

(8) 较大的等级使用的间隔不应该超过全部刻度值的 10%。[TSO－C44c/SAE AS 407D,4.2.3]

(9) 当在设备中加入计数器时,指示的增量应该不超过 10 磅(3.5 毫米)或 2 加仑(7.57 立方分米)。[TSO－C44c/SAE AS 407D,4.2.4]

3.4.2.4 数字读出器

(1) 当刻度结合数字读出器使用时,数字读出器的位置应该紧靠刻度以保证合适的相关性,但是不能由于理解图形或数值而引起分神。[AC-25-11A, 31.c.(4)(b).2]

(2) 对正北方向,数字读出器应该指示360,相反则为000。[AC-25-11A, 31.c.(4)(a).3]

(3) 当通过增加一个精确的、定量化的指示以补偿模拟显示的定性化指示时,数字显示最有价值。合适的结合应该向驾驶员提供明确的模拟和数字指示关联的方式。当发动机参数的趋势或信息变化率对安全性很重要,或者需要驾驶员快速监视参数时,应该使用模拟格式指示数值,而不是数字动力显示格式。[AC-23.1311-1C, 9.4]

(4) 空速和高度的数字读出呈现应该向驾驶员传递快速的信息率和趋势的感知。对于空速和高度,数字读出显示可能在主显示或备份仪表中并不足够,但是在补充信息中使用时可接受。如果申请人提出使用数字读出显示,那么应该通过人为因素评价以表明驾驶员的响应等于或优于对模拟数据(符号)的响应。[AC-23.1311-1C, 17.5]

3.4.2.5 准确性

(1) 刻度的分辨率应该足够完成预期的任务。如果刻度单独就有足够的准确度完成预期的功能,那么刻度可以不与数字读出器一起使用。[AC-25-11A, 31.c.(4)(b).2]

(2) 应该安排等级以提供最大的可读性,并与设备的准确性相一致。[TSO-C47a/SAE AS 408C, 4.1.2]

(3) 数字读出器的数据准确性应该对于预期的功能是充分的,以避免不合适的飞行机组响应。显著的数字值应该与数据准确性相一致。[AC-25-11A, 31.c.(4)(a).1]

3.4.3 其他推荐

3.4.3.1 刻度盘和磁带

(1) 刻度轴应该进行标记。[DOT-VNTSC-FAA-95-7]

(2) 刻度间隔应该标注1、2或5(1最佳,2最差),或者这些值的倍数的十进制。[DOT-VNTSC-FAA-95-7]

(3) 间隔为1、10、100的刻度,推荐刻度间隔为数值除以10。[DOT-VNTSC-FAA-95-7]

(4) 对圆形刻度,数值应该顺时针方向增加。[MIL-STD-1472G, 5.2.2.5.3.c]

(5) 对固定指针线性刻度,数值应该随着指针从左到右或者从下到上增加。

[MIL‐STD‐1472G,5.1.2.3.6]

(6) 指针的设计应该明确哪一端为指向端,哪一端为尾部。

(7) 指针应该位于水平刻度的低端和垂直刻度的右端。[MIL‐STD‐1472G]

3.4.3.2　数字读出器

信息格式应该是直接可用的。[DOT‐VNTSC‐FAA‐95‐7]

3.4.4　简要案例说明

刻度、刻度盘、磁带和数字读出器可以共同使用以提供互补性。在移动指针旁边提供数字读出器的垂直带高度指示器支持快速的高度预计(通过移动指针的位置)以及准确度(数字读出器)。在描述航向信息时使用罗盘,罗盘的旋转提供了航向变化的全局线索,而数字读出器则指示精确的航向。

可以安装模拟刻度盘,从而在正常稳定的运行环境中,所有的指针都指向同一个方向。这产生了一种新型的特征,总的特征是有一组刻度盘形成的,并且提供了一种捷径来确定每个刻度盘的值。由于任何的差异都会打破原有的模式,因此这样的设计能够方便差错检测。

3.5　图形描述与图片

3.5.1　背景

通常,图形描述和图片包含移动地图显示、垂直状态显示或综合视景显示。驾驶员可以在不同的驾驶舱显示中比较和集成信息,因此不同系统间尺寸、方向甚至数据集的精确度的不一致都会造成信息综合的困难,并且会引起潜在的差错。不熟悉的图形描述或者没有标注方向、范围或尺寸的图片可能没有单独使用文本那样有效。

图片可能根据存储在数据库中的信息产生或者从传感器信息中产生。图片所提供的信息质量取决于描述环境的空间分辨率以及信息的刷新率。如果图片的空间分辨率低,并且低分辨率不与驾驶员看到的窗外的场景对应,那么图片会引起混淆,驾驶员不能正确地评估运行环境。此外,用来产生图片的细节等级会影响图片渲染的速度。高细节图片信息元素的产生需要更多的计算,在这种情况下,可能出现不连续的移动或者视觉变形。

一些地图显示系统提供自动缩放功能对显示进行自动的重新配置,这会减少工作负荷;但是如果这种应用不能清楚地指明当前的地图范围,如果驾驶员没有注意到显示的变化,则会增加工作负荷。

系统的延迟是由多种因素引起的,例如传感器的延迟、系统处理速度以及显示刷新率。不管是哪种因素,总的系统延迟会导致信息的呈现与飞机当前的状态不一致,从而导致判断错误,使得飞行机组绩效变差。合适的显示刷新率依赖显示元素变化的速率,快速变化的显示元素或参数相较于变化较慢的显示元素或参数需要更快的刷新率。重新绘制信息产生的延迟有时会造成符号从显示的一个位置"跳跃"到另一个位置。对显示移动信息的视觉显示,如果刷新率不充分,并且视觉信息与前庭信号不相符,那么驾驶员会遇到晕动病。

一个计划或者剖面图使得在一个维度上确定目标之间的距离更加容易,而在三维上,如果信息集成到多个维度中则更加有效。但是三维显示在视线上存在固有的歧义,例如线条和角度表现得更加平行和小于真实值。

3.5.2 局方管理条例和指导性资料

3.5.2.1 总则

(1)图形和显示指示应该:[AC-25-11A,31.c.(4)]

a. 容易理解并且与驾驶舱中其他图形或指示相兼容。

b. 能够识别并且容易区分。

(2)为了避免视觉杂乱,图形和显示指示应该仅包含图形元素,如果元素增加了有用的信息内容,则可以减少飞行机组获得或理解的时间,或者减少出现错误理解的可能性。[AC-25-11A,31.c.(4)(c).1]

(3)图片应该有足够的大小并包含足够的细节以满足预期的功能。驾驶员应该能够容易区分所描述的特征。[AC-25-11A,31.g.(1)]

(4)所有的图片,除了特别的动态图片,应该固定或可控,使得它们不会造成驾驶员从需要的任务中分神。[AC-25-11A,31.g.(1)]

(5)图片的来源和预期的功能以及批准使用图片的运行等级应该提供给驾驶员。这可以通过飞机飞行手册、图片位置、标注等方式实现。[AC-25-11A,31.g.(1)]

(6)显示中保留的不期望的余像不应该造成分神,也不应该导致对显示理解错误。[TSO-C113a/SAE AS 8034B,4.2.10]

(7)地图格式的交叉检查应该容易进行。[TSO-C146c/RTCA/DO-229D,2.2.1.1.4.6]

3.5.2.2 方向

(1)图形方向应该与飞行机组参考系相关。[AC-25-11A,31.c.(4)(c).2]

(2)如果有多种描述,那么方向(航向朝上、航迹朝上、正北朝上等)应该与每个描述相同。本条不适用于机长和副驾驶对相同的信息选择不同的呈现方式的情况,以及专门供飞行机组成员使用的其他的系统。[AC-23.1311-1C,17.12.b]

(3)图片的方向应该是容易理解的方向。[AC-25-11A,31.g.(1)]

(4)显示应该有能力至少以一种方向呈现地图信息:真实航迹向上或航向向上。[TSO-C165/RTCA/DO-257A,2.2.4]

注:[TSO-C165/RTCA/DO-257A,2.2.4]

a. 除了以上的方向,期望的航迹向上或正北向上方向也是可以接受的。

b. 推荐默认的航迹向上或飞行中的航向向上方向。

c. 本要求不适用于显示 RAC 数据的系统。

(5) 如果使用期望的航迹向上方向,则飞机的符号方向应该为真实航迹或航向。[TSO-C165/RTCA/DO-257A,2.2.4]

(6) 当前地图方向应该清楚、持续、明确地指示(如航迹向上、正北向上)。[TSO-C165/RTCA/DO-257A,2.2.4]

注:[TSO-C165/RTCA/DO-257A,2.2.4]

a. 系统存在 4 种方向模式,没有明确的模式说明:真实航迹向上、正北向上、航向向上、期望的航迹向上。方向模式选择必须持续指示。此外,可以使用外部的通告或外部的开关指示当前所选择的方向。

b. 一种可接受的符合性方法是"期望的航向向上"(或 DTK↑),"正北向上"(或 N↑),"航向向上"(或 HDG↑)或者"真实航迹向上"(或 TRK↑)。

c. 罗盘角或者正北指示是系统只提供两种选择(正北向上和其他的一种选择)时可接受的符合性方法。

(7) 如果飞行机组选择了一种显示方向(例如:航迹向上),那么显示方向应该一直保持到需要方向改变的动作发生为止。[TSO-C165/RTCA/DO-257A,2.2.4]

注:动作可以包含不同方向或模式变化的机组选择(例如:TCAS 自动弹出)。[TSO-C165/RTCA/DO-257A,2.2.4]

(8) 在预期的航迹向上方向中,推荐航迹延长线沿飞机真实的航迹延伸。[TSO-C165/RTCA/DO-257A,2.2.4]

3.5.2.3 移动地图尺寸、范围和平移

(1) 目标变化大小(如地图范围变化)不应该导致含义的混淆,应该在大小范围内保持一致性。不管大小,目标都应该满足本章的指南(目标应该能识别、易读、位于正确位置、不会引起分神等)。[AC-25-11A,31.d.(4)]

(2) 地图的刻度应该合适,并且清楚。[TSO-C146c/RTCA/DO-229D,2.2.1.1.4.6]

(3) 不应该出现范围尺寸冲突。应该提供地图范围。[AC-23.1311-1C,17.13]

(4) 显示应该有能力手动改变地图的范围。[TSO-C165/RTCA/DO-257A,2.2.4]

(5) 当前的地图范围应该持续指示。[TSO-C165/RTCA/DO-257A,2.2.4]

(6) 如果显示在自动控制地图的范围内,那么应该指示模式(如自动地图范围)。[TSO-C165/RTCA/DO-257A,2.2.4]

(7) 如果显示在自动控制地图的范围内,那么应该有能力激活或关闭自动调整地图范围的功能。[TSO-C165/RTCA/DO-257A,2.2.4]

注：可接受的符合性方式是有独立的控制动作（如按下按钮）激活自动范围调整功能。［TSO－C165/RTCA/DO－257A，2.2.4］

（8）如果关闭自动地图范围调整功能，则显示应该保持最后的范围直到飞行机组手动选择了其他的地图范围。［TSO－C165/RTCA/DO－257A，2.2.4］

（9）当显示转换到之前的页面时，显示应该保持之前页面的设置（如范围）。［TSO－C165/RTCA/DO 257A，2.2.4］

（10）如果范围选择功能可用，那么设备应该提供最多只需要两步独立的控制动作就能够回到自身飞机方向显示的能力（如按两次按钮）。［TSO－C165/RTCA/DO－257A，2.2.4］

（11）当使用范围选择功能时，应该在整个显示图片中提供飞机自身当前位置的指示。［TSO－C165/RTCA/DO－257A，2.2.4］

（12）使用的刻度和动态的符号属性应该适合飞行的性能等级，不应该发生范围刻度的冲突。［AC－23.1311－1C，17.13］

（13）如果地图范围小于所支持的数据准确度和分辨率，那么显示应该提供一个指示。［TSO－C165/RTCA/DO－257A，2.2.1］

（14）当用户观察图片的尺寸大于图片编辑的尺寸时，应该向用户提供一个警告。此外，当观察的尺寸大于两倍的编辑尺寸时，推荐不允许使用"放大"功能。［TSO－C165/RTCA/DO－257A，附录 F，F.6］

（15）如果系统允许使用光栅数据表示地理位置，那么系统应该基于源光栅图片输出地理坐标。［TSO－C165/RTCA/DO－257A，附录 F，F.6］

3.5.2.4 图片稳定性

（1）图形目标的转换或旋转应该平缓，不造成分神或者令人讨厌的抖动、跳动或棘轮效应。在飞机或动力手动控制任务（如姿态、发动机参数等）中直接使用的信息元素的数据刷新率，等于或大于 15 Hz 是可接受的。［AC－25－11A，31.d.(1)］

（2）显示信息元素的移动不应该模糊、闪烁或产生不期望的动态影响，例如使图片变得难以理解。为了平滑显示元素的移动而进行的数据过滤不应该导致明显的位置差错或者产生系统滞后而难以进行预期的任务。［AC－25－11A，31.d.(2)］

（3）当符号达到其所允许的移动范围的限制时，符号应该要么改变视觉特征，要么保证不会产生偏差。［AC－25－11A，31.d.(3)］

（4）动态的信息在移动时不应该明显地改变形状或颜色。［AC－25－11A，31.d.(4)］

（5）地图信息的移动应该在飞机操作范围内平缓地进行。［TSO－C165/RTCA/DO－257A，2.2.4］

3.5.2.5 刷新率

（1）显示的刷新率应该足以防止出现令人讨厌的移动伪影，而不致引起误解或分神。［AC－25－11A，16.a.(9)］

（2）由显示系统引起的延时,特别是告警,不应该过分,应该考虑告警的重要性以及所需要的机组响应时间使得失效条件最小化。[AC-25-11A,21.e.(8)]

（3）SAE ARPs 提供主飞行数据和显示格式的延迟时间,以及最小的数据刷新率,以满足符号的移动。50～60 Hz 的刷新率通常足够消除显示上可视的闪烁痕迹。笔画符号或非交错的光栅的频率大于 55 Hz,以及频率大于 30/60 Hz 的交错光栅通常是可接受的。一些地图信息中航路导航显示的刷新率至少为 1 Hz,这取决于飞机的特性。刷新其他的数据,例如姿态、航向或者空中数据符号,刷新率至少为 15 Hz。[AC-23.1311-1C,19.0.b]

（4）显示移动中的符号不应该引起抖动、跳动或棘轮效应。动态符号应该保持亮度、对比度、颜色、线宽以及符号质量特征。[TSO-C113a/SAE AS 8034B,4.2.8.2]

（5）显示数据的刷新率应该足够,以满足符号移动的要求,特别是俯仰和滚转的刷新率应该大于等于 15 Hz。[TSO-C113a/SAE AS 8034B,4.3.6]

（6）关于飞行安全性的重要信息显示应该对运行要求完全响应并且准确。重要信息的电子显示延迟效应,包括姿态、空速、高度、航向和具体的推力参数,不应该影响驾驶员操作飞机的能力。由显示系统引起的任意延迟都应该与飞机控制任务相关的参数保持一致。[AC-23.1311-1C,19.0.a]

（7）由显示系统引起的任意延迟都应该与飞机控制任务相关的参数保持一致。[AC-25-11A,31.d.(1)]

（8）动态图片总的系统延迟时间应该不会造成飞行机组错误理解或者产生一个潜在的危险条件。图片失效、冻结或者颜色变化不应该引起误解,应该在安全性分析过程中予以考虑。[AC-25-11A,31.g.(3)]

（9）地图的刷新率应该适合进近、终端和途中操作。[TSO-C146c/RTCA/DO-229D,2.2.1.1.4.6]

（10）显示应该在 500 毫秒内响应操作者的控制输入。[TSO-C165/RTCA/DO-257A,2.2.4]

注:期望提供临时的视觉线索指示控制操作被系统接受。推荐系统的响应在25 毫秒内。[TSO-C165/RTCA/DO-257A,2.2.4]

（11）最不需要的显示信息刷新率应该为 1 Hz。[TSO-C165/RTCA/DO-257A,2.2.4]

注:存在以下例外。[TSO-C165/RTCA/DO-257A,2.2.4]

a. 当显示必须有能力在 1 Hz 刷新率的条件下运行时,通过动态调整刷新率是可以接受的。

b. 在状态转换中(如方向模式、范围等),不超过 5 秒的较长时间的延迟是可以接受的。

c. 在较大的地图范围中,本要求可能不是必需的,因为最小需求的信息集移动可能不会发现。

（12）最大的飞机位置数据的显示刷新延迟应该为1秒，从数据被系统接受开始计算。[TSO - C165/RTCA/DO - 257A,2.2.4]

（13）地图信息的移动应该在飞机操作范围内平缓地进行。[TSO - C165/RTCA/DO - 257A,2.2.4]

3.5.2.6 三维效应

（1）包含三维效应的图形，例如升起的按钮或者飞机飞行轨迹的透视图，应该保证所使用的符号元素达到这些效果并且不会产生错误的理解。[AC - 25 - 11A,31.c.(4)(c).4]

（2）图片变形不应该引起对图片的误解。期望提供深度信息的图片应该提供足够的深度信息以满足预期的功能。[AC - 25 - 11A,31.g.(2)]

3.5.3 其他推荐

3.5.3.1 总则

图形描述或图片应该表明完成任务所需要的区域和显示细节。[DOT - VNTSC - FAA - 95 - 7]

3.5.3.2 移动地图尺寸、范围和平移

（1）当地图旋转或缩放时，符号和线条应该平缓地移动。[DOT - VNTSC - FAA - 95 - 7]

（2）显示上对飞机自身的描述应该不会暗示比所支持的数据更高等级的准确度。

（3）范围的变化应该清楚地指示并且不导致模式混淆。

（4）应该标注在角度范围内的范围的标志。

3.5.3.3 刷新率

应该提供指示当前数据延时的信息显示。[ESD - TR - 86 - 278]

3.5.4 简要案例说明

机场地面移动地图显示的实例应记录在技术报告中。一些地图显示系统提供自动缩放功能对显示进行自动的重新配置，这会减少工作负荷；但是如果这种应用不能清楚地指明当前的地图范围，如果驾驶员没有注意到显示的变化，则会增加工作负荷。

当平移时，显示的角上应该出现一个矩形表示整个显示，而在这个矩形内部还有一个较小的矩形表明当前的位置和可视的信息比率。如果没有这个指示，则驾驶员会不清楚显示了什么以及如何移动到另外的感兴趣区域。当平移时，提供当前位置的指示可以帮助驾驶员保持对显示信息总的方向感。

3.6 地图数据库和准确度

3.6.1 背景

地图数据会存在多种差错来源。地图可能由于调查的错误、分辨率或者延迟而产生不准确性；纸质图可能由于特征位置的公差而产生不准确性；符号有时用来

增强图的可读性,或者有助于识别相近的关系;其他的差错可能是制图或投影差错。光栅数据集可能由于原始数据的差错、数字化的过程、地形参考过程或者弯曲而产生不准确性。驾驶舱中地图信息描绘的差错以及驾驶员从其他地方观察到的数据(如纸质图,窗外)会增加工作负荷和潜在差错发生的可能性。

机场移动地图上飞机自身的显示也会存在多种差错,例如全球定位系统(GPS)的差错或信号丢失、机场数据库差错或分辨率、机场调查差错或分辨率以及延迟。机场调查的方法在不同的制造商中可能不同,因此,机场数据库中包含的信息有不同的准确性和分辨率。

小范围的可视信息可能建议较高等级的数据可读性和集成性,如果驾驶员或飞行机组相信显示的信息比实际的信息更加准确,则会引起混淆和差错。

3.6.2　局方管理条例和指导性资料

3.6.2.1　信息要求

(1) 对信息的最小要求是必须提供预期的运行区域、机场和航路的地形和机场信息。[TSO－C151c,附录 1,6.1]

(2) 系统必须有能力接受更新的地形和机场信息。地形、障碍和机场数据库的更新不需要 TSO 授权更改。[TSO－C151c,附录 1,6.1]

(3) WGS－84 位置参考系统或者相同的地球参考模型应该在所有的显示数据中使用。[TSO－C165/RTCA/DO－257A,2.2.5]

注:除了 ICAO 附件 15WSG－84 以外还有很多数据,同时,不同的数据之间的转换也存在。但是,除了 WSG－84 中的数据和转换,如果不能确定数据等同于WSG－84,则不能接受。局方有责任确定其他的数据是否等效。[TSO－C165/RTCA/DO－257A,2.2.5]

3.6.2.2　数据库类型

(1) 显示应该提供一种方式识别数据库的版本和有效时间。[TSO－C165/RTCA/DO－257A,2.2.5]

注:[TSO－C165/RTCA/DO－257A,2.2.5]

a. 可接受的符合性方法是要求驾驶员意识到过期的数据库。此外,飞行机组对数据库有效性的程序检查也是可接受的。

b. 本要求不适用于与导航信息数据库分离的机场移动地图数据库。

(2) 如果任何的数据无效或过期,则显示应该提供指示[TSO－C165/RTCA/DO－257A,2.2.5]

注:可接受的方法包括:[TSO－C165/RTCA/DO－257A,2.2.5]

a. 使过期数据的显示无效。

b. 使用特别的方式识别显示上过期的数据。

c. 在启动时向驾驶员表明过期的具体的数据,并且在运行手册中指明,过期的数据显示在电子地图显示上必须通过飞行机组之前的使用验证正确或者不使用。复杂的启动信息包含冗长的过期数据列表是不可接受的。

(3) 应该有使驾驶员意识到过期数据库所期望的相应动作。[TSO－C165/RTCA/DO－257A,2.2.5]

3.6.2.3 数据库准确度

(1) 制造商必须表明用来检验和验证地形和机场信息的开发方法。应该使用RTCA/DO－200A/ED－76,航空数据处理标准。[TSO－C151c,附录1,6.2]

(2) 障碍物的显示应该反映数据库的精确度。[TSO－C146c/RTCA/DO－229D,2.2.1.1.4.6]

(3) 应该将光栅航空图(RAC)固有的不准确性呈现给用户,推荐的方法是在飞机符号周围加上"不确定圆环"。[TSO－C165/RTCA/DO－257A,附录F,F.3]

(4) 圆环的半径应该考虑初始绘图机构的特征位置标准,以及由于处理步骤引起的差错。推荐半径指示 2-sigma(95%)的置信等级,基于对固有差错的数字分析。[TSO－C165/RTCA/DO－257A,附录F,F.3]

(5) 如果使用全球导航卫星系统(GNSS)之外的位置源,必须考虑位置传感器系统固有的位置差错,并且可能需要一个对应半径增加的"不确定环"。[TSO－C165/RTCA/DO－257A,附录F,F.3]

(6) 除了以上的技术,推荐制造商在用户手册和/或在产品识别屏幕上包含文本。[TSO－C165/RTCA/DO－257A,附录F,F.3]

注: 在源材料中存在机场位置和导航帮助符号之间的差异。产品本身不是为了导航指南。[TSO－C165/RTCA/DO－257A,附录F,F.3]

(7) 申请人应该确定符号的位置和供应商准确的标准,并且将其应用到"不确定半径"的计算中。[TSO－C165/RTCA/DO－257A,附录F,F.3.1]

(8) FAA 对 VFR 图的使用进行了以下的限制:[TSO－C165/RTCA/DO－257A,附录F,F.3.1]

a. 世界航空图(1∶1 000 000)应该有 3 海里的半径。

b. 区域航空图(1∶500 000)应该有 1.5 海里的半径。

c. 终端区域图(1∶250 000)应该有 0.75 海里的半径。

d. 直升机航路图(1∶125 000)应该有 0.375 海里的半径。

3.6.2.4 符号位置准确度

(1) 如果地图被当作控制导航的主要方法,则确定准确度时应该考虑制图误差。[TSO－C146c/RTCA/DO－229D,2.2.1.1.4.6]

(2) 如果显示的准确度优于总的系统准确度所支持的等级,那么显示应该提供指示。[TSO－C165/RTCA/DO－257A,2.3.1]

(3) 如果地图范围小于数据准确度和分辨率所支持的等级,那么显示应该提供指示。[TSO－C165/RTCA/DO－257A,2.2.1]

(4) 符号应该有足够的位置准确度以避免错误理解或者增加理解的时间。[AC-25-11A,31.c.(3)(a)]

(5) 所有显示的符号和图形应该相较于其他的符号和图形位于准确的位置,例如,地图描绘上的位置差错小于 0.013 英寸(0.33 毫米),或者为地图描绘最短轴(横轴与纵轴)的 1%,同时,方向差错小于数据库和位置源提供数值的 3%。[TSO-C165/RTCA/DO-257A,2.2.1]

注:[TSO-C165/RTCA/DO-257A,2.2.1]

a. 参考 RTCA/DO-257A,附录 G 显示分辨率问题。

b. 本要求的目标是保证显示不会显著地影响总的系统差错,以保证期望用作位置意识工具的显示不会失效。

c. RTCA/DO-236A(最小航空系统性能标准:区域导航)认为差错源和差错项组合成总的系统差错。

d. 地图显示差错可能阻碍或显示所需导航性能(RNP)的基本操作使用,除非显示有集成的航路偏差指示(CDI)或者与批准的导航系统一起使用以满足合适的性能标准。

e. 光栅航路图(RAC)显示可能不满足本要求,因为航空图的生成过程允许在航空符号的位置上存在一些偏差以满足图形可读性的目标。因此,必须采取方式告知用户这些固有的位置差错。

(6) 当用户观察到的图片的尺寸大于图片编辑的尺寸时,应该向用户发出警告。此外,当观察的尺寸大于两倍的编辑尺寸时,推荐不允许使用"放大"。[TSO-C165/RTCA/DO-257A,附录 F,F.6]

(7) 避免飞行机组差错的另外一种方式是设计系统来移除会引起误解或不正确的信息,这些信息可能来自传感器失效或者不充分的显示。一个例子是,当数据驱动的符号不正确时,系统应该从主飞行显示上移除飞行指示条或从机场地图显示上移除飞机本身的位置。[AC-25.1302-1,5-7.e.(2)]

3.6.2.5 光栅航空图(RAC)

(1) 如果数据包含在光栅图片中,那么应该遵循以下要求:[TSO-C165/RTCA/DO-257A,附录 F,F.2]

a. 在飞行中使用的资料源必须经过批准。

b. 显示必须通告来源过期的数据使用情况。

注:通告不需要持续显示。[TSO-C165/RTCA/DO-257A,附录 F,F.2]

(2) 如果是非航空图作为资料源,则应该考虑以下的要求:[TSO-C165/RTCA/DO-257A,附录 F,F.2]

a. 资料源的可读性——应该是政府机构标准或者等效的或更优的标准。

b. 提供者的准确度标准——图不应该包含错误或不一致。

c. 图内容的适合性——应该适合飞行使用。

d. 地图或图内容——数据不应该太旧。

（3）在最终的图片分派之前进行完整的验证是很重要的。由于图片的光栅特性，可能包含了使用目标软件观察整个图片以及大量的点检查以验证位置的准确性在可接受的范围内。点检查不应该只包含作为空间参考的点。［TSO-C165/RTCA/DO-257A，附录 F，F.4］

（4）数据提供商提供的元数据应该保证足够的信息以支持电子地图显示设备的制造商获得所需的数据，并评估数据的合适性。［TSO-C165/RTCA/DO-257A，附录 F，F.5］

注：［TSO-C165/RTCA/DO-257A，附录 F，F.5］

a. 推荐使用标准的光栅图片文件格式（如 TIFF，GeoTIFF 等）。

b. 如果需要压缩，则应该使用无损的算法。

（5）如果设备制造商向其他的设备制造商或用户提供光栅航空图，那么需要数据提供商的元数据要求。［TSO-C165/RTCA/DO-257A，附录 F，F.5］

（6）设备制造商所需的元数据使用内部的光栅航空图数据时，只需要指示辨识信息、数据质量、分派信息和空间参考信息。［TSO-C165/RTCA/DO-257A，附录 F，F.5］

a. 辨识信息应该包括基础的数据集合信息，包括地理区域数据、获取和使用数据的规则。

b. 数据质量信息应该包括转换、分辨率、原始数据的编辑尺寸、下次更新日期以及用作图片的数据来源。

c. 分派的信息应该包含如何获得更新的数据。

d. 空间参考信息应该包含投影和水平数据。

注：对于有马赛克或合成的图片应该重点考虑，合成的每个部分都应该有元数据的集合，马赛克的部分应该容易确定。每个合成图片组成部分的一种方式是通过完整的合成图片元数据记录进行定义。应该特别关注以保证最新的信息被描绘在合成的图片中，这就需要特别关注合成图片的"接缝"。［TSO-C165/RTCA/DO-257A，附录 F，F.5］

3.6.3　其他推荐

在飞机自身的周围加上"不确定圆环"是向驾驶员提示信息可能有一定程度的差错并且提供潜在差错的定量指示的方式；另一种方式是限制地图范围以防止用户改变地图范围而使得数据失效。［DOT-VNTSC-FAA-03-07］

3.7　颜色

3.7.1　背景

颜色可以增加对信息，特别是对复杂显示信息的理解。颜色也可以用来帮助视觉搜索或将空间分开的显示元素结合在一起进行感知。例如,在密度高的显示上,使用颜色进行信息编码相较于使用尺寸、形状或亮度编码进行搜索的时间更少。如果预期的编码含义是明确的,并需要立即理解的,那么颜色编码最有效。但是,颜色存在较高的引起分神的可能,所以颜色的过度使用会增加视觉杂乱,降低显示的易读性。这会导致较长的视觉搜索时间,且容易产生误解。如果需要驾驶员学习和记忆的颜色编码过多,那么会增加训练时间,并给记忆增加负担,因此在这样的情况下,可以使用的颜色编码数量应小于能够检测和识别的颜色数量。过度地使用颜色会降低安全性,合适的颜色数量应该取决于实现的可能性。

当用颜色编码信息时,对颜色的冗余使用是很重要的,也就是说,有其他的指示呈现颜色传递的信息。色盲症患者大概占据了总人口的 8.5%(男性 8%,女性 0.5%),航空医学审定统计手册估计,在 1998 年 12 月 31 日时,有 16 493 名男性驾驶员和 47 名女性驾驶员有色盲症。此外,个体的颜色感知也是存在差异的。眼部的正常衰老会削弱区分颜色的能力,因此眼部的颜色感知细胞会变得不敏感,晶状体会变黄,从而使眼部丧失了关注红色目标的能力,并且不能区分绿色和蓝色,而淡蓝色会变得更淡。特别需要注意的是,对于超过 50 岁的人群,很难观察到纯蓝色。

颜色需要谨慎地选择以保证它们有足够的区分度,能够容易辨识,从而减少误解的可能性。颜色的区分取决于很多因素,例如驾驶舱灯光条件、显示位置、显示质量以及视角。使用的颜色越多,每个颜色的色度就越接近,各种颜色也越难区分。

AC - 25 - 11A 中将色度定义为:"符号或图片的颜色特性,通过符号或图片的(u',v')坐标定义。"这两个坐标可以用来建立所有颜色的图形呈现,如图 3.1 CIE 色度图所示。在色度图中,两种颜色的距离直接反映这两种颜色在感知上的差异。基础颜色的对比会帮助区分显示元素从颜色表中选取的相近的颜色。此外,显示上亮的和深的颜色可以吸引注意力,但是它们会造成眼部疲劳和/或余像。尤其是双眼竞争可能造成深红色的显示元素与深蓝色的相近。[AC - 23.1311 - 1C]

期望在总的驾驶舱显示和实际应用中保持颜色使用的一致性。飞机显示有大量的已经建立的颜色用法,14CFR 23.1322、25.1322、27.1322、29.1322 建立了驾驶舱中红色和黄色/琥珀色的用法,红色和黄色/琥珀色的使用通常留给告警功能(分别为警告和戒备)。如果红色和黄色/琥珀色使用得太广泛,那么驾驶员对它们的含义会变得不敏感,使得当驾驶员进行时间紧迫度高的动作时,不能进行快速认知。此外,红色和琥珀色/黄色不一致的使用会导致驾驶员难以理解颜色的含义,从而使得响应变慢,增加发生差错的可能性。

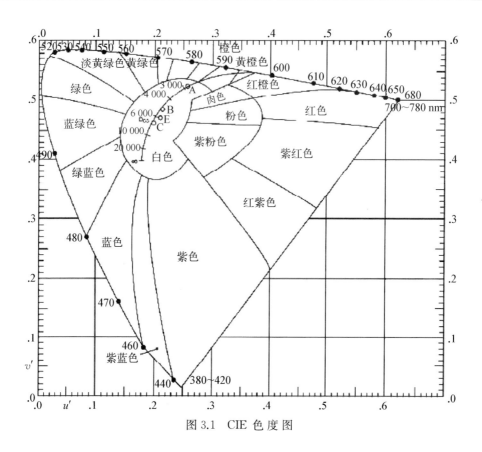

图 3.1　CIE 色度图

3.7.2　局方管理条例和指导性资料

3.7.2.1　总则

（1）任何可预见的符号大小变化都应该保证有正确的颜色解释。［AC - 25 - 11A,31.c.(5)(j)］

（2）显示的颜色和亮度不应该干扰其他驾驶舱设备的可读性。［TSO - C165/ RTCA/DO - 257A,附录 E,E.3］

（3）用于注意力获取和告警的颜色应该在整个正常预期的驾驶舱亮度条件范围内可识别。［TSO - C165/RTCA/DO - 257A,附录 E,E.3］

（4）颜色变化应该明显,并且不应该妨碍驾驶员理解显示信息。［AC - 23.1311 - 1C,22.6］

（5）在高亮度等级和低亮度等级条件下,颜色的变化不应该妨碍驾驶员正确地理解显示信息。当降雨与其他信息综合时,降雨的颜色应该呈现一半的亮度,服役经验表明这样能够提供增强的显示并减少混淆。警告应该为全亮度。［AC - 23.1311 - 1C,22.5］

（6）当使用多种颜色增强区分度时,颜色的使用不应该引起对显示信息错误和

不明确的理解。[TSO - C113a/SAE AS 8034B,4.3.4]

3.7.2.2 红色、琥珀色和黄色的使用

(1) 视觉告警指示必须符合以下要求。[14 CFR 25.1322(e)]

a. 遵循以下的颜色用法：

(a) 警告告警指示使用红色。

(b) 戒备告警指示使用琥珀色或黄色。

(c) 咨询告警指示使用除了红色或绿色以外的其他颜色。

b. 如果告警在单色显示上呈现,不能遵循上述的颜色使用方法,那么使用视觉编码技术以及驾驶舱中其他的告警功能元素以区分警告、戒备和咨询告警指示。

注：CCAR - 25 部中的 1322 条款目前还没有进行更新。

(2) 如果在驾驶舱内装有警告灯、戒备灯和提示灯,则除适航当局另行批准外,灯的颜色必须按照下列规定：[CCAR - 25.1322]

a. 红色,用于警告灯(指示危险情况,可能要求立即采取纠正动作的指示灯)。

b. 琥珀色,用于戒备灯(指示将可能需要采取纠正动作的指示灯)。

c. 绿色,用于安全工作灯。

d. 任何其它颜色,包括白色,用于本条 a.至 c.未作规定的灯,该颜色要足以同本条 a.至 c.规定的颜色相区别,以避免可能的混淆。

(3) 颜色分配的主要确定问题包括：[AC - 27 - 1B, AC - 27.1322b(5); AC - 29 - 2C, AC - 29.1322a(8)]

a. 红色——是否需要驾驶员立即动作?

b. 琥珀色——是否需要驾驶员(非立即)动作?

c. 绿色——是否指示安全运行,指示是否有足够的区分度以避免与起落架放下指示产生混淆?

d. 其他咨询灯——含义是否明确并且有足够的区分度以避免与其他通告混淆? 使用的颜色是否与上面涉及的颜色有足够的区分度?

(4) 在驾驶舱中,必须限制除了飞行机组告警以外的功能使用红色、琥珀色和黄色,同时必须不会对飞行机组告警产生不利的影响。[14 CFR 25.1322(f)]

注：CCAR - 25 部中的 1322 条款目前还没有进行更新。

(5) 对彩色显示的视觉告警,红色、琥珀色和黄色的使用应该在驾驶舱中保持一致以确保告警的有效性。申请人必须限制对除了飞行机组告警以外的功能使用红色、黄色和琥珀色,从而使得颜色的误用不会对飞行机组告警构成不利的影响,参考 14 CFR 25.1322(f)。大量地使用红色、黄色和琥珀色会削弱警告和戒备注意力获取特性。这包括告警颜色在驾驶舱动力、飞行、导航以及其他显示和指示中使用应该保持一致性。[AC - 25.1302 - 1,5 - 5.b.(3)(b)]

注：CCAR - 25 部中的 1322 条款目前还没有进行更新。

(6) 绿色通常用来指示"正常"状态,因此,绿色不适合用作咨询告警。咨询告

警用作指示"非正常"状态。[AC-25.1322-1,11.a]

（7）绿色表示安全的运行条件，更具体地表示起落架的放出和锁住。通常避免在驾驶舱中大量地使用绿色的通告，因为可能会与起落架的绿色造成混淆。如果绿色的通告从物理上和功能上从起落架操作中移除，那么在"安全运行"的应用中使用绿色的通告是可以接受的。例如"进近的所有绿色"，在自动驾驶仪、飞行指引仪以及其他的导航系统显示中使用。[AC-27-1B CHG3,AC-27.1322.b.(3)；AC-29-2C,AC-29.1322a(6)]

（8）显示必须遵循告警颜色用法，对于特定的没有能力遵循颜色用法的单色显示，使用14 CFR 25.1322(e)中其他的视觉编码技术。在所有可预见的运行条件下，包括提供多重告警的条件中，飞行机组能够容易区分告警的紧迫性是很重要的。[AC-25.1322-1,8.c.(3)]

注：CCAR-25部中的1322条款目前还没有进行更新。

（9）要求对红色、琥珀色和黄色的使用保持一致性和标准化，从而能够保证飞行机组告警的有效性。不让飞行机组对告警颜色编码的含义和重要性失去感知是很重要的。如果失去感知，则会增加飞行机组的处理时间，增加他们的工作负荷，并且增加飞行机组产生混淆或差错的可能性。[AC-25.1322-1,11.f]

（10）如果在非飞行机组告警功能条件下使用红色、琥珀色和黄色，则证明使用这些颜色存在操作上的需要以提供与安全性相关的意识信息。可接受的对非告警功能使用红色、琥珀色或者黄色的实例包括：[AC-25.1322-1,11.g]

a. 气象雷达显示（应该避免的严重的/危险的气象条件）。

b. TAWS地形显示（与当前高度相关的当地地形）。

（11）符号性表明通常需要描述每个警告、戒备和咨询灯，也用评价来验证使用的颜色在所有期望的灯光等级下，具有染色性（如红色看起来是红色，琥珀色看起来是琥珀色）和可区分性（颜色可以相互区分）。这些评价会受所使用的具体显示技术影响，因此最终的评价经常需要飞行质量硬件。在驾驶舱系统使用一致性的完善定义的颜色编码理念，可以表明如何使用设计避免出现"可能的混淆"。[PS-ANM 100-01-03A,附录A,3]

3.7.2.3　蓝色的使用

（1）不应该使用纯蓝色来显示重要的信息，因为在很多显示技术中（如CRT和LCD）蓝色的亮度较低。[AC-25-11A,31.c.(5)(i)]

（2）应该避免使用蓝色，因为人眼不容易关注蓝色的符号，且当符号太小时很难与黄色区分。[TSO-C146c/RTCA/DO-229D,2.2.1.1.4.2]

（3）显示小的、细节的符号不应该使用纯蓝色。[TSO-C165/RTCA/DO-257A,附录E E.3]

（4）红色和蓝色不应该紧靠在一起使用。[TSO-C165/RTCA/DO-257A,附录E E.3]

3.7.2.4　颜色一致性

(1) 期望在驾驶舱中使用通用的颜色理念,尽管通过可接受的调整可以批准偏差。[AC-25.1302-1,5-5.b.(3)(a)]

(2) 对具体的显示定义颜色标准之前,应该在现实中建立一致的颜色理念。[AC-23.1311-1C,22.1]

(3) 颜色的安排应该与面板上其他颜色的显示相一致。[AC-23.1311-1C,22.5]

(4) 为了保证正确的信息转换,非常期望颜色使用与标准化的一致性。为了避免混淆或理解错误,在所有预期的条件下,颜色的感知不应该发生变化。在一个信息集中为了表示某种目的所使用的颜色不应该在其他的信息集中用作不兼容的目的,而让飞行机组产生误解。[AC-25-11A,31.c.(5)(b)]

(5) 当两个或多个功能发生重叠时,不推荐使用相同或相似的颜色表达不同的意思。如果需要使用相同或相似的颜色,那么不同的信息应该有相同的含义。[AC-23.1311-1C,17.12.a]

(6) 应该对颜色使用的不一致性进行评价,以保证它们不容易引起混淆或差错,并且不会对系统的预期功能产生负面的影响。[AC-25-11A,31.c.(5)(b)]

(7) 应该依照 AC-23.1311-1A 中推荐的方式评价飞机显示所使用的颜色编码方案的一致性。有效的颜色使用能够极大地帮助驾驶员认知和理解显示信息。在所有驾驶舱显示中的所有应用中保持颜色使用的一致性很重要。应该对所选择的颜色进行评价以确定颜色是否真的能增加对显示信息的理解。颜色应该使得显示理解的差错最小化。[PS-ACE 100-2001-004,附录 A]

3.7.2.5　颜色编码

(1) 当进行颜色编码时,应该考虑航空传统用法。[TSO-C146c/RTCA/DO-229D,2.2.1.1.4.2]

(2) 避免在显示中使用过多不同的颜色表达意义。[AC-25.1302-1,5-5.b.(3)(a);AMC 25.1302,5.4.2.d]

(3) 在显示的颜色编码中使用不超过 6 种颜色。[TSO-C165/RTCA/DO-257A,2.1.6]

注:[TSO-C165/RTCA/DO-257A,2.1.6]

a. 对其他目的所使用额外的颜色不应该影响编码使用颜色的区分度。

b. 对颜色数量的限制不适用于电子地图显示共享的信息,例如地形和天气。

(4) 其他图形描述,例如地形地图和增强视景显示可以使用超过 6 种颜色以及颜色混合技术,以呈现外世界的颜色,并且强调地形特征。这些显示通常作为背景图片,显示中使用的颜色不应该对飞行机组理解叠加的信息参数造成干扰。[AC-25-11A,31.c.(5)(d)]

(5) 应该避免以下的颜色组合使用:[AC-25-11A,31.c.(5)(g)]

深红和蓝色;深红和绿色;深蓝和绿色;深黄和绿色;紫色和黄色;绿色和黄色;白色和黄色;绿色和洋红色;黑色和洋红色(虽然对较低重要性的内容是可接受的);白色和绿色;黑色和蓝色;黑色和红色。

(6)应该对选择的颜色进行评价以确定它们是否能够增加对显示信息的理解。颜色应该使得对显示的理解差错最小化。[PS-ACE 100-2001-004,附录 A]

(7)如果对重要任务的信息使用颜色编码,那么应该至少再使用另外一种独特的编码参数(如尺寸、形状、符号)。如果有可能,则应该在所有控制和显示中保持颜色编码的一致性。考虑驾驶舱灯光条件对符号呈现以及驾驶舱中使用的颜色的影响(颜色理念)。[AC-20-175,2-7.c]

(8)申请人应该表明所选择的颜色不会由于在不同的显示中使用不同的颜色而引起混淆或误解。不合适的颜色编码会增加对显示内容认知和选择的响应时间。同时,当更重视完成任务的速度而非准确性时,会增加发生差错的可能性。[AC-25-1302-1,5-5.b.(3)(c)]

3.7.2.6　颜色的冗余使用

(1)颜色编码信息应该通过其他可区分的特性一起实现,例如形状、位置或文本。[TSO-C165/RTCA/DO-257A,2.1.6]

(2)颜色是理解显示信息、提高性能的一种方式,但是不应该作为区分重要信息的唯一方式。[AC-23.1311-1C,22.6]

3.7.2.7　颜色区分性

(1)显示信息应该有足够的亮度对比度和/或颜色差异以区分:[TSO-C113a/SAE AS 8034B,4.3.3]

a. 重叠的符号(包括字符和/或线条)与背景(外界的或产生的)。

b. 不同的符号、字符和线条,同时,也应该包含当这些特征与外界或产生的背景发生重叠时。

c. 产生的背景和外界背景。

d. 由不同颜色产生的背景。

(2)在所有的情况下,所有的符号、字符、线条或背景都应该具有足够的亮度对比度和/或颜色差异以防止显示信息内容的混淆或不明确。当进行相关操作时,颜色的信息应该能够识别(如告警所使用的颜色)。制造商应该规定满足外界亮度等级和亮度特征的要求。[TSO-C113a/SAE AS 8034B,4.3.3]

注:不推荐符号与背景使用同样的亮度,不管颜色是否存在差异。不推荐背景使用深色,深色应该用作小的内容,例如符号、图标、目标等。[TSO-C113a/SAE AS 8034B,4.3.3]

(3)在可预见的灯光条件下,显示应该可读,颜色应该可识别。[TSO-C146c/RTCA/DO-229D,2.2.1.1.4.2]

(4)在任何外界亮度运行条件下,亮度和颜色的差异不应该引起混淆或不明

确。在整个外界灯光条件范围内,显示上具体颜色的亮度变化应该一致。[AC - 23.1311 - 1C,22.5]

(5) 每个被编码的颜色应该有足够的色差,使得在所有可预见的灯光和运行条件以及与其他颜色一起使用时,能够识别和区分。颜色应该在信息元素尺寸、形状和移动范围内能够识别和区分。供电子显示系统编码的颜色应该谨慎地选择,使得它们的色差最大化。应该避免使用相似的颜色组合亮度。[AC - 25 - 11A, 31.c.(5)(c)]

(6) 表示不同意义时,不推荐让飞行机组区分具有相同颜色的阴影。[AC - 25 - 11A,31.c.(5)(i)]

(7) 当区分边缘或细节很重要时,邻近的颜色在亮度上不应该相同。[TSO - C165/RTCA/DO - 257A,附录 E E.3]

3.7.2.8　背景颜色

当使用背景颜色时,背景颜色不应该妨碍重叠信息元素的使用。符号、基于控制的显示、菜单、标注和图形都应该保持足够的识别度和区分度。背景颜色的使用应该遵循整个驾驶舱颜色使用和信息管理的理念。如果使用纹理来构建背景,那么不应该导致叠加在背景上符号的可读性的缺失,也不应该增加视觉杂乱或者驾驶员的信息获得时间。透视是通过前景观察背景信息元素的一种方式,但是透视的使用应该最小化,因为透视可能会增加驾驶员的理解时间和出现差错的可能性。[AC - 25 - 11A,31.c.(5)(h)]

3.7.3　其他推荐

3.7.3.1　总则

(1) 应该谨慎使用亮的、很深的颜色。这些颜色只用作重要的临时信息显示,避免这些颜色引起视觉上的分神。[RTCA/DO - 256,2.1.3.6]

(2) 当颜色与其周围的对比度很低时,不应该使用纯色(如在黑色背景中使用蓝色元素)。[DOT - VNTSC - FAA - 98 - 5]

(3) 如果颜色可以自主设定,则应该有一种简单的方式可以恢复到默认的颜色编码方案。默认的方案可以由制造商、91 部的用户或者 121 部和 135 部运行的局方进行规定。[DOT - VNTSC - FAA - 03 - 07]

3.7.3.2　红色、琥珀色和黄色的使用

(1) 红色应该用来指示非正常的运行或非正常的飞机系统条件,这些条件需要飞行机组立即意识、立即动作或立即决策。[航空电子系统联合工作小组,2004,附录 A,A.2,3]

(2) 琥珀色/黄色应该用来指示非正常的运行或非正常的飞机系统条件,这些条件需要飞行机组立即意识和随后动作或随后决策。[航空电子系统联合工作小组,2004,附录 A,A.2,3]

(3) 除了红色(警告使用)和琥珀色/黄色(戒备使用),第三种颜色应该用来指示咨询等级的告警,向所有的告警类型提供一个独特的容易识别的编码方式。[航空电子系统联合工作小组,2004,附录 A,A.2,3]

(4) 咨询应该使用除了红色或绿色的其他颜色,不推荐使用琥珀色/黄色。如果琥珀色/黄色同时作为戒备和咨询信息,则告警系统应该提供一种可区分的编码方式。[航空电子系统联合工作小组,2004,附录 A,A.2,3]

注:与戒备和警告功能无关的红色、琥珀色或黄色的使用必须最小化以防止削弱真实的警告和戒备的注意力获取特性。[航空电子系统联合工作小组,2004,附录 A,A.2,3]

(5) 在驾驶舱中应该提供一致的颜色用法。[航空电子系统联合工作小组,2004,附录 A,A.2,3]

3.7.3.3 蓝色的使用

(1) 纯蓝色不应该用作文本、小符号、其他细节或背景色(参考 DOT/FAA/AR-99/52)。[RTCA/DO-256,2.1.3.6]

(2) 深红色与深蓝色不应该紧靠在一起以避免对深度错误的感知。[RTCA/DO-256,2.1.3.6]

3.7.3.4 颜色的一致性

(1) 如果信息是颜色编码的,那么在编码方案中其他颜色的使用应该最小化,使得相关的颜色编码不会被误解。[Report No. NAWCADPAX-96-268-TM]

(2) 光栅航空图(RACs)使用的颜色应该与纸质图使用的颜色相近。

3.7.3.5 颜色编码

(1) 颜色编码应该在所有显示和控制中保持一致。[RTCA/DO-256,2.1.3.6]

(2) 当指定颜色含义时,每种颜色应该只有一种含义。[RTCA/DO-256,2.1.3.6]

(3) 控制的颜色应该为黑色或灰色。[MIL-STD-1472G,5.1.1.4.5.a]

3.7.3.6 颜色的冗余使用

当颜色用来编码信息时,应该与其他的编码信息冗余使用。[RTCA/DO-256,2.1.3.6]

注:通过颜色编码传递的所有信息应该在单色显示中可用。[RTCA/DO-256,2.1.3.6]

3.7.3.7 颜色区分性

(1) 如果颜色用作信息编码,则所选择的颜色应该在正常的可预期的外界光线条件范围内可识别。[RTCA/DO-256,2.1.3.6]

(2) 大的目标比小的目标更容易进行颜色的区分。如果需要进行颜色区分,则符号和显示元素需要以较大的尺寸呈现,或者字符高度大于推荐的最小值。[DOT-VNTSC-FAA-95-3]

3.7.4　简要案例说明

保证颜色与其他线索冗余使用的一种方式是先对单色显示进行系统设计,再增加颜色。洋红色和红色、洋红色和紫色、黄色和琥珀色、蓝绿色和绿色很容易产生混淆。

表3.3中提供了颜色如何使用的实例,以及已经接受的颜色编码和与颜色相关的功能性含义。

表 3.3　推荐的功能及对应的颜色

功　　能	颜　　色
警告	红色
飞行包线和系统限制	红色或黄色/琥珀色
戒备,非正常来源	琥珀色/黄色
地球	褐色/棕色
刻度与相应的图片	白色
接通模式/正常状态	绿色①
地球	褐色/棕色
天空	蓝绿色/蓝色
ILS偏离指针	洋红色
飞行指引仪	洋红色/绿色
驾驶员可选择参考	洋红色
除数线,单位和未激活的软按钮的标注	亮灰色

① 对带状元素(如空速和高度)使用绿色是可接受的,只要绿色不会对飞行机组的告警造成不利的影响。

FAA电子显示的咨询通告(AC‐25‐11A)提供了显示元素应该使用的颜色集合,如表3.4所示。

表 3.4　特定显示特征使用的颜色

显　示　特　征	颜色集合 1	颜色集合 2
固定的参考符号,校准线	白色	黄色①
当前数据,数值	白色	绿色
使用的模式	白色	褐色
选择的数据,数值	绿色	褐色
选择的航向	洋红色②	褐色
激活的路径/飞行计划	洋红色	白色

① 不推荐对戒备/不正常的信息之外使用黄色。
② 在颜色集合1中,洋红色对应构成"飞向"或"保持中央"一类的信息的模拟参数。

3.8　集成显示问题

3.8.1　背景

多种类型的信息,例如天气、交通、地形或障碍物,可以同时显示以增加显示的使用性。这些信息可以在基础的地图显示上呈现,如在相同的显示表面使用分层,或者在一些情况下,可以使用信息临时代替,例如,如果多条信息时间相同,那么只显示一个信息。信息也可以在一个大的显示的一些分离窗口中进行组合。合适的格式取决于任务,并且不是所有的信息都可以呈现在一个共享的显示中。当信息是共享的时,显示方面、刻度、符号或颜色的不一致性可能会损害显示系统的使用,并且会增加驾驶员的工作负荷、低头的时间以及发生差错的可能性。

将相关的信息在一页或一个集成显示上呈现可以含蓄地表达关联性。一种方式是根据重要性,如在驾驶员主视界内,信息和显示呈现主飞行信息都组合在一起;另一种方式是根据功能分类,如对一个特定的操作或者与系统组件相关的操作组合的一个区域内的情况,一起使用信息和显示;第三种方式是根据顺序分类,从而信息和显示可以根据使用的先后顺序进行组合和安排。通常,顺序是从上到下,或者从左到右。这些方式可以组合使用,例如,总体上,显示可以根据功能安排,而在功能组别内,信息可以根据使用的顺序、逻辑或者重要性进行安排。

一些不同类型的信息可能在显示中发生重叠,使得显示很容易发生杂乱。值得一提的是,显示的特性可能被重叠的信息所掩盖,并且会干扰任务的绩效。去杂乱可以临时移除不必要的信息,但是,当信息不可见时,驾驶员可能不记得信息可用,并且不会考虑使用这些信息。过度的灵活性,如有太多的去杂乱等级,可能也会增加交互的复杂度。去杂乱的使用应该考虑驾驶员的预期、飞行阶段以及所进行的任务。此外,还需要考虑恢复信息所需要的时间以及增加差错的可能性。

AC-25-11A中对时间共享的定义是“在不同的时间,在相同的显示区域显示不同的信息”。在一些飞行上,驾驶舱中的一个显示系统可能用来设置多种系统的参数,因此,可能需要很多任务的转换,例如,甚至简单地改变通信频率的任务都需要驾驶员中止当前的任务,从而能够找到并转换到合适的显示页面。中断当前进行的任务可能导致飞行失去位置,从而导致错误的发生。必须持续监视的信息不应该是与其他信息时间共享的,因为驾驶员可能需要在共享的显示上来回地选择不同的信息,这可能会损害监视任务的绩效水平。

3.8.2　局方管理条例和指导性资料

3.8.2.1　总则

(1)显示上额外的数据(多于最小所需数据的部分)应该放在同一位置,并且应该不干扰最小数据的使用(如果显示上有图形风指示,那么指示应该在指定的显示位置)。[TSO-C165/RTCA/DO-257A,2.2.1.3]

（2）如果在地图上显示风向量，那么方向应该与地图的方向保持一致，并且指向风吹的方向。［TSO－C165/RTCA/DO－257A，2.2.1.3］

注：本条要求不是为了禁止将风向量分解为逆风和侧风部分。在这种情况下，分解的部分必须与地图方向保持一致（如地球参考系）。［TSO－C165/RTCA/DO－257A，2.2.1.3］

3.8.2.2 重叠和组合的信息元素

（1）如果提供重叠功能，则显示格式应该允许驾驶员在一个显示上重叠天气或其他与飞行轨迹相关的图形而不会引起混淆。每个新的图形都应该单独地和与之组合的其他天气、地形和导航符号一起进行评价以防止驾驶员产生混淆或者使屏幕杂乱。［AC－23.1311－1C，17.12.a］

（2）如果有多种描述，例如插图或者重叠的描述，那么每个描述的方向应该是一样的（如航向向上，航迹向上，正北向上等）。但当机长和副驾驶对相同的信息选择不同的呈现方式时不适用。［AC－23.1311－1C，17.12.b］

（3）重叠的数量不应该导致显示的信息由于杂乱或遮挡而不可用。［AC－23.1311－1C，17.12.c］

（4）在显示中，当信息与其他信息在相同的位置发生重叠时，那么信息可用性的丢失、信息获得时间以及潜在的混淆应该最小化。［AC－25－11A，31.e.(1)］

（5）当信息遮挡其他信息时，应该表明被遮挡的信息是不需要的，或者是可以快速恢复的，需要的信息不应该被遮挡。［AC－25－11A，31.e.(1)］

（6）当信息元素临时遮挡其他的信息时，信息丢失的结果不应该引起与被遮挡信息预期功能相关的危险。［AC－25－11A，31.e.(1)］

（7）对分层的地图数据，显示应该有一致的优先级方案。［TSO－C165/RTCA/DO－257A，2.2.1］

（8）使用特定区域的显示或分层显示呈现信息例如气象雷达图像时，应该可以对重叠的符号进行亮度的独立调整。亮度控制的范围应该允许在主要尺寸上不超过5毫弧度的区域内对颜色差异进行检测，在这种设置上，如果有地图符号重叠，则应该能够识别。［AC－25－11A，16.a.(3)(b).2］

（9）根据任务的紧迫度对信息的优先级进行区分，较低优先级的信息不应该覆盖较高优先级的信息；较高优先级的信息应该可用、容易检测、容易识别和区分。［AC－25.1302－1，5－5.c.(2)(d)］

（10）当编码信息元素重叠在图片上时，信息元素应该在底层图片所有可预见的条件下和移动范围内能够识别和区分。信息元素不应该遮挡图片中所包含的必要信息。信息应该以合适的大小、形状和位置准确度进行描述以防止产生误解。在底层图片所有可预见的条件下和移动范围内，都应该保持信息的大小、形状和颜色。［AC－25－11A，31.g.(4)］

（11）当融合和重叠多种图片时，即使图片的质量、投影、数据刷新率、感光度、数据延迟等有所不同,组合图片的结果也应该满足预期的功能。当将图片与外世界融合时,例如 HUD,图片不应该遮挡或明显地损害飞行机组检测真实世界目标的能力。图片独立的亮度控制可以帮助满足这一要求。相关联的图片元素或强调的真实世界目标应该保持一致以避免理解错误或明显地增加理解时间。[AC - 25 - 11A,31.g.(5)]

3.8.2.3 重叠的一致性

(1) 如果在显示上多种信息进行综合,那么投影、位置的准确性、方向和显示数据范围应该保持一致(当交通或天气信息集成到导航信息中时)。[AC - 25 - 11A,31.e.(1)]

(2) 如果有多种描述,例如插图或者重叠的描述,那么每个描述的方向应该是一样的(如航向向上,航迹向上,正北向上等)。但当机长和副驾驶对相同的信息选择不同的呈现方式时不适用。[AC - 23.1311 - 1C,17.12.b]

(3) 多种数据组合呈现应该不会引起对符号或图标的错误理解。[AC - 23.1311 - 1C,17.12.c]

(4) 在一个信息集合中对一个目标使用的符号和颜色不应该用在另外一个信息集合的其他目标上。[TSO - C165/RTCA/DO - 257A,2.1.9]

(5) 当重叠两个或两个以上的功能时,不推荐使用相同或相近的颜色表示不同的信息。如果需要相同或相近的颜色,那么应该保持不同信息的含义。[AC - 23.1311 - 1C,17.12.a]

(6) 当信息在共享的显示上不一致时,不一致性应该明显地被通告,从而避免信息理解错误。[TSO - C165/RTCA/DO - 257A,2.1.9]

(7) 为了满足 25.1302(b)的要求,申请人应该表明显示上分层的信息不会由于使用的颜色标准和符号而引起混淆和杂乱,避免设计成需要飞行机组成员动手去减少显示的杂乱。[AC - 25.1302 - 1,5 - 5.b.(3)(e)]

(8) 虽然强烈推荐,但 FAA 意识到不可能总是提供一致的飞行机组界面。尽管遵循驾驶舱设计理念与一致性原则等,也可能对飞行机组工作负荷造成负面的影响,例如,所有设计中的听觉告警可能遵循驾驶舱告警理念,但是告警的数量可能是不可接受的。当有些任务要求数据的呈现使用两种明显不同的格式时,这就违背了驾驶舱中一致的格式,例如气象雷达只显示环境的一部分,而移动地图显示则呈现 360°的视角。在这些情况下,申请人应该表明界面的设计与驾驶员任务的需求是兼容的,既可以单独使用,又可以与其他界面结合使用,而不会干扰系统或功能。此外:[AC - 25.1302 - 1,5 - 8.c.(1)]

a. 申请人应该提供分析以识别不同位置上所呈现的每个信息或数据部分,并表明呈现的数据具有一致的方式;当不一致时,需要证明为什么不合适。

b. 当信息不一致时,不一致性应该被明显地通告,从而避免信息理解错误。

c. 申请人应该提供系统设计不符合驾驶舱设计理念的理由,并考虑不符合性对工作负荷和差错的影响。

d. 申请人应该描述当显示的信息与驾驶舱中其他的信息相冲突时,飞行机组期望得到怎样的结论以及应该采取怎样的行动。

3.8.2.4 时间共享

(1) 需要或者必须由飞行机组持续监视的信息应该在所有的时间中显示。[AC-25-11A,31.e.(2)]

(2) 信息是否需要在时间上共享取决于信息从正常、非正常以及紧急操作中恢复的难易程度。如果来回开关的方式不会妨碍绩效监视任务,那么在既定绩效监视任务中信息需要在时间上共享。[AC-25-11A,31.e.(2)]

(3) 通常,系统信息、计划和其他驾驶员任务不必需的信息可以在时间上共享。[AC-25-11A,31.e.(2)]

3.8.2.5 视觉上分离信息

(1) 当在显示上不同的信息元素彼此靠近时,元素应该在视觉上进行分离,从而让驾驶员能够容易地进行区分。当显示失效,使用传统或紧密模式呈现的信息时,不应该出现杂乱,并且应该保持可接受的信息获得时间。[AC-25-11A,31.e.(3)]

(2) 视觉分离可以通过如空格、分隔符或者与总的驾驶舱信息管理理念相一致的阴影等方式获得。[AC-25-11A,31.e.(3)]

(3) 图形结构、边缘或空白可以用来清楚地描述不同的数据集合。[AC-23.1311-1C,17.12.a]

3.8.2.6 杂乱/去除杂乱

(1) 为了减少飞行机组成员理解的时间,设备应该以一种简单的、精心规定的方式呈现信息。申请人应该表明不管是视觉或者听觉,信息传递的方式都要能够向飞行机组成员呈现完成任务需要的真实信息。飞行机组可以通过自身的判断限制任意时刻信息的数量。[AC-25.1302-1,5-5.c.(2)(a)]

(2) 显示的信息应该使得杂乱最少。[AC-25-11A,31.e.(4)(a)]

(3) 为了增强驾驶员的绩效,应该使用一种方式在显示上去除杂乱。[AC-25-11A,31.e.(4)(b)]

(4) 当设计运行飞行机组进行其他的信息选择时,基础的显示模式应该保持没有杂乱。[AC-25.1302-1,5-5.c.(2)(a);AMC 25.1302,5.4.3.b]

(5) 取消选择共享信息(如天气、地形等)应该能够去除显示杂乱或者增强信息的可读性。[TSO-C165/RTCA/DO-257A,2.1.9]

(6) 如果在显示中选择额外的地图信息,那么应该可以对所有显示的额外信息进行取消选择。[TSO-C165/RTCA/DO-257A,2.2.1.3]

(7) 应该能够让驾驶员通过一个单独的动作就可以去除杂乱。[TSO-C165/RTCA/DO-257A,2.2.1.3]

(8) 如果设备在特定的紧急情况下使用自动的数据取消选择功能以增强飞行机组成员的绩效水平,那么申请人必须表明,如 25.1302(a)中所述,设备向飞行机组成员提供所需的信息。临时显示的使用不仅取决于信息的去除杂乱,还取决于显示的可用性和重要性。因此,当进行特征设计时,申请人应该遵循 AC - 25.11A:电子飞行控制显示的要求。[AC - 25.1302 - 1,5 - 5.c.(2)(b)]

(9) 显示上信息的密度应该与驾驶员认识关键信息和误解最小化的能力相一致。在特定飞行阶段显示的符号和标志可能在其他的时间需要移除以消除杂乱。建立信息优先级的方案以保证关键信息的清楚呈现。[AC - 23.1311 - 1C,17.3]

(10) 在传统和紧密模式中,应该重点考虑杂乱。当其他的显示或单元失效后,在当前显示上组合关键信息时,显示格式不应该混淆,并且信息应该仍然可用,包括不常见的姿态。如果预见会发生杂乱,那么应该提供一种手动方式移除杂乱(去除杂乱)。自动去除杂乱,例如在特定的飞行阶段或在具体的告警中,也是合适的。[AC - 23.1311 - 1C,17.3]

(11) 在不常见的姿态中,PFD 可能需要一个自动去除杂乱的功能。不常见的姿态通常指超过 70°的后掠角或者 +/-30°的俯仰,但是还有很多与飞行性能相关的姿态。应该保留批准的构型(不管是"T 型"布局还是新的构型)。在主导航显示上的基本导航信息不需要去除杂乱。飞行导引显示帮助恢复不常见的姿态应该为红色,并且指向恢复的正确方向。如果姿态源不可用,那么显示上的 SVS 信息可能需要移除。[AC - 23.1311 - 1C,17.4.b]

3.8.3 其他推荐

3.8.3.1 总则

与具体问题或与特定功能相关的数据集合应该组合在一起以表明功能关系。[MIL - STD - 1472G,5.2.2.2.6.a.(3)]

3.8.3.2 重叠和组合的信息元素

如果动态的显示元素临时覆盖和遮挡了其他的显示元素,那么需要一个优先级方案以定义哪一类数据分类有较高的优先级。[ESD - TR - 86 - 278]

3.8.3.3 重叠的一致性

如果在显示上,信息与其他信息集成在一起,刷新率应该保持一致。

3.8.3.4 时间共享

(1) 驾驶员应该能够容易地在各种功能间进行转换。[DOT - VNTSC - FAA - 03 - 07]

(2) 当前的任务应该容易识别。[DOT - VNTSC - FAA - 03 - 07]

3.8.3.5 去除杂乱

(1) 如果有去除杂乱的能力,那么不应该让驾驶员在不知道被抑制的情况下就能够移除对安全性重要的显示元素(如地形、障碍物或特殊使用的空域)。如果这些信息能够被消除杂乱,那么不应该让驾驶员相信这些信息是不可见的,因为它们不在那里。[DOT‐VNTSC‐FAA‐03‐07]

(2) 在任何去除杂乱方案中显示的元素应该进行组织以遵循驾驶员的预期。

(3) 去除杂乱的方案应该记录在驾驶员手册和审定计划中。[DOT‐VNTSC‐FAA‐04‐11]

3.8.4 简要案例说明

当有重叠信息时,防止必需的信息被遮挡的一种方式是在显示上保持一块特定不受覆盖的区域。

当存在多个显示窗口,并且需要指示哪个窗口被激活时,可以使激活窗口的边缘保持高亮。

4 告　警

在局方管理条例告警和指导性文件中,有多种不同"告警"的使用方式。在一些情况下,"告警"是一个总的术语来表示广泛的"正常的"驾驶员指示,例如通告开关指示模式或运行状态,以及"不正常的"或者更加严重的指示,如警告、戒备和咨询(见表 4.1)。在其他的管理条例和指导性文件中,"告警"只用来表示更加严重的、不正常的指示,需要驾驶员立即的动作或意识(见表 4.2)。本章中指南所用的"告警"具有广泛的意义,涵盖了所有类型的告警,包括警告、戒备、咨询以及信息和通告。所有这些形式都是为了引起驾驶员的注意力,可以采用不同的形式(如开关、灯光、标志、咨询或信息)来表示不同的重要性。警告、戒备和咨询在管理条例和指导性文件中的意义是一致的,具体如下所示。[定义引用自 14CFR 25.1322]

(1) 警告:需要飞行机组立即意识和立即响应的情况。

(2) 戒备:需要飞行机组立即意识和随后响应的情况。

(3) 咨询:需要飞行机组意识和可能需要随后响应的情况。

表 4.1　局方管理条例和指导性资料中使用"告警"同时表示正常或非正常情况指示

局方管理条例和指导性资料	"告警"定义
AC - 20 - 131A,交通告警和防撞系统(TCAS II)和模式 S 应答机的适航和运行批准	向飞行机组及时提供信息的指示(听觉或视觉),信息涵盖了其他飞机或潜在的碰撞
咨询通告 AC - 20 - 151A 交通告警和防撞系统(TCAS II)版本 7.0&7.1 和对应的模式 S 应答机的适航批准	及时告知驾驶员关于其他飞机或潜在碰撞的指示(听觉或视觉)
AC - 20 - 138C,定位和导航系统的适航批准	AC - 20 - 138C 并没有特别定义"告警",但是却普遍使用了"告警"
咨询通告 AC - 23 - 18 地形意识的设备安装	告警:视觉、听觉或触觉的刺激,这些刺激能引起飞行机组的注意或表示系统状态或条件的信息。 听觉告警:不连续的声音、音调或语音申明,用来通告一种情况、场景或事件

局方管理条例和指导性资料	"告警"定义
咨询通告 AC-25-23,25 部飞机的地形意识和告警系统（TAWS）安装批准的适航标准	告警：视觉、听觉或触觉的刺激,这些刺激能引起飞行机组的注意或表示系统状态或条件的信息。 听觉告警：不连续的声音、音调或语音申明,用来通告一种情况、场景或事件
TO-C151c,地形意识和告警系统（TAWS）	告警：视觉、听觉或触觉的刺激,这些刺激能引起飞行机组的注意或表示系统状态或条件的信息。 听觉告警：不连续的声音、音调或语音申明,用来通告一种情况、场景或事件
AC-27-1B,正常旋翼飞机审定 AC-29-2C,运输类旋翼飞机审定	视觉或听觉的刺激,这些刺激能引起飞行机组的注意或表示系统状态或条件的信息
TSO-C146c/RTCA/DO-229D	"告警"定义为当设备完成的定位行为不满足整体的要求时,由 GPS/SBAS 设备发出的指示。这是引起导航告警的一种情况[1.7.3]
AC-25-11A,电子驾驶舱设计	"告警"用来描述驾驶舱指示,这种指示是为了引起飞行机组的注意力,并让飞行机组识别非正常的运行或飞机系统情况。警告、戒备和咨询都认为是告警
AMC 25.1302 供飞行机组使用所安装的系统和设备	"告警"用来描述驾驶舱指示,这种指示是为了引起飞行机组的注意力,并让飞行机组识别非正常的运行或飞机系统情况。警告、戒备和咨询都认为是告警(参考 AMC 25.1322 中的定义)
AC-25.1322-1 飞行机组告警	"告警"用来描述驾驶舱指示,这种指示是为了引起飞行机组的注意力,并让飞行机组识别非正常的运行或飞机系统情况。告警分为警告、戒备和咨询
AC-25.1329-1B,飞行导引系统的批准	"告警"用来描述驾驶舱指示,这种指示是为了引起飞行机组的注意力,并让飞行机组识别非正常的运行或飞机系统情况。警告、戒备和咨询都认为是告警

4.1 总则

4.1.1 背景

驾驶舱中有大量不同的告警、通告和指示需要飞行机组必须进行监视和理解。系统间集成所使用的总的驾驶舱设计理念可以减少向驾驶员提供的告警、通告和指示的数量,同时可以保证驾驶员不会接受相互冲突的信息。

驾驶舱中有限的空间可能导致告警、通告和指示设备安置在不期望的地方,从而使得它们不容易被驾驶员发现。这就可能需要对设备的位置进行评价以保证其能够及时地提供信息并且被飞行机组监视到。

　　一些视觉编码方式可以用来将驾驶员的注意力吸引到具体的显示信息上,包括闪光或闪烁、反向广播、大小编码、颜色和位置。在非正常或严重的情况下,这些编码方式可以帮助飞行机组将重要的信息从其他信息中区分开,但是过度使用一种编码方式或组成多种方式需要过度感知的设计,从而对机组的工作负荷产生不利的影响。"闪光(blinking)"和"闪烁(flashing)"这两个词可以互换使用。上文中所使用的词与所有的原始材料中一样,但是 FAA 正在规范"闪光"的使用。

　　闪烁的光线比稳定的光线更容易被检测到。当驾驶员注视其他地方时,在他们的外周视界中使用闪烁容易被检测,但是闪烁信息比稳定的信号更容易引起分神。此外,如果过度使用,则闪烁易于察觉的效力会变低。如果在背景中存在超过一个的闪烁信息,那么闪烁信号的检测时间会增加,而如果背景中有超过一半的信号是闪烁的,闪烁信息的检测时间则会大于稳定信号的检测时间。使用不可区分的闪烁也可能会降低信号的理解性和可读性,并会导致分神和视觉疲劳。使用闪烁时,需要考虑信息的目的、闪烁速率(1 秒内的闪烁次数)、闪烁开-关时间、闪烁等级的数量。如果闪烁速率过高,那么闪烁可能不会发现;如果有太多的闪烁等级,那么不同的等级之间可能不容易进行区分。

　　视觉告警的显著性受多种因素的影响,包括告警在驾驶员视觉内的位置、相较于驾驶舱中其他的光线和声音,告警的可视性或可听度以及工作负荷。大多数局方管理条例和指导性材料要求那些需要驾驶员立即意识的系统警告和戒备以及其他指示应该位于驾驶员的主视界内。研究表明如果视觉信号在该区域内,那么信号被检测的可能性会增加。但是 AC - 23.1311 - 1C 也允许如果一些通告有相应的独特的听觉声音,那么它们在 35°以内是可以接受的;或者主警告/戒备通告在 15°以内也是可以接受的(参考第 2.3 节)。尽管所有的努力都是为了使得信号的可检测性最大化,视觉告警仍然可能被遗漏,例如在较高的工作负荷条件下或者当驾驶员观察窗外时。在视觉告警之间或是与视界告警一起使用听觉告警可以提高告警条件的可检测性,且相较于单独使用视觉告警可以减少响应时间。

　　听觉显示可以在需要驾驶员立即响应的情况下引起他们的注意,不管驾驶员头部的位置或者眼睛的视线在何处。驾驶舱中相似的声音会让驾驶员难以确定哪种系统产生了告警,并且会增加工作负荷。同时,使用许多不同的告警声音是一件令人烦恼的事,可能会影响驾驶员的主要工作。

　　任意的听觉信号都可以通过频率(音高)、强度/幅度(响度)、时间位置(时长)和空间位置进行区分。为了让信号具有独特性,可以使用不同的强度、频率或节拍。听觉信号也可以通过信号的多重维度组合而成,使用少的维度和每个维度中使用较多的等级,比使用多的维度和少的等级更加有效。

　　如果听觉信号不能区分第一次出现的差错和连续的差错,那么该信号就不能说明当前纠正差错的动作是否可接受;如果同时提供视觉信息,那么在相同的听觉信息条件下就足够说明当前纠正差错的动作是否可接受。

听觉告警必须足够响,使得在驾驶舱所有条件下都可以被检测和理解,但是又不能过响而造成飞行机组分神或不适。对航空安全性报告系统(ASRS)中与告警相关事故的研究表明,由听觉告警导致分神而引起事故的最主要原因就是告警声太响。听觉告警可能会妨碍飞行机组完成当前任务,使驾驶员无法安全飞行,在一些报告中,告警的出现使得飞行机组受到惊吓;在其他报告中,告警阻碍了其他重要的听觉信息,特别是与空中交通控制的通信。但是,如果驾驶舱中告警的强度不够,则信号可能会被遗漏或被其他声音所掩盖。在航空安全性报告系统中由听觉告警导致分神而引起事故的第二个原因就是告警遗漏。

4.1.2　局方管理条例和指导性资料

4.1.2.1　总则

(1) 飞行机组告警必须满足以下要求。[14 CFR 25.1322(a)]

a. 向飞行机组提供的信息需要:

(a) 识别非正常的运行或飞机系统条件。

(b) 如果有,则确定合适的操作。

b. 在所有可预测的运行条件下,能够让飞行机组容易监测和理解,包括提供多重告警的情况。

c. 当告警情况不再存在时,告警消失。

(2) 告警信息应该分为正常和不正常的指示。[AC - 23.1311 - 1C,18.3]

(3) 只有需要飞行机组意识支持的飞行机组决策以及需要飞行机组合适响应的非正常飞机系统条件和操作时间才应该进行告警。但是,要求告警的条件取决于具体的系统和飞机设计,以及总的驾驶舱设计理念。[AC - 25.1322 - 1,5.c.(1)]

(4) 不需要飞行机组意识的情况不应该产生告警。[AC - 25.1322 - 1,5.a]

(5) 告警的数量和类型要求应该通过被检测到的独特场景以及场景所需要的飞行机组程序共同来确定。[AC - 25.1329 - 1B,45.d.(2)]

(6) 为每个与安全运行密切相关的功能提供单独的感知。[AC - 23.1311 - 1C,18.3]

(7) 告警情况。确定建立飞机系统情况或操作时间告警的条件(如发动机过热、风切变等)。[AC - 25.1322 - 1,5.c.(9)]

(8) 只有当情况存在时才会出现通告指示。[AC - 25 - 11A,31.f.(1)(b)]

(9) 通告和指示应该对飞行机组工作负荷的影响最小。[AC - 25 - 11A,31.f.(1)(a)]

(10) 设备应该提供测试所有外部通告的能力。[TSO - C146c/RCTA DO - 229D,2.2.1.5.1]

(11) 当接近操作限制或超过所需的动力参数时,应该提供每个飞行阶段的及时告警。[AC - 23.1311 - 1C,9.3.b]

(12) 当呈现给飞行机组的信息不满足完整性等级时,应该产生告警。[AC-25-11A,36.e.(2)(f)]

(13) 显示系统的潜伏期,特别是告警的潜伏期,不应该过长,而且应该考虑告警的重要性以及使得失效状态扩散最小的机组响应时间。[AC-25-11A,21.e.(8)]

(14) 控制、指示和告警的设计。这些特征设计必须使得飞行机组的差错和混淆最小。指示和告警应该以与飞行机组程序和任务相兼容的方式呈现,并提供任务所需要的信息。指示和告警的呈现方式应该与飞行机组程序和指定的任务相一致,并且提供足够的信息让他们完成任务。指示必须以逻辑一致的方式进行归类和呈现,同时应该在所有期望的灯光条件下都能让所有的驾驶员看见。颜色、字体样式、字体大小、位置、朝向、移动、图形布局以及其他的特征,例如稳定和闪烁,都应该有助于系统的有效性。控制、指示和告警应该使用一致的方式。[AC-25.1329-1B,42.b]

4.1.2.2 告警理念

(1) 当建立飞行机组告警系统时,对告警情况、紧迫性和优先权以及呈现方式应使用一致的理念。[AC-23.1322-1,5.b]

(2) 通告和指示应该清楚、明确、及时,同时与驾驶舱理论相一致。[AC-25-11A,31.f.(1)(b)]

(3) 告警理论应该描述视觉信息的格式和内容,使用包含以下 3 个元素的格式和内容:[AC-25.1322-1,附录1,2.b.(2)]

a. 告警总的标题(例如:HYD,FUEL)。

b. 具体的子系统或位置(例如:L-R,1-2)。

c. 情况的性质(例如:FAIL,HOT,LOW)。

(4) 对视觉信息的格式和内容使用一致的理念以清楚地指示告警意义和情况。相应的文本信息格式和内容的目标是让飞行机组执行正确的检查单程序,使得飞行机组差错的危害最小化。[AC-25.1322-1,附录1,2.b1]

(5) 使用基于逻辑的集成告警系统以保证告警系统元素是同步的,同时对每个紧迫度等级提供合适的告警呈现格式。[AC-23.1322-1,5.c.(5)]

(6) 建立一致的告警呈现方式[如驾驶舱告警位置、告警组合(听觉、视觉、触觉)、告警的信息呈现以及颜色和图形编码标准]。此外,确定告警呈现的格式(如告警信息的结构和时机)以支持告警功能的目标。[AC-23.1322-1,5.c.(11)]

(7) 虽然强烈推荐,但是 FAA 意识到并不可能总是提供一致的飞行机组界面。即使遵循驾驶舱设计理念的一致性原则,对飞行机组工作负荷也可能会有负面影响,例如,设计中所有的听觉告警可能都遵循了驾驶舱告警理念,但是告警的数量可能是难以接受的。[AC-25.1302-1,5-8.c.(1)]

4.1.2.3 视界/位置

(1) 在大多数情况下,安全飞行所必需的重要信息以及需要驾驶员立即动作或

意识的警告或戒备信息,应该位于主视界内。[AC-23.1311-1C,15.2]

(2) 如果一些通告有独特的告警声或者主警告/戒备通告在15°内供驾驶员评价,那么这些通告在35°以内也可接受。[AC-23.1311-1C,15.4]

(3) 通告和指示应该始终位于电子显示的特定区域;可能需要飞行机组立即意识的通告应该位于飞行机组前/主视界内。[AC-25-11A,31.f.(2)]

(4) 视觉告警信息应该位于两名驾驶员都能够有效识别告警情况的位置。[AC-25.1322-1,附录1,2.a.(2)]

(5) 水平(垂直)偏差显示、失效通告以及所有需要飞行机组立即响应的信息都应该位于驾驶员主视界内。[AC-20-138C,11-8.b.(4)]

(6) 航路点序列、转弯起点、转弯预期、活跃的航路点、到航路点的距离、期望的航迹和正常的航迹(航迹角)以及自动模式的显示选择应该位于驾驶员主视界内,或位于可达的显示页面上。[AC-20-138C,14-2.b]

(7) 完整性监视缺失、TO/FROM(去/来)指示以及进近模式通告的显示应该位于驾驶员主视界内。[AC-20-138C,14-2.b.(1)]

(8) 通常,23部飞机中安装的"T型"布局中的模拟仪表包含了在允许的视界内的中央无线电设备,以实现导航功能。在长距离的导航中并不需要对该咨询通告进行修改。[AC-20-138C,14-2.b.(2)]

(9) 主要的视觉告警,包括主警告告警和主戒备告警应该位于每名驾驶员的主视界内。[AC-25.1322-1,附录1,1.a]

(10) 为了确定所提供的警告、戒备和咨询告警的显示质量,应该考虑工效学、运行和可靠性标准以及驾驶舱中物理空间的限制。[AC-25.1322-1,附录1,2.a.(1)]

(11) 所有与主视觉告警相关联的警告和戒备视觉信息都应该组合显示在专用的区域,该区域可能对每位驾驶员来说都是不同的区域。咨询告警应该与警告和戒备信息显示在同样的区域,这样可以为信息显示提供直观的、一致的位置。[AC-25.1322-1,附录1,2.a.(3)]

(12) 时间紧迫的警告视觉信息应该显示在每位驾驶员的主视界内。[AC-25.1322-1,附录1,3.a]

注:主飞行显示(PFD)用来显示时间紧迫的警告告警,这是因为驾驶员会一直观察主飞行显示。将时间紧迫的信息综合到主飞行显示中需要取决于警告确切的性质,例如主飞行显示上专用的位置可以用来实现注意力获取功能,也可以作为视觉信息显示用来显示告警信息,比如"WINDSHEAR(风切变)""SINK RATE(下沉率)""PULL UP(拉起)""TERRAIN AHEAD(前方地形)"以及"CLIMB,CLIMB(爬升,爬升)"。[AC-25.1322-1,附录1,3.a]

(13) 差错检测的信息可以是在正常监视任务中提供给飞行机组的指示。在正常运行中,如果指示本身包括的信息是经常使用的,同时是以一种可达的方式提供的,那么在主视界内的仪器指示可能是充分的。这些指示可能包括模式通告和正常的飞机状态信息,如高度或航向。参考飞行机组的任务,信息位于其他位置可能也是合适的,例如当任务包含飞行计划处理时,信息可以显示在控制显示单元上。[AC-25.1302-1,5-7.b]

4.1.2.4 颜色

(1) 视觉告警指示必须满足以下要求。[14 CFR 25.1322(e)]

a. 遵循以下的颜色用法:

(a) 警告告警指示用红色。

(b) 戒备告警指示用琥珀色或黄色。

(c) 咨询告警指示用除了红色和绿色的其他颜色。

b. 如果告警信息在单色的显示上呈现,没有遵循上述颜色用法,那么使用视觉编码技术以及驾驶舱中其他的告警功能元素对警告、戒备和咨询告警指示进行区分。

(2) 如果在驾驶舱中安装警告、戒备或咨询灯,那么除了局方认可的情况以外,还必须满足:[14 CFR 23.1322]

a. 警告灯用红色(警告灯说明危险需要立即进行正确的动作)。

b. 戒备灯用琥珀色(戒备灯说明可能需要之后进行正确的动作)。

c. 安全运行灯用绿色。

d. 使用其他 a.～c.中没有描述的颜色时,包括白色,应该提供足够的颜色区分度,使其不会对 a.～c.中的颜色产生混淆。

e. 在所有可能的驾驶舱灯光条件下有效。

(3) 在驾驶舱功能,而非飞行机组告警中使用红色、琥珀色和黄色必须进行限制,且必须不能对飞行机组告警产生不利的影响。[14 CFR 25.1322(f)]

(4) 颜色设计的主要依据是:[AC-27-1B,AC-27.1322b(5);AC-29-2C, AC-29.1322a(8)]

a. 红色——是否需要立即动作?

b. 琥珀色——是否需要驾驶员非立即的动作?

c. 绿色——是否指示安全运行? 指示是否能够与起落架放下指示进行区分而不会引起混淆?

d. 其他咨询灯——是否意义明确,同时能够与其他的通告进行区分而不会引起混淆? 使用的颜色是否能与上面描述的具体颜色进行区分?

(5) 非飞行机组告警功能需要使用红色、琥珀色或者黄色,应证明在运行中需要使用这些颜色以提供与意识信息相关的安全性。类似的例子如:[AC-25.1322-1,11.g]

a. 气象雷达显示(应该规避的恶劣/危险的天气条件区域)。

b. TAWS 地形显示(与当前高度相关的地形)。

（6）为获取注意力和告警所使用的告警应该能够在所有通常的可预期的驾驶舱亮度条件下可识别。［TSO－C165/RTCA/DO－257A,附录 E E.3］

（7）绿色通常用来指示"正常"情况,因此,绿色不是咨询告警合适的颜色,咨询告警通常用来指示"非正常"情况。［AC－25.1322－1,11.a］

（8）显示要遵循告警颜色用法,如果在特定的单色显示不能遵循告警颜色用法时,则使用 25.1322(e)中要求的其他视觉编码技术。这种要求是必要的,这样飞行机组才可以在所有可预期的运行条件下轻易地区分告警紧迫度,包括提供多重告警的情况。［AC－25.1322－1,8.c.(3)］

（9）对于(1)②所要求的不能遵循颜色用法的单色显示,则使用显示编码技术（如形状、大小和位置）让飞行机组可以轻易地区分警告、戒备和咨询告警。这些编码技术也必须满足 25.1322(a)(2)中总的告警要求,使得在所有可预期的条件下告警能够轻易地被飞行机组检测和认识,包括提供多重告警的情况。通常不推荐在驾驶舱飞行机组告警中广泛使用单色显示,除非能够证明可以增加安全性,例如主飞行显示使用平视显示方式。［AC－25.1322－1,11.e］

（10）一个分离的独特的颜色应该用来区分戒备告警和咨询告警。如果不能,那么其他独特的编码技术必须用来满足 25.1322(a)(2)总的要求,使得在所有可预期的条件下飞行机组能够轻易地检测戒备告警和咨询告警。［AC－25.1322－1,11.b］

（11）视觉主警告告警的颜色显示必须与相应的警告告警使用一样的颜色;主戒备告警的颜色显示必须与相应的戒备告警使用一样的颜色。［AC－25.1322－1,11.c］

4.1.2.5　格式/内容

（1）任何告警都应该清楚、明确,同时应该与其他驾驶舱告警相一致和相兼容。［AC－25.1329－1B,45.d.(2)］

（2）不正常的指示应该明确、无错误,包括不同的形状、大小、颜色、闪烁、盒状、轮廓描述等。［AC－25.1322－1C,18.3］

（3）告警和符号应该独特,同时能够与其他显示进行区分。［TSO－C146c/RTCA/DO－229D,2.2.1.1.4.1］

（4）所有呈现给飞行机组的告警［如灯光、听觉通告、发动机指示和机组告警系统(EICAS)信息、主戒备］都必须向飞行机组提供识别非正常运行或飞机系统条件以及确定校正动作所需要的信息。合适的飞行机组校正动作通常定义为飞机程序（如检查单）以及部分飞行机组培训课程或基础的飞行技能。［AC－25.1322－1,5.c.(2)］

（5）包含告警系统显示元素的合适组合通常包含:［AC－25.1322－1,5.c.(4)］

a. 主视界告警。

b. 视界告警信息（包含故障旗指示）。

c. 主听觉告警。

d. 独特的告警音。

e. 触觉信息。

（6）对所有告警通告和指示使用一致的措辞、位置、颜色和其他共享的属性（如图形编码）。［AC－25.1322－1,10.a］

（7）如果在有限的显示区域上呈现告警,那么使用溢出指示告知飞行机组额外的告警可能需要机组进行查阅。使用指示来显示存储的告警数量和紧迫度等级。［AC－25.1322－1,附录1,2.b.(6)］

注1：根据 DOD－CM－400－18－05,最小特征高度和可视距离的比为 1/200 是可接受的［例如：可视距离 36 英寸(914 毫米)需要显示器上特征高度为 0.18 英寸(4.572 毫米)]［AC－25.1322－1,附录1,2.b.(6)］

注2：对视界告警文本,Arial 和 Sans serif 字体是可接受的。基于所使用的显示技术,数字和字母的大小需要符合可接受的可读性。对文本显示的单词而言,笔画宽度为特征高度的 10%～15% 最佳;下伸字母和上伸字母的延伸部分应该大约为字母高度的 40%。［AC－25.1322－1,附录1,2.b.(6)］

注3：不同的字体可以用来区分新的和以前认可的视觉告警信息。［AC－25.1322－1,附录1,2.b.(6)］

（8）"收集器信息"可以用来解决不足的显示空间、多重告警情况的优先权、告警信息过载以及显示混乱等问题。当多重失效情况的程序或动作与收集的单独信息的程序或动作不同时,可以使用收集器信息,例如单一的液压系统失效的非正常程序与两个液压系统失效的非正常程序不同。［AC－25.1322－1,附录1,2.b.(5)］

4.1.2.6　闪光/闪烁

（1）对闪烁的使用应该进行限制,因为闪烁可能会引起分神且过度的使用会导致注意力明显地降低。闪烁频率应该在 0.8～4.0 赫兹之间,这是基于显示技术、紧迫性和出现分神效应之间的折中考虑。如果一个信息元素的闪烁时间超过 10 秒,那么应该提供一种方式以消除闪烁。［AC－25－11A,31.f.(4)］

（2）闪烁灯的使用应该最少化。如果使用闪烁特性,那么应该可以通过驾驶员动作进行控制,从而使闪烁通告不会一直存在。指示器应该设计成如果被激发,同时闪烁设备失效,那么灯光会点亮。［AC－27－1B,AC－27.1322b(8);AC－29－2C,AC－29.1322a(11)］

4.1.2.7　亮度

（1）视觉告警信息应该有足够的亮度使得两名驾驶员都可以在所有外界光线条件下能够识别告警状况。［AC－25.1322－1,附录1,2.d.(1)］

（2）当驾驶舱内的外界灯光条件发生变化时,视觉告警信息显示的亮度应该可以自动调整,手动接管控制应该提供使驾驶员能够使用调整显示亮度的功能。［AC－25.1322－1,附录1,2.d.(2)］

(3) 电子显示系统应该为驾驶员提供明显可识别的通告以指示系统的运行模式。视觉通告应该在所有通常的灯光条件下能够区分,在夜间灯光、长时间飞行的最低可用等级显示的平均亮度条件下,视觉通告也应该可用。[AC-23.1311-1C,18.1]

(4) 视觉通告必须在通告的重要性上保持一致,同时必须在所有驾驶舱正常亮度条件下可读。视觉通告必须不能过亮使得驾驶员对暗环境的适应力变差。[AC-20-138C,15-3.b;TSO-C146c/RTCA/DO-229D,2.2.1.1.5]

(5) 在预期的光线条件下,告警和状态指示的特征应该在大小和亮度上能够无差错或无压力地可读,亮度应该可控,同时不会妨碍自动调整功能。[TSO-C146c/RTCA/DO-229D,2.2.1.5.1]

4.1.2.8 听觉告警、通告和指示

(1) 申请人应该表明显示文本和听觉信息是独特的、有意义的。[AC-25.1302-1,5-5.b.(4)(e);AMC 25.1302 5.4.2.e]

(2) 听觉告警不应该作为单一的信息源,而是应该在视觉显示信息上也能获取驾驶员的注意力。[TSO-C146c/RTCA/DO-229D,2.2.1.1.5]

(3) 听觉告警的数量应该保持最小,以提供必需的期望结果。[PS-ACE 100-2001-004,附录A]

(4) 听觉告警应该有足够的响度以及合适的音质、时长和模式。告警应该容易关闭(但不容易无意关闭)。听觉告警必须不能干扰优先级更高的其他飞机告警(如失速告警、起落架告警)。[AC-20-138C,17-3.b]

(5) 如果允许提供通信耳机,那么必须证明在真实的驾驶舱噪声条件下,当飞机运行需要使用耳机时,飞行机组成员可以接受所有的听觉告警。[14 CFR 23.1431(e)]

(6) 所有的听觉告警都需要在有和无耳机的情况下进行评价,以评估在所有运行环境中,告警可能遇到外界噪声条件时的有效性和可接受性。在旧式驾驶舱中使用降噪耳机可能会引起问题,因为在这种飞机中,告警声只存在于客舱中而不是在驾驶舱中。如果需要在飞机中使用,则飞机评价应该也包括主动降噪系统(ANR)的检查。[PS-ACE 100-2001-004,附录A]

(7) 不管使用何种方式呈现听觉告警,在所有外界噪声条件下,都应该能够被轻易检测和快速理解。[PS-ACE 100-2001-004,附录A]

(8) 如果使用听觉告警表示多重含义,那么应该提供相应的视觉或触觉告警以消除听觉告警的不确定性,并明确地识别具体的告警条件。[AC-25.1322-1,5.c.(8)]

(9) 如果使用听觉告警,则必须向驾驶员提供关闭告警的方式。[PS-ANM 100-2001-00114,4(a)(v)]

(10) 由于听觉信息是短暂的,因此设计人员应该谨慎避免潜在的相互竞争的

听觉信息,这些听觉信息可能相互冲突而妨碍告警解释。优先权和时效性可能可以用来避免这一潜在的问题。[AC-25.1302-1,5-5.c.(2)(c)]

(11) 如果使用听觉音调,那么应该能够容易与其他所有驾驶舱声音区分,并提供明确的信息让驾驶员将注意力转移到视觉指示上。[AC-23.1311-1C,15.4,注4]

(12) 听觉告警应该区分优先顺序,从而在一段时间内只呈现一个听觉告警。如果需要在一段时间内呈现多个听觉告警,那么每个告警必须对飞行机组是明确、可分辨和可理解的。[AC-25.1322-1,8.b.(1)]

(13) 当提供听觉告警时,在开始另一个听觉告警之前,当前的主动听觉告警应该结束。但是,如果高优先权告警的延时通告会影响飞行机组及时的响应,那么较高紧迫度等级的告警必须中断当前的主动听觉告警。如果引起告警中断的情况依然存在,那么当有较高紧迫度的告警完成后,被中断的告警可以立即重新出现。如果有多个听觉告警需要立即意识,并且被中断的告警会影响飞机的安全运行,那么其他的有效的告警呈现方式必须提供给飞行机组以满足25.1322(a)(1)和(a)(2)的要求。[AC-25.1322-1,8.b.(2)]

(14) 任何系统等级警告、戒备和咨询告警的通告都应该与告警设计方案保持一致。系统信息显示的优化考虑允许迅速读取重要的信息,越不重要的信息可能越难读取。可以在控制面板或键盘上向驾驶员提供选择所需的较高优先权信息的单一输入的方式。[AC-25.1311-1C,18.4]

4.1.2.9　语音/语音信息

(1) 使用语音信息的其他理由包括:[AC-25.1322-1,附录2,3]

a. 限制单一音色的数量。

b. 将工作负荷从视觉转移到听觉通道。

c. 增强对非正常情况的识别能力,有效地增加视觉指示而不是取代视觉指示的作用。

d. 当语音信息优于其他方法使用时,向飞行机组提供信息。

e. 不管驾驶员的注意力在哪里,都必须保持他们对报警的意识。

(2) 语音应该是独特和明确的。[AC-25.1322-1,附录2,3.f.(1)(a)]

(3) 语音应该具有与告警分类相适应的易于获取注意力的性质,例如音调变化。[AC-25.1322-1,附录2,3.f.(1)(b)]

(4) 音调变化可以用来指示紧迫度等级,但是,不推荐使用告警音调指示紧张或不安,因为不同文化背景的驾驶员对这种音调的理解可能是不同的,根据告警条件、咨询和命令的音调可以用来帮助校正动作,但是信息内容本身应该是充分的。[AC-25.1322-1,附录2,3.f.(2)]

(5) 听觉语音告警必须在最差的飞行条件(外界噪声)下能够被飞行机组听见,不管飞行机组是否佩戴耳机(考虑耳机噪声的衰减特性)。听觉语音告警不应该过于响而干扰飞行机组进行所需的操作。如果随后的驾驶舱噪声等级会增加,那么应该提供相应的调整方式(手动或自动),保证可以达到的最小听觉语音告警音量足够被飞行机组听见。[AC－25.1322－1,附录2,3.f.(3)(a)]

(6) 语音信息应该符合以下内容:[AC－25.1322－1,附录2,3.g.(1)]

a. 在一个适合告警条件和期望响应的时间出现。

b. 与相关的视觉告警信息同时出现,且语音信息和相应的视觉告警信息之间的延迟应该不会导致飞行机组分神或混淆。

c. 如果对于相同的条件,语音信息的来源不止一个,那么在每名驾驶员活动空间内语音信息应该同时出现,而不会影响信息的可理解性。

(7) 与时间紧迫度高的警告相关的语音信息持续时间应该一直保持到告警状态消失(如地形警告)。在这段时间内,语音信息应该重复而不会消失。[AC－25.1322－1,附录2,3.g.(2)]

(8) 如果与时间紧迫度高的警告和戒备相关的语音信息会影响飞行机组对告警情况的响应能力,那么语音信息不应该重复。(如风切变警告或者 ACAS II 决断咨询)[AC－25.1322－1,附录2,3.g.(3)]

(9) 如果飞行机组需要持续地意识告警条件仍然存在,那么为了支持飞行机组进行正确的校正动作,与警告相关的语音信息应该重复并且不会消失。[AC－25.1322－1,附录2,3.g.(4)]

(10) 如果飞行机组不需要持续的听觉指示告警条件仍然存在,那么与警告相关的语音信息应该重复并且可取消(如客舱高度警告或自动驾驶舱关断)。[AC－25.1322－1,附录2,3.g.(5)]

(11) 在取消告警后重置告警机制,使得在随后的失效情况下告警机制能够正常工作。[AC－25.1322－1,附录2,3.g.(6)]

(12) 与戒备告警相关的语音告警,相应的语音信息应该要么持续时间有限(如风切变戒备);要么持续直到飞行机组手动取消或戒备条件不存在。[AC－25.1322－1,附录2,3.g.(7)]

(13) 应该考虑飞行机组理解英文内容的能力。[AC－25.1322－1,附录2,3.h.(1)]

(14) 当可行时,语音信息应该与视觉信息显示上呈现的文字信息保持一致;如果不可行,则语音信息和文字信息至少应该内容相同,从而让驾驶员容易理解并触发合适的响应。[AC－25.1322－1,附录2,3.h.(2)]

(15) 对于警告和戒备告警,语音信息的内容必须包含触发告警的条件特征的指示。语音信息应该是具有描述性且简洁的。[AC－25.1322－1,附录2,3.h.(4)]

(16) 对于时间紧迫度高的警告,语音信息的内容和用词必须引起立即的(本能的)、直接的校准操作。为了实现这一要求,语音信息应该识别触发告警的条件。在一些情况下,可能也需要提供指南或指导性信息。[AC－25.1322－1,附录2,3.h.(3)]

（17）语音信息的内容应该与相关的视觉信息显示相一致（例如，听觉信息："Pull up"；主飞行显示上视觉信息："Pull up"）。[AC－25.1322－1,附录2,3.h.(5)]

（18）对于使用不止一个单词的结构化语音信息，如果一个或多个单词丢失，那么信息不应该被误解（例如：不在语音信息的开始使用单词"不"）。[AC－25.1322－1,附录2,3.h.(6)]

（19）设计语音信息使飞行机组能够容易地区分口头语言信息，从而让混淆最小化。[AC－25.1322－1,附录2,3.h.(6)]

4.1.3　其他推荐

4.1.3.1　总则

（1）基于当前的系统状态情况，人机界面应该指示可用的功能和不可用的功能。[RTCA/DO－256,3.2.1.2.7]

（2）重要的告警应该容易与非重要的告警进行区分。[DOT－VNTSC－FAA－95－7]

（3）为了增加驾驶员检测视觉告警的能力，视觉告警应该足够大，并且有足够的亮度。[DOT－VNTSC－FAA－95－7]

（4）重要的或非正常的数据应该使用反向显示、阴影、亮度或颜色的方式进行强调。使用的等级和颜色必须独特、容易识别。[DOT－VNTSC－FAA－95－3]

（5）多重告警之间应该有足够的间隙使得每个告警都能够识别。[DOT－VNTSC－FAA－95－3]

4.1.3.2　格式/内容

（1）视觉告警应该在至少1°的视角内。总的来说，为了获取注意力，由字符组成的文本信息的视角应该大于正常的文本。[DOT－VNTSC－FAA－95－3]

（2）当亮的单词必须获取注意力时，最小的字母高度应该为0.2 in(5.1 mm)。[DOT－VNTSC－FAA－95－7]

4.1.3.3　闪光/闪烁

（1）短暂的闪烁或间歇的信号（约10秒）应该在最紧迫的警告情况下使用；这些信号能够有效地获取注意力，但是会引起分神。不能取消的永久或长时的闪烁符号不应该使用。[DOT－VNTSC－FAA－95－7]

（2）如果使用短暂的闪烁表示告警状态，那么每个闪烁应该最少持续0.05秒。[DOT－VNTSC－FAA－95－7]

（3）闪烁/闪光应该只用作告警，而不应该用来强调文字或日常所用的信息。特别需要指出的是，必读的文字不应该闪光或闪烁。[Report No. NAWCADPAX－96－268－TM]

（4）闪烁编码的使用应该最小化。[GAMA Publication No.10,7.1.5.1]

（5）如果使用闪光或闪烁，那么背景中同时闪光或闪烁的灯光不应该超过一

半,因为不会闪光的背景能够让可检测性最大化。[DOT - VNTSC - FAA -95 - 3]

(6) 如果使用闪烁对信息进行编码,那么应该使用不超过两种不同等级的闪烁。[MIL - STD - 1472G,5.2.2.3.4]

(7) 指针不能闪烁。在显示的所有位置,指针的大小和图形质量应该保持一致。[NASA - STD - 3000,卷 1]

4.1.3.4 听觉告警、通告和指示

(1) 推荐的听觉信号个数为 4~6 个声音。当工作负荷和时间压力很大时,听觉信号个数应该限制为 3 或 4 个声音。[DOT - VNTSC - FAA - 95 - 3]

(2) 听觉信号应该包括超过四个谐波相关的部分。[CAA 文件 82017]

(3) 对于纯音,可以区分 4~5 个频率和 3~5 个强度。[DOT - VNTSC - FAA -95 - 3]

(4) 相同的听觉信号不应该对应多种视觉显示,除非声音的立即区分对安全性能不重要。[Report No. NAWCADPAX - 96 - 268 - TM]

(5) 听觉信号的最小持续时间应该为 0.5 秒。[DOT - VNTSC - FAA -95 - 7]

(6) 听觉信号的频率应该在 500~5 000 Hz 之间,推荐使用 500~3 000 Hz。[DOT - VNTSC - FAA - 95 - 3]

(7) 颤音或起伏音的频率应该在 500~1 000 Hz 之间。[DOT - VNTSC - FAA - 95 - 7]

(8) 听觉信号应该至少比外界噪声等级高 20 dB,且应该至少大于 60 dB,但小于 135dB。[DOT - VNTSC - FAA - 95 - 7]

(9) 应该提供一种控制听觉信号音量的方法。(Report No. NAWCADPAX - 96 - 268 - TM)

(10) 应该避免手动控制音量。[CAA 文件 80217]

(11) 听觉信号应该是间歇性的/随时间变化的,因为在时间上没变化的信号不容易被发现。[FAA - RD - 78 - 222 II]

(12) 听觉信号的声音脉冲应该为 100~150 毫秒。为了表现紧迫性,脉冲之间的间隔应该小于 150 毫秒;对于其他的听觉信号,脉冲之间的间隔应该大于 300 毫秒。[CAA 文件 80217]

(13) 听觉信号应该包含不少于 5 个脉冲,且这些脉冲应该使用一种独特的形式。[CAA 文件 80217]

4.1.3.5 语音/语音信息

需要立即动作的语音信息应该简洁并使用关键词;表示立即意识的语音信息应该使用全词格式,并且需要重复。[CAA 文件 80217]

4.1.4 简要案例说明

位于驾驶员主视界之外的告警显示可能会被忽略。在与 LORAN - C/GPS 接

收器相关的问题检查中,驾驶员报告称有时需要 4 分钟才能发现和响应告警,这些告警信息可能没有显示在主视界内。告警包括红色和黄色的警告灯、闪烁以及显示上冻结的信息。驾驶舱中显示所有警告、戒备和咨询信息的通告器面板应该可以让驾驶员立即观察到系统故障或失效。

闪烁的使用应该最小化,只有当突发的紧急情况或飞机状态发生新的变化时才推荐使用闪烁信息。如果告警或通告指示一个持续的飞机状态,那么推荐使用稳定的信号,除非飞机状态不安全。

有些特定的系统需要特定的告警,下面给出一些特定系统需要的特定告警标准。失速:TSO‐C54;超速:TSO‐C101;反应式风切变:TSO‐C117a;预测式风切变:TSO‐63d;TCAS Ⅱ:TSO‐C119c;TAWS:TSO‐C151c;GPWS:TSO‐C92c。

4.2　告警管理

4.2.1　背景

定义和使用告警理念可以帮助实现和保持呈现警告、戒备和咨询方式的一致性。告警的优先权增加了告警呈现的一致性,并且可以帮助飞行机组理解不同告警的重要性和紧迫。当对告警进行优先级区分时,应该考虑所需响应的速度、响应的紧迫度、其他线索的数量以及潜在的失效结果。虽然可能需要中断驾驶员和飞行机组正在进行的任务以提供紧迫的信息,但是告警抑制会使驾驶员发生分神的情况最小化。例如,常规信息可以先被存储,并在合适的时间呈现,从而不会干扰飞行机组完成其他重要的任务。

4.2.2　局方管理条例和指导性资料

4.2.2.1　优先权

(1)告警必须基于飞行机组意识和响应的紧迫程度来设定,并遵循以下的优先权级别。[14 CFR 25.1322(b)]

a. 警告:需要飞行机组立即意识和立即响应的情况。

b. 戒备:需要飞行机组立即意识和随后响应的情况。

c. 咨询:需要飞行机组意识和可能需要随后响应的情况。

(2)紧迫度和优先权。建立每个告警状态紧迫度等级(警告、戒备和咨询)的优先顺序,并将告警进行分类以满足 25.1322(b)和 25.1322(c)(1)的要求。如果告警的紧迫度和优先权是与内容相关的,则应该考虑说明的信息内容(例如:与不同告警条件相关的优先权可能取决于飞机的状态、飞行阶段、系统构型等)[AC‐25.1322‐1,5.c.(10)]。

(3)优先权高的告警,也就是紧迫度高的告警应该优先提供给飞行机组。[AC‐25.1322‐1,8]

（4）为了满足预期功能，告警的优先权设定必须基于飞行机组意识的紧迫度和飞行机组响应的紧迫度。这意味着通常在时间上重要的警告应该位于第一位；其他情况下警告第二位，戒备第三位，咨询最后一位。［AC－25.1322－1,8.a.(2)］

（5）对于飞行阶段，可能需要将从较低等级的紧迫度到较高等级的紧迫度的特定告警进行重新分类。此外，告警分类中的优先权也必须考虑。［AC－25.1322－1,8.a.(3)］

（6）应该对每个告警分类的优化方案和基本原理进行记录和评价。［AC－25.1322－1,8.a.(4)］

（7）如果在一个具体的分类中存在多种告警(如多种警告告警或多种戒备告警的情况)，那么应该提供一种方法让飞行机组能够确定最近的或最紧迫的告警。［AC－25.1322－1,8.c.(2)］

（8）当两个或更多的视觉告警同时发生时，申请人必须表明每个告警和相应的优先级容易被飞行机组检测和理解。［AC－25.1322－1,8.c.(1)］

4.2.2.2　告警抑制/禁止

（1）设备必须有与其他外部告警系统交互的能力，使告警的优先权可以自动执行，这就防止了在驾驶舱中出现多个告警系统从而引起多种告警的混淆或混乱。［TSO－C151c,附录1,4.10］

（2）在最终操作阶段，对仪表进近或复飞安全性不重要的警告、通告和信息应该抑制。［TSO－C146c/RTCA/DO－229D,2.2.1.1.5］

（3）提供多种动力参数的显示应该设计成任何参数、显示或告警都不会抑制其他也需要飞行机组立即响应的显示或告警，飞行机组的立即意识对进行飞机和发动机的安全操作是必需的。会引起其他显示或告警激活的告警情况应该用一种特定的方式和格式呈现，以保证所有重要的危险状态和所需的机组动作能够被合理识别和优化。［AC－23.1311－1C,9.3.c］

（4）必须设计告警抑制功能以防止告警的呈现方式对特定的运行阶段不合适或不必要，告警抑制也可以用来管理多种告警条件的优先权。告警抑制与清除或禁止一个已经显示的告警是不同的。［AC－25.1322－1,8.d.(1)］。

（5）在以下条件中应该使用告警抑制：［AC－25.1322－1,8.d.(2)］

a. 如果飞行机组被告警分神或响应告警可能引起危险的情况。

b. 当告警提供不必需的信息或飞机条件意识的情况。

c. 当多重告警组合成一个较高等级的告警的情况。

（6）告警可以通过告警系统自动或由飞行机组手动进行抑制。［AC－25.1322－1,8.d.(3)］

（7）对告警系统不能识别的运行条件，应该向飞行机组提供抑制潜在告警的方式。这种潜在告警是一种可预期的具体操作的结果(如防止不同着陆襟翼设置的着陆构型告警)。一旦执行了告警抑制，那么应该有明确和正确的指示表明飞行机

组手动抑制了告警。[AC-25.1322-1,8.d.(4)]

（8）从当前的警告、戒备和咨询显示中清除视觉告警信息以允许飞行机组移除潜在的诱发分神的来源，并让飞行机组容易检测随后的告警。[AC-25.1322-1，9.a.(1)]

（9）如果信息可以被清除，但是条件仍然存在，那么系统应该提供恢复已经被确认的清除的视觉告警信息的能力。[AC-25.1322-1,9.a.(1)]

（10）应该通过显示上明确的指示或者通过正常的飞行机组程序来提供告警的识别。[AC-25.1322-1,9.a.(2)]

（11）当告警条件不存在时，视觉告警信息必须从显示上移除。[AC-25.1322-1,9.b]

4.2.3　其他推荐

4.2.3.1　告警抑制/禁止

（1）警告应该持续显示（视觉或听觉）直到进行了合适的动作、告警条件不存在或告警被手动关闭为止。[NAWCADPAX-96-268-TM]

（2）应该提供驾驶员取消告警的方式。听觉告警应该能够关闭且不会影响视觉信息。[DOT-VNTSC-FAA-95-7]

4.2.4　简要案例说明

对告警的优先级进行区分时，可以使用以下两种方式：一种方式是根据重要性对告警进行分类，例如警告、戒备和咨询；另一种方式是根据重要性对告警进行排序，从而当多个告警同时出现时，紧迫度更高的告警优先出现，并抑制紧迫度较低的告警。驾驶员响应警告信息的时间为8～11秒，其中2～3秒处理视觉或听觉警告信息；5～6秒确定合适的响应；1～2秒执行响应。

4.3　告警功能元素——警告、戒备和咨询

4.3.1　背景

告警的目的是吸引飞行机组的注意力以及指示需要飞行机组和/或驾驶员意识的具体飞机运行条件和事件。随着驾驶舱中系统数量的不断增加，警告、戒备和咨询的数量也在增多。在驾驶舱和飞机编队中不对告警进行标准化可能导致混淆和认知差错。不一致的告警特征会妨碍飞行机组快速地反应告警状态，这是因为机组可能对告警指示的内容和所需要的动作没有信心。此外，如果告警信息不容易理解，那么就难以确定产生告警的系统。

定义和使用告警理念可以帮助达到和保持呈现警告、戒备和咨询的一致性。告警的优先权在告警的呈现中增强了一致性，并且能帮助飞行机组理解不同告警的重要性和紧迫度。在高工作负荷的飞行阶段将重要的告警与不重要的告警进行区分或者抑制不重要的告警可以防止告警的呈现使飞行机组进行更加重要的任务

时分神。当对告警进行优化时，应该考虑所需响应的速度、响应的紧迫度、其他线索的数量以及失效的潜在结果。虽然可能需要将驾驶员和飞行机组从其他正在进行的任务中打断以呈现紧迫的信息，但是抑制告警仍然能够帮助飞行机组将所谓的不适的告警干扰降至最低。例如，日常的信息可能被存储起来并且在合适的时间呈现，从而不会中断飞行机组进行其他重要的任务。

4.3.2 局方管理条例和指导性资料

4.3.2.1 总则

(1) 警告和戒备告警必须：［14 CFR 25.1322(c)］

a. 当需要时，在每个分类内进行优先化区分。

b. 通过至少两种不同的感知方式，包括听觉、视觉或者触觉指示，来提供及时的集中注意力的提示。

c. 允许 b.中的每种集中注意力的提示的出现能够被认识和抑制，除非它们被要求持续。

(2) 为了帮助飞行机组意识和及时动作，应该向飞行机组提供需要驾驶员的额外技巧或自动驾驶仪断开(如明显的配平失效情况)后手动控制的合适告警(通常为戒备或警告)。［AC‐25.1329‐1B,45.d.(2)］

(3) 当飞行机组成员在正常和高工作负荷条件下进行任务时，激活戒备和警告灯应该能够容易地获取合适的机组成员的注意力。［AC‐27‐1B,AC‐27.3122b(9);AC‐29‐2C,AC‐29.1322a(12)］

(4) 在飞机飞行手册、补充飞机飞行手册和标牌中包含警告、戒备和通告信息完整的列表。如果制造商的驾驶员操作指南是充分的、可接受的，那么应该加入飞机飞行手册或者在补充飞机飞行手册中作为参考文献以满足本要求。［AC‐23.1311‐1C,22.8］

(5) 告警中的功能性元素和警告、戒备的信息功能必须提供及时的集中注意力的提示，从而通过至少两种感知方式引起飞行机组的立即意识。［AC‐23.1311‐1,6］

(6) 对主警告告警和主戒备告警分别提供一个独特的告警音。［AC‐25.1322‐1,附录 2,2.c.(2)］

4.3.2.2 警告

(1) 必须提供警告信息，向机组指出系统的不安全工作情况并能使机组采取适当的纠正动作。系统、控制器件和有关的监控与警告装置的设计必须尽量减少可能增加危险的机组失误。［CCAR‐25.1309(c),CCAR‐29.1309(c)］

(2) 警告告警。告警功能元素的组合用来符合 25.1322(c)(2)(两种感知方式的要求)。典型的警告告警(不包括时间紧迫度高的警告告警)的元素组合如下所示：［AC‐25.1322‐1,6.a］

a. 主视觉告警、视觉告警信息以及主听觉告警。

　　b. 主视觉告警、视界告警信息以及语音告警信息或独特的告警音。

　　注 1：主听觉告警应该优先于语音告警信息。[AC－25.1322－1,6.a]

　　注 2：触觉告警可以与视觉或听觉告警组合使用，以满足 25.1322 中所要求的两种不同感知方式的组合。[AC－25.1322－1,6.a]

　　（3）设计应该减少可能导致额外危害的机组潜在差错。申请人应该评估飞行机组对告警条件不合适响应的结果。应该对告警可能存在的任意误解进行检查以评价其潜在的额外危害，评价应该也包括对机组反馈的充分性评价；定性评价应该用来补充和验证对驾驶员响应的分析；这些评价也应该包括使用有代表性的驾驶员数量进行足够的试验以保证可接受的响应解释。[PS－ACE 100－2001,附录 A]

　　（4）提供的警告、戒备或者告警信号不会与其他的驾驶舱视觉或者听觉显示相混淆是很重要的；同时帮助飞行机组确定问题的根源和帮助他们采用合适的校正动作也是很重要的。此外，还必须有对动作结果立即且有效的反馈。如果使用听觉告警，那么驾驶员必须能够将其与其他的听觉告警区分开；如果使用多种相似的声音，则会增加驾驶员任务的难度和他们的工作负荷。因此，谨慎使用听觉告警是很重要的。[PS－ACE 100－2001,附录 A]

　　（5）威胁应该在导航显示（ND）上触发一个自动弹出的咨询以及一个合适的显示和听觉告警。随后较高优先权的告警可能覆盖视觉显示，但是听觉告警应该在另一个相同优先级的听觉告警或者紧迫度较低的听觉告警开始之前结束。[AC－23.1311－1C,18.5]

　　（6）其他的功能，例如检查单、天气和扩展的系统信息，应该只在由飞行机组选择时或者当飞行阶段显示时出现。[AC－23.1311－1C,18.5]

　　（7）主视觉和听觉告警。如果其他视觉和听觉方式提供更加急迫的注意力获取特征，那么主视觉和主听觉告警就有可能不能保证。如果使用主听觉告警和/或主视觉告警，那么告警应该能够吸引飞行机组的注意力，并且帮助进行所需的飞行机组响应，同时不会让飞行机组从时间紧迫度高的任务中分神。[AC－25.1311－1,6.c]

　　4.3.2.3　时间紧迫度高的警告

　　（1）有些警告可能在时间上对飞机的安全运行是紧迫度高的，而通常的告警，如主视觉告警和主听觉告警可能不能向飞行机组提供立即的具体告警条件的意识。在这样的情况下，具体告警条件的警告元素应该使飞行机组能够立即意识而不需要其他的驾驶舱指示参考。时间紧迫度高的警告包括反应式风切变和近地告警等。[AC－25.1322－1,6.b]

　　（2）时间紧迫度高的警告的告警元素应该包括：[AC－25.1322－1,6.b]

　　a. 对每个告警条件，都有独特的语音信息和/或独特的声音。

　　b. 对每个告警条件，在每名驾驶员主视界内都有独特的视觉告警信息。

(3) 与时间紧迫度高的警告(如失速警告)和戒备相关的独特声音应该重复指示并且直到告警状态不存在后才消失,除非声音会干扰飞行机组响应告警状态的能力。[AC-25.1322-1,附录2,2.d.(5)]

(4) 时间紧迫度高的相应的视觉和听觉告警信息应该一致。[AC-25.1322-1,附录1,3.b.(1)]

(5) 时间紧迫度高的警告视觉信息可以用文本信息呈现(如"风切变")。特定的时间紧迫度高的警告信息例如导航,可以用图形方式呈现。[AC-25.1322-1,附录1,3.b.(2)]

(6) 如果告警是时间紧迫度高的,并且共享一个专用的显示区域,那么告警必须有最高的告警优先级以满足预期的功能。[AC-25.1322-1,8.c.(2)]

(7) 时间紧迫度高的警告的文本信息和图形信息必须是红色的。当在单色显示上呈现时间紧迫度高的警告时,必须使用其他的图形编码方式。[AC-25.1322-1,附录1,3.b.(3)]

(8) 当完成校正动作后,告警条件不存在时,信息必须移除。[AC-25.1322-1,附录1,3.b.(4)]

(9) 为了立即获取飞行机组的注意力,并且改善他们响应时间紧迫度不高的警告的习惯模式,推荐对时间紧迫度高的警告使用至少 2 平方度的视角。[AC-25.1322-1,附录1,3.c]

4.3.2.4 主视觉告警、通告和咨询

(1) 按照 AC-25.1322-1 中段 5 和段 6 的要求来确定增加的系统特征是否需要激活飞机主视觉告警。[AC-25.1322-1,14.b]

(2) 如果需要提供立即意识和充分的注意力获取特征,那么在每名驾驶员的主视界内呈现的独特的视觉告警信息在主视界上告警的位置是可接受的。但是,听觉告警,例如听觉命令"Pull Up"或者其他的感知线索,也需要满足 25.1322(c)(2)中的要求。[AC-25.1322-1,6.c]

(3) 以下情况主视界告警应该出现:[AC-25.1322-1,附录1,1.b.(1)]

a. 发生在适合告警条件和期望响应的时候。

b. 与其相关的主听觉告警或独特的声音,以及视觉告警信息同时发生。主视觉告警和相关的主听觉告警或者独特的声音与视觉告警信息之间任意的延迟不应该造成飞行机组分神或混淆。

c. 在每名驾驶员位置上同时发生(警告/戒备)。

(4) 主视觉告警应该持续到飞行机组手动取消或者当告警情况不存在时自动消失。[AC-25.1322-1,附录1,1.b.(2)]

(5) 在主视觉告警消失之后,告警机制应该自动重置以告知随后的失效状态。[AC-25.1322-1,附录1,1.b.(3)]

(6) 除颜色之外,可以使用稳定的状态或闪烁的主视觉警告以及其他的方式提

供主动的注意力获取特征。如果使用闪烁,那么所有的主视觉告警应该保持同步以避免不必要的分神情况发生。[AC-25.1322-1,附录1,1.c]

(7) 主视觉告警应该在所有外界光线条件下都有足够的亮度获取飞行机组的注意力。[AC-25.1322-1,附录1,1.d.(1)]

(8) 除非在所有外界光线条件下,否则不应该提供手动调暗,最小的设定应该能够确保保证足够的注意力。[AC-25.1322-1,附录1,1.d.(2)]

(9) 设计的所有字符类型、大小、字体和显示背景,都应该使得告警在每名驾驶员的位置上易读和可理解。这些元素应该提供适合的注意力获取特征。[AC-25.1322-1,附录1,1.e.(1)]

(10) 推荐告警应该至少有1°的视觉对向。[AC-25.1322-1,附录1,1.e.(2)]

(11) 除了警告或戒备条件[如空中交通控制(ATC)数据链告警]以外的主视觉告警必须满足25.1322(f)的要求,同时遵循AC-25.1322-1的指南。推荐使用除了红色、琥珀色或黄色之外的颜色来显示。[AC-25.1322-1,附录1,1.f.(2)]

4.3.2.5　主听觉告警、通告和指示

(1) 不管飞行机组是否佩戴耳机,听觉告警都必须让飞行机组在最差的(外界噪声)飞行条件下能够听见。听觉告警不应该太响或者是侵入式的,从而避免干扰飞行机组进行所需的操作。[AC-25.1322-1,附录2,2.b.(1)]

(2) 如果驾驶舱噪声等级逐渐增加,那么通过调整(手动或者自动)获得的最小音量应该足够保证能让飞行机组听到。[AC-25.1322-1,附录2,2.b.(2)]

(3) 推荐使用自动音量控制功能以保持可接受的信噪比。[AC-25.1322-1,附录2,2.b.(3)]

(4) 为了使得遮蔽最小化,告警与外界背景噪声应该使用不同的频率。[AC-25.1322-1,附录2,2.a.(3)]

(5) 不推荐对咨询告警使用主听觉告警,因为咨询告警不需要飞行机组立即响应。[AC-25.1322-1,附录2,2.c.(3)]

(6) 推荐为听觉告警或者独特声音增加开始和关闭时的缓冲,以避免对飞行机组造成意外的惊吓。[AC-25.1322-1,附录2,2.d.(2)]

a. 持续20~30毫秒的开始和关闭是可接受的。

b. 开始的音量等级高于外界噪声20~30 dB是可接受的。

(7) 对听觉信号使用200~4 500 Hz的频率。[AC-25.1322-1,附录2,2.a.(1)]

(8) 每个声音应该与其他的声音在至少两个特征上(频率、调制、顺序、强度)保持不同,从而使每个声音都能够容易地与其他声音区分开。[AC-25.1322-1,附录2,1.b]

(9) 听觉信号应该至少包含两种不同的频率;只由一种频率构成的听觉信号应该包含不同的特征。[AC-25.1322-1,附录2,2.a.(2)]

（10）主听觉告警和独特声音的信号持续时间应该根据告警的紧迫度等级和所需响应的类型来决定。［AC－25.1322－1,附录2,2.d.(4)］

（11）根据飞行机组从每个告警和声音获取信息的能力来限制不同主听觉告警和独特声音的数量。不同的研究有不同的结果,一般认为独特声音的数量应该小于10个。［AC－25.1322－1,附录2,2.c.(1)］

（12）主听觉告警或者独特声音应该出现在适合告警条件和需要响应的时候。主听觉告警或独特声音与相应的视觉告警之间任意的延迟都不应该造成飞行机组分神或混淆。［AC－25.1322－1,附录2,2.d.(1)］

（13）如果提供不止一种主听觉告警或者独特的声音,那么对相同条件的主听觉告警或者独特的声音应该在每名驾驶员位置上同时出现。任何的时间差异都不应该造成分神的情况,也不应该干扰对听觉告警或者独特声音的识别。［AC－25.1322－1,附录2,2.d.(3)］

（14）如果飞行机组需要持续意识到条件仍然存在,那么对应的警告和戒备的独特声音应该重复且不能取消,以支持他们进行校正动作。必须遵循25.1303(c)(1)和25.729(e)中列出的听觉警告要求。［AC－25.1322－1,附录2,2.d.(7)］

（15）如果飞行机组不需要持续意识的听觉指示条件仍然存在,那么与警告和戒备相关的独特声音不应该重复。［AC－25.1322－1,附录2,2.d.(8)］

（16）与警告和戒备不相关的独特声音［如特定的咨询、高度告警或选择呼叫(SELCAL)］应该限制其持续时间。［AC－25.1322－1,附录2,2.d.(9)］

（17）如果飞行机组需要持续意识的条件仍然存在,那么主听觉警告和戒备应该重复并且不能取消,以支持他们进行校正动作。必须遵循25.729(e)中听觉警告要求。［AC－25.1322－1,附录2,2.d.(10)］

（18）主听觉警告和戒备应该不断重复直到飞行机组已经了解警告条件或者警告条件不再存在为止。［AC－25.1322－1,附录2,2.d.(11)］

（19）对于时间紧迫度高的警告,使用语音信息指示需要飞行机组立即意识的条件。辅助的注意力获取感知提示例如视觉提示,也是需要的。［AC－25.1322－1,附录2,3］

4.3.2.6　戒备

（1）用作戒备的告警元素通常与警告的元素相同,都需要飞行机组立即意识。［AC－25.1322－1,6.d.(1)］

（2）有些戒备告警与潜在的时间紧迫度高的条件是相关的,在这样的情况下,对应戒备的告警系统元素应该与时间紧迫度高的警告的元素保持一致。［AC－25.1322－1,6.d.(2)］

（3）为了保证驾驶员可以合适地理解系统状态,戒备的通告方式应该保持一致。［AC－23.1311－1C,18.2］

（4）对于戒备告警,如果飞行机组不需要持续意识的听觉指示条件仍然存在,

那么主听觉告警和独特声音应该重复一次,然后自动取消。[AC-25.1322-1,附录2,2.e.(1)]

(5) 如果具体的声音与咨询告警相对应,那么应该重复一次,然后自动取消。[AC-25.1322-1,附录2,2.e.(2)]

(6) 应该提供取消听觉告警的响应方式。[AC-25.1322-1,附录2,2.e.(3)]

(7) 当没有声音时,听觉告警应该自动重新装载;但是如果在驾驶员前方视界内有清楚和正确的听觉告警通告,手动重新装载也是可接受的。[AC-25.1322-1,附录2,2.e.(4)]

4.3.2.7　咨询

(1) 咨询告警的功能性元素不需要飞行机组立即意识,通常通过单一的感官提供。[AC-25.1322-1,6]

(2) 咨询的告警和信息功能元素必须满足25.1322中的要求,并且应该包含视觉信息。咨询信息应该位于飞行机组周期性扫视信息的区域内。[AC-25.1322-1,6.e.(1)]

(3) 咨询信息不需要飞行机组立即意识,因此,咨询信息不需要使用两种感官组合的告警。此外,通常不使用主视觉告警或主听觉告警,因此不需要飞行机组立即意识。[AC-25.1322-1,6.e.(2)]

(4) 听觉或视觉信息如维护消息、信息消息以及其他不需要告警条件的状态消息可以呈现给飞行机组,但是信息的呈现不应该干扰告警的功能和使用。[AC-25.1322-1,6.e.(3)]

(5) 不推荐对咨询使用主听觉告警,因为咨询告警不需要飞行机组立即注意。[AC-25.1322-1,附录2,2.c.(3)]

4.3.3　其他推荐

听觉信号应该对运行状态是独特的,且能够区分警告、戒备和咨询。[MIL-STD-1472G]

4.3.4　简要案例说明

TSO-C151c,地形意识和警告系统(TWAS),对 A 类 TWAS 设备提供的告警优先权方案如表4.2所示。

表 4.2　对 A 类 TWAS 设备提供的告警优先权方案①

优先次序	描　　述	等　　级	评　　注
1	反应式风切变警告	W②	
2	下沉率拉升警告	W	持续
3	过度靠近拉升警告	W	持续

（续表）

优先次序	描 述	等 级	评 注
4	RTC 地形警告	W	
5	大声喊出 V_1	I②	
6	大声喊出发动机失效	W	
7	FLTA 拉升警告	W	持续
8	PWS 警告	W	
9	RTC 地形戒备	C②	持续
10	最低限	I	
11	FLTA 戒备	C	7 秒
12	地形太低	C	
13	PDA 戒备	C	
14	大声喊出高度	I	
15	起落架太低	C	
16	襟翼太低	C	
17	下沉率	C	
18	不下沉	C	
19	"下滑道"	C	3 秒
20	PWS 戒备	C	
21	接近最低限	I	
22	倾斜角	C	
23	反应式风切变戒备	C	
模式 6	TCAS RA	W	持续
模式 6	TCAS TA	C	持续

① 告警与 TAWS 语音告警同时出现。
② W=警告，C=戒备，I=非告警信息。

4.4 告警功能元素——消息

4.4.1 背景

容易解释和提供足够信息的消息有助于保证驾驶员理解消息并且以合适的方式响应消息。如果消息不明确，那么驾驶员需要参考飞行手册以确定消息的含义。在一些情况下，驾驶员需要记住消息的含义。

之所以提供存储消息的视觉指示以及恢复消息的能力可以减少驾驶员和飞行机组的记忆负荷,是因为不能期望驾驶员和飞行机组正确地记住每一个消息。显示的可用区域以及显示其他重要信息所需的空间限制了消息的数量以及每条消息的大小。因此,在消息序列中或者在相同的时间内,在给定的显示页面上观察所有的消息可能是不可行的,特别是在如果警告消息不能显示或者驾驶员不能恢复视觉外的消息的情况下。

语音消息可以使用计算机合成语音,这种语音听起来与真实的人声相仿。这在区分语音消息和其他驾驶舱语音通信方面有帮助,但是理解合成语音消息可能有所困难,因此对比于自然声音生成的消息,理解合成语音需要更多的努力和工作负荷。

语音消息可以直接传递信息,而不需要驾驶员理解听觉声音以确定信号的来源或者观察视觉显示,提供的语音消息应该包含合适的信息。当需要快速的方式传递复杂的信息;当信息可以通过简洁的消息进行传递;当信号的含义是固有的以及如果消息在随后并不需要时,语言显示是有帮助的。但是,语音消息具有与听觉显示相同的缺点,例如很多不同的声音和/或语音会令人讨厌,可能会引起注意力分散,并且增加工作负荷。此外,理解语音消息比直接从视觉显示上阅读消息需要花费更多的时间,消息不容易恢复,且驾驶员只能记住有限数量的语音消息。

4.4.2 局方管理条例和指导性资料

4.4.2.1 总则

(1)听觉或视觉信息如维护消息、信息消息以及其他不需要告警条件的状态消息可以呈现给飞行机组,但是信息的呈现不应该干扰告警功能的使用。[AC-25.1322-1,6.e.(3)]

(2)所有当前消息应该是可恢复的。[TSO-C146c/RTCA/DO-229D,2.2.1.1.5.2]

(3)对任意给定的消息,整个文本应该在单一页面可用的空间里显示,推荐使用简洁和准确的消息,使用额外的信息行提供告警消息也是可接受的。[AC-25.1322-1,附录1,2.b.(3)]

4.4.2.2 消息优先级

(1)应该对消息的优先级进行区分,并且对消息的优先级方案进行评价和记录。[AC-120-76B,12.k]

(2)消息应该根据紧迫度进行分类,并按照先后顺序在每类中列出。[TSO-C146c/RTCA/DO-229D,2.2.1.1.5.2]

(3)在紧迫性等级中,消息应该以逻辑的方式显示。[AC-25-11A,31.f.(3)(a)]

(4)除了当前显示的消息之外,如果还有其他的消息在队列中没有显示,则应

该有指示告知还存在其他的消息。[AC－25－11A,31.f.(3)(a)]

(5) 应该提供指示以识别新的消息,当有消息时设备也应该指示。[TSO－C146c/RTCA/DO－229D,2.2.1.1.5.2]

4.4.2.3 消息显示和格式

(1) 文本自身的改变不应该作为注意力获取的提示(如通告模式变化)。[AC－25－11A,31.f.(3)(b)]

(2) 当其他信息(如页面)可用时,设备应该提供指示。[TSO－C146c/RTCA/DO－229D,2.2.1.1.4.1]

4.4.3 其他推荐

4.4.3.1 总则

(1) 来自多个系统的消息应该进行综合,以提供相同的内容。

(2) 新消息应该与之前的消息进行区分。

(3) 尽量使用简短、简单的句子。[ESD－TR－86－278]

(4) 使用肯定语气,而不是否定语气。[ESD－TR－86－278]

(5) 当消息描述事件或步骤序列时,消息的措辞也应该遵循该序列。[ESD－TR－86－278]

4.4.3.2 消息优先级

新的消息不应该自动覆盖当前显示的消息。[RTCA/DO－256,2.1.7.1]

4.4.3.3 消息队列

(1) 消息队列显示应该指示待处理消息的数量。[RTCA/DO－256,2.1.7.1]

(2) 如果所有待处理的消息都未显示,则应该发出信息告知驾驶员消息队列中有待处理消息存在。[RTCA/DO－256,2.1.7.1]

4.4.3.4 消息显示和格式

(1) 消息数据应该以直接的方式使用。如果要求高度的单位为米或英尺,那么这两种数值都应该提供,而不需要驾驶员进行数据转换。[N8110－98]

(2) 文本的行与行之间应该有间隔或其他自然分隔符。[RTCA/DO－256,2.1.7.2]

(3) 如果完整的消息不能在一个页面内显示,那么应该有指示告知驾驶员这一情况。[RTCA/DO－256,2.1.7.2]

(4) 消息显示应该以统一的尺寸、字符和符号呈现所有的消息文本和参数,使得飞行机组能够处理和理解所有的消息内容。[RTCA/DO－256,2.1.7.2]

(5) 如果驾驶舱中有多种显示可用,那么在所有的显示上呈现的消息应该使用统一的格式。[RTCA/DO－256,2.1.7.2]

4.4.3.5 消息的构成和响应

(1) 如果消息需要数据输入,那么系统应该在将消息传递给驾驶员之前,提供

所有消息的预览。[RTCA/DO‐256,2.1.7.3]

(2)系统应该支持驾驶员对消息的编辑使用,包括驾驶员对初始消息中参数值的输入和更正。[RTCA/DO‐256,2.1.7.3]

(3)对于需要驾驶员响应的消息,系统应该根据响应属性指示合适的响应选择集合。[RTCA/DO‐256,2.1.7.3]

(4)对于需要驾驶员响应的消息,系统应该标注合适的响应选择集合,例如:WILCO,UNABLE,STANDBY。[RTCA/DO‐256,2.1.7.3]

4.4.3.6 消息状态

(1)应该提供指示以识别新的消息,当有消息时,设备也应该进行指示。[TSO‐C146c/RTCA/DO‐229D,2.2.1.1.5.2]

(2)应该呈现一个主动的指示以描述差错和失效的消息状态。[RTCA/DO‐256,2.1.7.4]

(3)系统应该向驾驶员保持和清楚地显示消息状态信息,包括但不限于消息是否待处理、接受或拒绝。[RTCA/DO‐256,2.1.7.4]

4.4.3.7 消息历史

(1)系统应该提供消息的历史记录能力以存储、取消和显示已经接收和发送的消息。[RTCA/DO‐256,2.1.7.5]

(2)显示过的历史消息应该能够与待处理和当前打开的消息进行区分。[RTCA/DO‐256,2.1.7.5]

(3)消息的显示时间应该根据消息发送的时间决定。[RTCA/DO‐256,2.1.7.5]

(4)历史记录数据应该通过视觉编码的方式清楚标注,以防止机组将其理解为新的信息。[RTCA/DO‐256,2.1.7.5]

4.4.3.8 语音消息

(1)为了保持语音告警的有效性,应该限制语音信息作为告警元素的使用。[DOT‐VNTSC‐FAA‐95‐7]

(2)语音信息应该可识别,例如,使机组成员在第一次听见消息时,就能够正确理解。[NAWCADPAX‐96‐268‐TM]

(3)每个语音消息都应该具有与众不同的特征,例如音高、语调、声响等。[DOT‐VNTSC‐FAA‐95‐7]

(4)语音消息应该以单音变化呈现,以防止影响紧迫的声音消息的效果。[FAA‐RD‐80‐68]

(5)语音消息应该比外界噪声等级高 15 dB。[DOT‐VNTSC‐FAA‐95‐7]

(6)如果语音信息用作多种功能,那么告警音应该能够将警告信息与通常的听觉消息进行区分。

(7)每个消息应该只使用驾驶员熟悉的词语,而避免使用术语。[DOT‐

VNTSC‑FAA‑95‑7]

（8）与其他词语押韵的词语用在同样的环境中时，应该避免引起误解。[DOT‑VNTSC‑FAA‑95‑7]

（9）应该使用音标字母呈现字母信息以区分相似发音的字母，例如"B"和"D"或者"M"和"N"。[NAWCADPAX‑96‑268‑TM]

（10）语音消息的语速应该大约为一分钟 156 个词，语速不应该高于一分钟 178 个词，也不应该少于一分钟 123 个词。[DOT‑VNTSC‑FAA‑95‑7]

4.4.4　简要案例说明

为了让语音消息可以区分，设计人员需要考虑每个消息或信息分类用不同语音、不同的语速或者对消息使用独特的听觉信号。但是，必须意识到人能够处理可区分信号的数量和能力是有限的。

4.5　告警功能元素——通告

4.5.1　背景

CCAR‑25.1329 和相关的咨询通告出自一系列的系统报告，特别是自动驾驶仪系统，但是变化模式并不足以指示飞行机组。虽然在很多情况下用通告器的指示灯来表明当前的模式，但是指示并不总能明确给出其他正在进行的任务和活动。模式变化可能导致飞行机组预期的飞机行为与飞机真实的状态之间存在差异，如果飞行机组不能对这些变化保持足够的注意力，那么安全性会受到影响，这是因为飞行机组仍然在按照未发生变化的模式进行操作。自动的模式变化（可能不是由于飞行机组的动作，而是由于预先制订的指示或超过限制的重要的飞行参数）特别容易被忽视。

全球定位系统 GPS 导航/通信中一个通常的模式意识问题是如何区分驱动主航线偏离指示器（CDI）的模式。在一种模式中（显示"GPS"模式），CDI 从 RNAV/GPS 卫星导航数据中确定位置信息；这种模式通过显示"GPS"进行指示；在另一种模式中（显示"VOR"或者"VLOC"），CDI 从其高频全向信标 VOR、信标或下滑道中确定位置信息。这种模式变化是细微的，可能不会被驾驶员发现，所以保证通告模式合适和容易理解是很重要的。

4.5.2　局方管理条例和指导性资料

4.5.2.1　总则

只在特定的条件下，使用显示选择控制位置作为通告是可接受的。对于飞行指引仪，如果控制位置有效地标注功能，那么是可接受的。控制的位置应该能够让驾驶员直接观察，并且控制位置应该在所有灯光条件下都是明显的。[AC‑23.1311‑1C,18.1]

4.5.2.2　多重系统构型

当对来源选择有多重系统构型以及超过一个传感器输入时,通过通告或者通过选择器开关位置选择的构型应该容易看见、可读并且应该不会对驾驶员使用系统造成误导。模式和来源选择通告器的标注应该在驾驶舱中保持一致。[AC-23.1311-1C,18.2]

4.5.2.3　模式通告

(1) 当向系统的状态或模式提供通告时,推荐通告指示真实的系统状态而不仅仅是位置或开关选择。[AC-25-11A,31.f.(1)(b)]

(2) 飞行导引系统功能、控制、指示和告警必须通过合适的设计,使得与飞行导引系统的行为和操作相关的飞行机组产生的差错和混淆最少。必须提供方式指示运行的当前模式,包括装备的模式、转换和恢复。选择器开关位置不是一种可接受的指示方式。控制和指示必须以一种符合逻辑的和一致的方式组合和呈现。在所有预期的灯光条件下,指示必须让每名驾驶员都能看见。[14 CFR 25.1329(i)]

(3) 与操作相关的模式变化,特别是模式恢复以及持续的速度保护,应该明确和主动地进行通告以保证飞行机组意识到。[AC-25.1329-1B,44.d.(1)]

(4) 从装备的模式转换到使用的模式应该提供额外的注意力获取特征,例如在电子显示中使用合适的、短时间内的(如10秒)框形和闪烁去支持飞行机组意识到。模式变化的听觉指示应该限制在特定条件下使用。[AC-25.1329-1B,44.d.(2)]

(5) 服役经验表明单独的模式通告不足以告知飞行机组模式的变化,特别是在较高工作负荷的情况下,因此,应该考虑飞行机组没有意识到模式变化所产生的安全性后果。如果需要,那么应该使用合适的告警。[AC-25.1329-1B,44.d.(3)]

(6) 提供给飞行机组的模式信息应该具有足够的细节,从而使飞行机组可以清楚地确定他们与飞行导航系统交互的结果。当飞行导航系统与驾驶员的直接命令(如目标高度或速度设定)或者与驾驶员预先设定的命令(如经过的航路点)发生偏差时,飞行导航系统界面应该提供及时、主动的指示。当与驾驶员初始命令存在差异或冲突时,界面也应该提供清楚的指示,例如当驾驶员使用正向垂直速度,然后又选择一个低于飞机高度的高度的情况。飞行导航系统默认的动作应该是明显的。[AC-25.1329-1B,44.d.(4)]

(7) 如果呈现超过一个导弹来源的信息,那么选择的来源应该持续向驾驶员提供指示;如果多重来源同时呈现,那么显示应该明确地指示每个来源提供了怎样的信息,以及哪一个信息被用作导航。一些飞机安装了自动驾驶仪和/或飞行指引加上了横向和垂直的导航系统,在这些飞机上,自动驾驶仪和/或飞行指引的输入应该与主飞行显示或主导航显示上选择的导航来源保持一致。[AC-23.1311-1C,10.2(b)]

(8) 以下的设计考虑适用于与操作相关的系统行为以及系统操作的模式:[AC-25.1302-1,5-6.c.(3)(b)]

a. 设计应该简洁。

b. 模式通告应该清楚、明确。例如,飞行机组的模式使用或装备应该产生充分的通告、指示或显示反馈,从而让飞行机组意识到对他们行为的影响。此外,飞机从一种运行模式到另外一种模式的改变而导致的任意模式变化都应该清楚、明确地被通告,并且反馈给飞行机组。

c. 模式的装备、使用和取消选择的方式均应该可以获得并且可使用。例如,飞行机组装备、使用、取消装备或者取消使用自动驾驶仪模式所需的动作不应该取决于系统所处的模式。对每种模式使用不同的飞行机组动作可能导致差错,飞行导引系统模式中特定的导引参考 AC - 25.1329 - 1B。

d. 非命令的模式变化和恢复应该具有足够的通告、指示或显示信息以提供系统使用或者装备模式的非命令变化的意识。

e. 当前的模式应该在所有时候保持显示和可识别。

4.5.3 其他推荐

4.5.3.1 模式通告

(1) 如果系统有能力在不同的模式中(如维护模式)运行,那么系统应该持续指示其所处的运行模式。[RTCA/DO - 256,2.1.5]

(2) 系统进入界面时应该指示预期输入数据的类型和格式,包括指示数据段是强制的还是可选择的。[RTCA/DO - 256,2.1.5]

(3) 模式选择或模式通告指示应该清楚、明确以防止模式混淆。[DOT/FAA/CT - 03/05 HF - STD - 001]

4.5.4 简要案例说明

主飞行显示(PFD)的飞行模式通告器位于驾驶员的主视界内。模式通告器分解到不同的列或部分中,波音公司的飞机通常显示 3 列,空客公司的飞机显示 5 列。显示的信息包括自动推力/自动油门模式、横向模式以及垂直模式。额外的自动驾驶仪状态信息显示在飞行模式通告器下方或者在另外一列中。顶部那行指示当前使用的模式,当模式接通时,在模式状态的周围会出现一个框形,该框形持续 10 秒。在当前模式指示的下方,如果出现装备模式或者自动化依据飞行计划将会转换到下一模式,那么需要出现指示。

一些航空公司采用提升监视能力的程序,特别是对自动驾驶仪系统,来进行通告。一个程序通过缩写 CAMI 进行描述:确认(Confirm)其他驾驶员在空中(或者在地面上)对飞行管理系统 FMS 的输入;激活(Active)输入;监视(Monitor)模式通告以保证自动驾驶仪系统正常运行,以及必要时进行干预(Intervene)。

4.6 告警系统可靠性和完整性

4.6.1 背景

告警会引起注意力分散,同样的会引起注意力分散的显示特征也会将注意力从正在进行的任务中吸引过来。特别是对于听觉告警,可能会干扰驾驶舱的通信,并且会妨碍驾驶员处理其他的任务或者妨碍其他的视觉、听觉信号。错误的和令人讨厌的告警特别容易引起注意力分散;大量的误警(当不需要时出现告警)或者告警提供不正确指示会导致驾驶员不相信系统,从而导致他们对高紧迫性的告警较慢的响应。在极端的情况下,驾驶员可能在确定是否存在危险的条件之前就抑制了告警。

4.6.2 局方管理条例和指导性资料

4.6.2.1 总则

(1) 不管是单独考虑还是与其他系统一起考虑,告警系统都应该满足相关系统安全性标准[例如:25.901(b)(2),25.901(c),以及 25.1309(b)]的安全性目标。告警系统所提供的可靠性和完整性应该与系统功能或者飞机功能相关的安全性目标相一致。[AC-25.1322-1,7.a]

(2) 由于飞行机组告警功能通常是与其他的系统集成在一起的,根据 25.1309 (b)中的要求,告警系统的失效或差错的影响必须独立地或者与其他系统一起进行评估。应该对告警功能以及在交互系统中的失效或者差错的影响进行分析,并特别考虑以避免发生对可能增加飞机危险性告警的错误理解。[AC-25.1322-1,7.c]

(3) 当使用 25.1309(b)对与系统或功能相对应的飞行机组告警进行系统安全性分析时,对系统或者功能的失效以及失效所对应的告警都应该进行评估。应该评估单一(正常或级联模式)失效的影响,包括系统功能的失效以及相对应告警功能的失效。失效定义为:"使得组件、部件或元素不能实现预期功能的事件,包括故障和失效。"因此,在进行安全性分析时,故障和失效情况都应该考虑。[AC-25.1322-1,7.b]

(4) 通过评价在告警系统失效情况下安全性边界的减少来评估告警系统的可靠性。评价应该涉及:[AC-25.1322-1,7.d]

a. 完全丢失告警功能。

b. 故障。

c. 与必须告警的系统条件组合的告警失效或功能。

4.6.2.2 故障/令人讨厌的告警

(1) 应该检测告警系统的完整性,因为当飞行机组评估一个告警时,会影响他们的信任和响应。对给定系统错误或者对令人讨厌的告警单独地评估其可能会导致的具体后果。经常性的错误或令人讨厌的告警会增加飞行机组的工作负荷,从而减少飞行机组对告警系统的信心,并且会影响他们在真实告警情况下的反应。例如,如果将错误或令人讨厌的告警呈现给飞行机组,那么在发生真实告警的时候,飞行机组可能会忽视真实告警的发生。[AC-25.1322-1,7.e]

(2) 告警功能的设计应该使得故障和令人讨厌的告警的影响最小。必须特别

说明的是,告警功能应该设计使得:[14 CFR 25.1322(d)]

a. 防止告警的呈现方式不合适或不是必需的。

b. 提供抑制由告警功能失效引起的告警中注意力获取部分的方式,而不会干扰飞行机组安全操作飞机的能力。这种方式必须不能容易地被飞行机组使用,以免被他们无意地或由于习惯性的响应动作触发。当告警被抑制时,必须有明确的、正确的通告告知飞行机组。

(3) 告警功能或系统的设计应该尽可能避免错误的告警和令人讨厌的告警。当需要时,应向飞行机组提供可靠的告警。[AC-25.1322-1,12]

(4) 使用断路器不是一种可接受的让飞行机组抑制错误告警的主要方式。[AC-25.1322-1,12.e]

(5) 设置告警合适的门限时应该仔细考虑,使得它们不会变成令飞行机组讨厌的告警。[AC-25.1329-1B,45.d.(2)]

4.6.2.3 故障识别

(1) 如果装有能够指出仪表失灵的目视指示器,则该指示器必须在驾驶舱所有可能的照明条件下都有效。[CCAR-23.1321(e),25.1321(e),27.1321(d),29.1321(g)]

(2) 故障旗所使用的颜色应与显示飞行机组告警的颜色相同。在集成的驾驶舱环境中,推荐显示仪表故障旗的颜色与告警系统一致,并作为告警功能的一部分。[AC-25.1322-1,附录1,4]

(3) 故障警告或者指示可以是固定的,也可以是设计在系统中的。在这两种情况下,都应该是及时的、可唤醒的、明显的、清楚的和明确的。当飞机的能力和机组能力仍然能够足以合适地纠正动作时,故障警告或者指示应该说明潜在故障的灾难性后果。[AC-25.1309-1A,8.g.(1)]

(4) 即使操作或者性能不会被故障影响或者影响是不显著的,那么飞行机组必须采取行动或进行预防时或者必须在随后的飞行中进行纠正时,也需要出现警告。[AC-25.1309-1A,8.g.(3)]

(5) 当使用传统模式或者出现故障时,必须提供不正常的系统状态的通告,符合23.1311(a)(7),且显示不能提供令人误解的信息。[AC-23.1311-1C,18.1]

(6) 当显示器从来源接受"数据无效"或"性能降低"的指示时,该条件应该在1秒内在显示上显示器。[TSO-C165/RTCA/DO-257A,2.2.4]

注:[TSO-C165/RTCA/DO-257A,2.2.4]

a. 对垂直剖面显示来说,如果高度的来源失效或性能降低,则高度的数据必须被标记或者从显示上移除。

b. 戒备——一些符合TSO-C129a的全球导航卫星系统(GNSS)接收器不通过数据总线提供指示,这些位置的来源可能在传感器故障后仍然输出之前的位置,这是不可接受的。

4.6.2.4 信号/功能的丢失

（1）如果飞机的定位数据不被显示接受超过5秒（数据超时），那么该状态应该指示给飞行机组。[TSO－C165/RTCA/DO－257A,2.2.4]

（2）如果有激活的飞行计划，而飞行计划数据不被显示接受超过30秒，那么该状态应该指示给飞行机组。[TSO－C165/RTCA/DO－257A,2.2.4]

注：以下状态应该指示给飞行机组：[TSO－C165/RTCA/DO－257A,2.2.4]

a. 该最小值只供根据位置意识的地图显示使用，如果界面特性支持的话，那么推荐激活的飞行计划数据超时时间应小于30秒。

b. 在机场地面上时，地面移动地图不需要有飞行计划信息。本要求不适用于有飞行计划信息的地面移动地图，也不适用于描述滑行路线的地面移动地图。此外，本要求不适用于地面移动地图。

（3）如果出现以下的情况，那么导航戒备的丢失应该在1秒内输出/显示：[TSO－C146c/RTCA/DO－229D,2.2.2.6.3]

a. 缺少动力。

b. 设备故障或失效。

c. 如果计算位置的卫星数量不够，那么条件呈现将持续5秒或更长时间。

d. 当故障检测和故障排除提供完整时（PDE），检测到的位置差错不能在告警的时间内被排除。

注：如果故障被检测到与水平保护等级（HPLFD）相关，那么水平不安全性等级（HUL）可以用来界定错误直到其超过水平告警限制（HAL）。这在大部分时间提供了排除算法以排除故障而不会增加丢失告警的可能性。[TSO－C146c/RTCA/DO－229D,2.2.2.6.3]

（4）故障检测功能应该在以下的告警时间内检测位置故障，检测会导致导航戒备的丢失。[TSO－C146c/RTCA/DO－229D,2.2.2.6.3]

	告警时间
越洋的/远距的	1分钟
在途中的	30秒
终端的	10秒

（5）设备应该能够区分由于导航能力丢失的不同原因，例如，可以提供单一的导航戒备丢失，如果伴随着条件b～d的消息指示告警的原因。空白的显示可以指示条件a。[TSO－C146c/RTCA/DO－229D,2.2.2.6.3]

（6）随着响应条件结束，戒备应该立即恢复到正常状态。[TSO－C146c/RTCA/DO－229D,2.2.2.6.3]

注：导航告警的丢失不需要从导航显示上移除导航信息，而应该考虑当条件保

证时,持续的导航信息和故障/状态通告一起显示。[TSO‐C146c/RTCA/DO‐229D,2.2.2.6.3]

4.6.3　其他推荐

4.6.3.1　故障识别

(1) 应该向飞行机组提供合适的方式指示失效或故障,空白页或者显示上出现"X"是指示故障可接受的方式。[SAE AS 8034B,3.8.1]

(2) 如果飞机自身位置丢失,那么应该明确地描述并立即指示。

(3) 当电源(所需的电压和/或电流)不足以支持显示和/或显示系统正确的操作时,应该提供指示方式,空白页是指示故障可接受的方式。[SAE AS 8034B,3.8.2]

(4) 当发生以下情况时,应该提供告警(Palmer 等,1995):

a. 自动的功能接近保护限制。

b. 当自动化发生故障,不能可靠地、正确地运行时。

4.6.4　简要案例说明

有多种方法帮助驾驶员评估告警的可靠性,一种方式是明确的指示系统设置,使得驾驶员能够保证系统按预期运行;另一种方式是呈现原始数据,使得驾驶员可以理解告警条件出现的原因。在这种情况下,指示丢失的数据或不确定的数据也很重要,因为这样可以让驾驶员理解什么信息是不可靠的;第三种方式是指示告警条件存在的可能性,例如 TCAS 中分等级的告警。

4.7　告警集成

4.7.1　背景

驾驶舱告警技术从独立的灯光发展到基于逻辑的、集成的以及具有优先权的视觉、听觉和触觉的飞行机组告警。"智慧告警"系统能够监视飞机的状态和运行环境,并且在合适的时间提供及时的告警。如果原先的技术有能力接受额外的系统输入,同时如果技术是兼容的,那么这些告警系统可以在现有的飞机中进行改进。

虽然驾驶舱中告警系统的数量在持续增加,但是在这些系统中缺乏集成性。这些告警系统可能是由不同的航空电子制造商开发的独立单元,每个单元可能都在使用不同的告警或者显示理念向飞行机组提供信息。

发动机指示和机组告警系统(EICAS)显示在相同的位置集成警告、戒备、咨询和状态消息。EICAS 提供更加具体的信息告知飞行机组问题/差错的特性而不是视觉或听觉信号,同时,EICAS 使用与警告、戒备和咨询灯相同的颜色显示消息。EICAS 也在不同的飞机系统中(如发动机、电子系统、燃油等)提供状态信息。不同系统的状态信息在显示的左侧呈现,而右侧则用于飞行机组告警。

4.7.2　局方管理条例和指导性资料

4.7.2.1　与其他系统的交互与集成(检查单和气象学)

（1）所有告警通告和指示的颜色必须符合 25.1322(e)中对颜色用法的要求。对所有的告警通告和指示使用一致的用词、位置、颜色和其他共享的属性(如图形编码)。[AC‐25.1322‐1,10.b]

（2）与告警条件相对应的驾驶舱信息显示必须有益于飞行机组识别告警的能力以及确定合适的动作。[AC‐25.1322‐1,10.b]

（3）告警系统传递的信息应该使得飞行机组进行正确的检查单程序,以便于飞行机组进行合适的动作。在所有的情况下,飞机或系统审定测试程序应该验证告警从而提供或指导飞行机组进行正确的程序。[AC‐25.1322‐1,10.c]

（4）如果可以显示多种检查单(如与多重告警相对应的多重检查单),那么飞行机组应该能够容易地选择对每个告警合适的检查单和动作。例如,飞行机组必须能够容易区分检查单的优先级,并根据驾驶员需要先处理的检查单来确定合适的动作。[AC‐25.1322‐1,10.d]

4.7.2.2　改进

（1）现有飞机的系统升级应该与原先飞机飞行机组告警理念相一致。由于系统输入的限制、飞机与所增加系统间不兼容的技术或者经济考虑,现有的告警系统可能不便与其他系统以及相关告警进行集成。[AC‐25.1322‐1,14.a.(2)]

a. 不推荐将新的额外的主视觉功能加入飞行机组告警系统中,如果在现有的主视界功能中不能包含额外的系统和相应的告警,那么就需要安装额外的主视觉功能,并且需要确保不会造成飞行机组认识和响应告警的时间延迟。

b. 新的告警应该尽可能集成到现有的飞行机组告警系统中,如果这些告警不能被集成,那么需要增加单独的通告器或者额外的告警显示系统。

c. 不是所有与故障旗相对应的告警都需要集成到中央告警系统中,但是,对于需要飞行机组立即意识的告警,告警需要满足 25.1322(c)(2)中对注意力获取的要求以及 25.1322 中的其他要求。因此,主视觉或主听觉告警可能不会触发,但是一个注意力获取的听觉或者触觉指示必须与注意力获取视觉故障旗一起出现,以满足 25.1322(a)(1)中注意力获取的要求,该条款要求警告和戒备告警的注意力获取线索至少需要 2 种。

（2）遵循 AC‐25.1322‐1 第 5 段和第 6 段的指南,确定增加的系统特征是否需要激活飞机主视觉告警。[AC‐25.1322‐1,14.b]

（3）使用 AC‐25.1322‐1 中的指南,确定增加的系统是否需要激活听觉告警。[AC‐25.1322‐1,14.c.(1)]

（4）新的听觉告警应该集成到现有的听觉告警系统和功能中。如果不能集成,那么可以安装一个单独的听觉告警系统,在现有的听觉告警与建立的新的听觉告警之间提供优先权方案,使得每个告警都能被认识,并根据告警意识在合适的时间增加告警。在新的和现有的告警集成之后,遵循本 AC 中的指南确定对告警优先权区分的方式。[AC-25.1322-1,14.c.(2)]

(5) 使用本咨询通告中的指南,确定增加的系统是否需要激活触觉告警。[AC-25.1322-1,14.d.(1)]

(6) 如果可行,那么将新的触觉告警加入到现有的听觉告警系统中;如果不可行,那么可以安装独立的触觉告警系统,提供以下的内容,包括:[AC-25.1322-1,14.d.(2)]

a. 应该在现有的触觉告警与新的触觉告警之间建立优先权方案,使得每个告警都能被认识,并且依据告警意识在合适的时间增加告警。在新的和现有的告警集成之后,遵循咨询通告中的指南确定对告警优先权区分的方式。

b. 提供一种方式保证单独的告警可以理解和使用,这可能需要验证任意可能同时出现的告警组合。

4.7.3　简要案例说明

对于飞机上的 EICAS 系统,警告消息使用红色,位于显示的上方,并触发主警告灯和听觉声音;戒备消息使用琥珀色,并结合主警告灯和一系列的声音;咨询消息位于警告和戒备消息的右侧,并伴随其他的视觉或听觉信号。

另一种解决方案是"飞机外部条件的告警和通告"概念。该方案是将告警与相关的飞机外部条件(如地形、交通和天气)集成在一起。在这种概念中,告警集成到主戒备和警告通告面板中,同时消息集成到导航显示中。

4.8　告警符合性证明

4.8.1　背景

对告警功能/分析符合性证明的评价应该根据具体的显示特征(如复杂度,系统集成等级)和产品建立阶段的不同而改变。评价可以作为实验室试验、模拟器或者飞行试验的一部分。AC-25.1322-1 提供的告警系统的具体方面,作为 25 部飞机评价的一部分。

4.8.2　局方管理条例和指导性资料

(1) 文件应该包括分析和试验的结果,并且表明延迟的或者抑制的告警不会对安全性产生负面的影响。[AC-25.1322-1,8.a.(5)]

(2) 当遵循 AC-25.1322-1 中的指南时,记录任意的差异,并提供告警系统设计中所使用的新的或者不常用的特征的基本原理有益于审定评价,因为能够让局方关注与咨询通告不同的系统差异以及新的特征。[AC-25.1322-1,13.b]

(3) 表明符合性的证明和试验活动应该使用质量合格的产品硬件,并在多种光线条件下进行(如前方暗的、亮的条件)。尽管实验室试验的支持数据可以作为补充的飞行试验,但由于其他飞机电子系统对独立的系统有影响,符合性试验仍应该在飞行中进行。[PS-ACE 100-2001-004,附录 A]

(4) 推荐建立计划以确定如何表明条款的符合性,并且记录在审定过程整个生命周期中问题如何被识别、跟踪和解决。同时,推荐让局方在建立程序的初期参与讨论提出的驾驶舱设计和告警理念的可接受性,以及应该向飞行机组提供告警的条件。通常,审定计划用于提出解决方案。[AC-25.1322-1,13.a]

(5) 遵循审定计划,提供对告警系统的评价,在这种情况下,评价是由申请人对告警系统进行的评价,申请人也应该将结果的报告提交给局方。评价根据试验的不同而改变,因为告警系统不需要遵循最终的文件,同时局方也可能不在现场。申请人的评价可以是对符合性的研究方法,但是本身不构成完整的符合性表明。[AC-25.1322-1,13.c]

a. 评价应该包括对预期功能可接受性能的评价,包括人机交互界面以及告警系统失效场景的可接受性,场景应该反映系统预期的运行。在评价中应该包含以下具体的内容:

(a) 告警的视觉、听觉和触觉方面。

(b) 满足人/机集成预期功能的有效性,包括工作负荷、潜在的飞行机组差错和混淆。

(c) 正常的和紧急的禁止及压抑逻辑和相关控制的可达性。

(d) 与其他系统进行合适的集成,包括标注,这可能需要测试每个具体的告警以及验证所提供的合适的程序。

(e) 25.1309 中要求的在失效模式中操作的可达性。

(f) 与其他显示和控制的兼容性,包括多重警告。

(g) 保证告警系统本身不会是令人讨厌的告警,或者告警会干扰其他的系统。

(h) 对特定的飞行阶段(如起飞和着陆)和对特定的飞机构型(如非正常的襟翼和起落架)禁止告警。

b. 性能和完整性方面通常通过以下的方法组合验证:分析;实验室试验;模拟器试验;飞行试验。

c. 在合适的飞行阶段和操作以及典型的环境和运行条件中单独地和组合地对告警进行评价。整个告警功能需要在典型的驾驶舱环境中进行评价,典型的模拟器可以用来进行一些人为因素和工作负荷研究的评价,模拟器的等级和保真度应该满足审定的要求,且应该代表驾驶舱构型,并被局方确认。告警的评估可以在实验室、模拟器或者真实飞机中进行,特定的告警系统元素需要在真实的飞机中进行验证。评价应该由有代表性数量的驾驶员进行,这些驾驶员应该有广泛的背景和出色的飞行技能。

d. 评价也应该验证在预期光线等级下,使用颜色的染色性(红色看起来像红色,琥珀色看起来像琥珀色)和区分性(颜色之间的区分),同时使用评价验证单色显示中图形编码的区分性。这些评价会被使用的具体显示技术所影响,因此有时需要在最后对产品典型的硬件进行评价。

（6）如果可行,那么将新的触觉告警集成到现有的听觉告警系统中;如果不可行,则需要安装一个独立的触觉告警系统,提供的元素应该保证单独的告警能够理解和运行,这可能需要证明同时发生告警的任意可能的组合。[AC - 25.1322 - 1, 14.d.(2)(b)]

4.8.3　简要案例说明

通常,对要求[14 CFR 25.1322]的符合性表明应该描述每个警告、戒备和咨询灯(或它们的电子等效物),评价也应该验证在预期光线等级下,使用颜色的染色性(红色看起来像红色,琥珀色看起来像琥珀色)和区分性(颜色之间的区分)。这些评价会被使用的具体的显示技术所影响,因此有时需要在最后对产品典型的硬件进行评价。对定义好的、在驾驶舱系统中一致应用的颜色编码理念的描述,可以用来表明设计如何避免"可能的混淆"。

5 电子显示信息元素组织

本章提供了在显示上组织显示和管理信息元素的指南,第 5.1 节涉及基本的"T 型"布局;第 5.2 节描述使用窗口管理信息的信息以及在一个区域内表现多个功能的显示;第 5.3 节描述了系统失效的影响,理解和减轻失效的影响,以及如果显示失效,信息应该怎样重新安排。

5.1 基本"T 型"布局

5.1.1 背景

大部分的飞机从 20 世纪 50 年代中期就具有 4 个主要的飞行仪表,位于标准的"T 型"布局中,通常称为基本"T 型"布局。在基本的构型中,水平或姿态指示器(AI)位于上部中心位置;空速指示器位于姿态指示器的左侧;高度表位于姿态指示器的右侧;此外,航向指示器或者方向陀螺在姿态指示器的下方。这一构型来自 20世纪 30 年代英国皇家空军(RAF)对军用飞机飞行仪表板的研究,英国皇家空军的研究目的是对驾驶舱面板的布局进行标准化,以方便驾驶员在不同的飞机中进行转换。

5.1.2 局方管理条例与指导性资料

(1) 每一驾驶员工作位置处必须安装下列飞行和导航仪表:[CCAR - 25.1303(b)]

a. 空速表。如果空速限制随高度变化,则该表必须指示随高度变化的最大允许空速 V_{MO}。

b. 高度表(灵敏型)。

c. 升降速度表(垂直速度)。

d. 带有侧滑指示器(转弯倾斜仪)的陀螺转弯仪,但按有关营运条例装有在 360度俯仰和滚转姿态中均可工作的第三套姿态仪表系统的大型飞机,只需有侧滑指示器。

e. 倾斜俯仰指示器(陀螺稳定的)。

f. 航向指示器(陀螺稳定的磁罗盘或非磁罗盘)。

(2) 第 25.1303 条所要求的飞行仪表必须在仪表板上构成组列,并尽可能集中

在驾驶员向前视线所在的垂直平面附近。此外,必须符合下列规定:[CCAR - 25.1321(b)]

a. 最有效地指示姿态的仪表必须装在仪表板上部中心位置。

b. 最有效地指示空速的仪表必须直接装在本条(b)a.所述仪表的左边。

c. 最有效地指示高度的仪表必须直接装在本条(b)a.所述仪表的右边。

d. 最有效地指示航向的仪表必须直接装在本条(b)a.所述仪表的下边。

(3) 基本的"T型"信息应该在正常情况下(没有显示系统失效)持续且直接显示在每名飞行机组成员的前方。[AC - 25 - 11A,36.b.(3)(b)1]

(4) 姿态指示应该在所有飞行情况下都不会被遮挡。[AC - 25 - 11A, 36.b.(3)(b)3]

(5) 飞行指示的主空速、高度和方向应该紧靠着主姿态指示。当在这些指示中重叠或者指示之间出现其他的信息元素,例如水平和垂直偏差时,如果这些信息元素与对应的空速、高度或者方向指示是相关的,且能够用来完成基本的飞行任务,不会干扰正常的交叉检查或者降低手动飞行绩效,那么信息元素是可接受的。[AC - 25 - 11A,36.b.(3)(b)4]

(6) 空速指示的中心线应该与姿态指示的中心线齐平。对于空速指示,当从飞机水线参考符号的水平位置进行测量时,可接受的垂直偏差是向下 15° 到向上 10°。对带状类型的空速指示,指示的中心定义为当前空速状态参考的中心。[AC - 25 - 11A,36.b.(3)(b)5]

(7) 与主空速指示相关的参数,例如参考速度或马赫数指示,应该在主姿态指示的左侧显示。[AC - 25 - 11A,36.b.(3)(b)6]

(8) 高度指示的中心线应该与姿态指示的中心线齐平。对于高度指示,当从飞机水线参考符号的水平位置进行测量时,可接受的垂直偏差是向下 15° 到向上 10°。对带状类型的高度指示,指示的中心定义为当前高度状态参考的中心。[AC - 25 - 11A,36.b.(3)(b)7]

(9) 与主高度指示相关的参数,例如气压设定或主垂直速度指示,应该在主姿态指示的右侧显示。[AC - 25 - 11A,36.b.(3)(b)8]

(10) 飞行指示方向的中心线应该与姿态指示的中心线齐平。飞行指示方向的中心定义为当前飞行状态参考的方向的中心。[AC - 25 - 11A,36.b.(3)(b)9]

(11) 与主飞行指示方向相关的参数,例如参考(磁航向或者真实航向)或定位信标偏差,应该在主姿态指示的下方显示。[AC - 25 - 11A,36.b.(3)(b)10]

(12) 设定和监视发动机推力或动力所需的发动机指示应该持续地显示在飞行机组的主视界内,除非申请人可以证明不必须。动力信息的自动选择显示不应该抑制其他需要飞行机组意识的信息。[AC - 25 - 11A,36.b.(4)(a)]

(13) 动力信息必须紧密地组合在一起,并以一种容易识别和符合逻辑的方式让飞行机组清楚和快速地识别显示的信息和相对应的发动机。根据参数指示的重要性安排位置,将最重要的信息安排在最上方,通常,最上方的指示是主推力设定参数。[AC-25-11A,36.b.(4)(b)]

(14) 下滑道和下滑轨迹偏差刻度应该位于主姿态指示的右侧。如果下滑道偏差数据同时呈现在电子水平状态指示器和电子姿态方向指示器上时,那么信息应该在每个指示器上有相同的相对位置。[AC-25-11A,36.b.(5)(a)]

(15) 基础的"T型"布局应该用来验证 25.1321、23-14 修正案或以后的修正案。基础的"T构型"定义为空速、高度和姿态数据在上方,空速、高度分别位于姿态的左侧和右侧,方向数据在姿态数据的正下方。[AC-23.1311-1C,14.2]

(16) 对于个别仪表与基本的"T构型"存在偏差的情况,如果下垂角[在25.1321(d)位置以下角度]小于等于 15°,或者仰角小于等于 10°,那么是可以接受的。这些角度从穿过姿态参考数据中心的水平参考线开始测量,这条线也穿过空速和高度数据的中心。[AC-23.1311-1C,14.3.a]

(17) 当提供等效的安全水平以及人为因素评价时,独特的显示或者姿态、高度、空速和导航数据的安排,这些功能组合的集成,或者它们在"T型"布局中重新地被安排均是可以接受的。人为因素评价应该考虑如 25.1559(b)中所定义的不同的飞机运行类型,对独立的飞行设备,通过人为因素以及显示设备评价批准与这些限制的偏离时,应该考虑:[AC-23.1311-1C,14.4.b]

a. 显示的安排以及与正常的驾驶员视线对齐。

b. 驾驶舱视界。

c. 在显示中与其他功能的集成。

d. 数据呈现、格式、符号等在显示内。

e. 与显示对应的操作控制的简易性。

(18) 主飞行仪表基本"T型"布局应该直接位于驾驶员前方,且所有稳定性系统操作所需的通告都应该在视界内。次要的飞行(或导航)设备,例如雷达高度表和次要的雷达路径信息、DME 等,应该组合起来位于"T型"布局的周围。下一个优先级较高的设备是主动力仪表,例如扭矩和转子RPM、动力仪表和备份姿态信息应该位于剩余的面板区域。[AC-27-1B,AC-27 附录 B,b.(8)(i);AC-29-2C,AC-29 附录 B,b.(8)(i)]

(19) 备用的姿态指示器必须让驾驶员从主驾驶员位置可用和可以保持飞行,但是,不期望过于靠近主仪表,如果过于靠近,则应该进行评价。[AC-27-1B,AC-27 附录 B,b.(8)(i);AC-29-2C,AC-29 附录 B,b.(8)(i)]

5.1.3 简要案例说明

现代玻璃驾驶舱飞机中在玻璃显示上使用基本的"T型"布局。姿态指示器位于中央的位置,部分罗盘图片显示在姿态指示器的下方,移动的空速带和数字空速位于姿态指示器的左侧,高度带、数字高度和垂直速度显示在姿态指示器的右侧,这种布局与传统的"圆形计量器"驾驶舱相似。

5.2　管理显示信息

5.2.1　背景

窗口定义为显示上的区域,用于表明特定的应用或者活动。"弹出"可以用来指示自动呈现的信息或者驾驶员要求呈现的信息。窗口只是认知信息的一种方式,显示可以同时呈现多个窗口。但是,增加额外的窗口可能会造成信息集成的困难,并且会由于增加了更多的窗口管理任务而使得交互的复杂度增加。合适的控制窗口的大小能够让驾驶员不需要滚动窗口就可以观察整个页面,从而能够减轻任务的工作负荷,同时也能够通过减少对驾驶员记住不可见信息的需求而减轻他们的记忆力的脑力负荷。表明窗口之间的关系能够帮助驾驶员保持对视觉显示中的定位,但是如果不相关的窗口共享相似的特性,则会导致驾驶员产生误解。

菜单提供了飞行机组可以选择的选项列表,菜单可以在专用的屏幕上显示,也可以根据要求基于内容弹出显示。子菜单可以与其他菜单选项进行级联,推荐未激活或者不可用的菜单选项变暗或者变灰,而不是轻易地从菜单中移除选项,避免改变其他菜单选项的位置。此外,如果菜单选项的位置是随意的,那么应该使不可用的选项变得明显。如果驾驶员能够选择一个看起来可用但实际不可用的选项,那么驾驶员可能会认为系统是不可靠的。

菜单可以通过每一层选项的数量(广度)和层次的数量(深度)进行特性化描述。随着航空电子系统提供越来越多的功能,这些功能的组合和/或菜单结构变得更加复杂,同时也使得获得具体的信息变得更加困难。通常,菜单的广度比菜单的深度更重要,可能需要将菜单选择组织到层次中,使菜单不会在视觉上过度拥挤。多重层级的菜单结构会由于要求驾驶员记住和恢复与给定功能相关的项目而增加工作负荷的需求。同时,具有多个层级的菜单需要多个步骤才能达到预期的选项,从而会增加时间需求。如果这些需求发生在较高压力的飞行阶段,那么它们的影响是显著的,并且会增加驾驶员产生差错的可能。

5.2.2　局方管理条例与指导性资料

5.2.2.1　总则

通常在多功能显示上会显示导航、天气和垂直状态等信息。当信息不要求持续显示时,可以只在需要时进行显示;但是当需要显示时,显示的信息应该容易被飞行机组恢复。[AC-25-11A,36.b.(5)(c)]

5.2.2.2　窗口

(1)窗口应该有固定的大小和位置。[AC-25-11A,36.c.(1)]

(2)窗口内和窗口间的信息元素的分离应该足够让飞行机组容易区分不同的功能或者功能组,并且避免产生混淆或者非预期的交互。[AC-25-11A,36.c.(1)]

（3）可选择的信息显示，例如显示区域的窗口，不应该影响或者干扰主飞行信息的使用。[AC－25－11A,36.c.(1)]

（4）对于将窗口结构集成到显示系统中的系统，应该提供一种方式控制显示上的信息，例如集成的显示系统不会引起集成功能的异常，这种控制信息显示的方法应该通过软件保证等级至少与最高的窗口集成功能相同。[AC－25－11A,21.e.(9)]

5.2.2.3　菜单

（1）菜单的层级结构和组织应该设计成飞行机组在可用的菜单或者选项中能够以一种符合逻辑的方式，按照顺序进行逐步选择，从而能够支持飞行机组的任务。[AC－25－11A,36.c.(2)(b)]

（2）在任何具体菜单上提供的选项都应该在逻辑上与其他的相一致。[AC－25－11A,36.c.(2)(b)]

（3）菜单应该显示在一致的位置上，要么在固定的位置或者相关的一致的位置，从而让飞行机组知道在何处可以找到菜单。[AC－25－11A,36.c.(2)(b)]

（4）在所有的时刻，系统都应该指示在菜单和菜单等级中当前的位置。[AC－25－11A,36.c.(2)(b)]

（5）子菜单的数量设计应该保证能够及时获得所期望的选项，而不需要过度依赖对菜单结构的记忆。菜单上选项的呈现应该能够清楚地区分选择其他菜单的选项和最终选择的选项。[AC－25－11A,36.c.(2)(c)]

（6）选择期望的选项所需要的步骤数量应该与飞行机组任务的频率、重要性和紧迫性保持一致。[AC－25－11A,36.c.(2)(d)]

（7）当显示菜单时，不应该遮挡所需要的信息。[AC－25－11A,36.c.(2)(e)]

（8）在菜单中，信息的分层不应该妨碍驾驶员识别所期望的控制器件的位置。位置和可达性不仅仅与控制功能的物理位置相关，它们也包含控制功能在多种菜单层级中位置的考虑以及驾驶员如何通过这些层级获得功能。[AC－20－175,3－6]

（9）对于基于菜单的控制器件，应该保证获得和使用控制器件所需步骤的数量和复杂度对期望的控制器件的使用是合适的（如最常使用的控制和紧急的控制应该在最顶层菜单中可用）。子菜单的数量设计应该保证能够及时获得所期望的选项，而不需要过度依赖对菜单结构的记忆。[AC－20－175,3－6.a]

（10）驾驶舱控制器件的位置和识别必须提供便捷的操作，并且防止混淆。菜单中分层的信息或者隐藏的页面不会妨碍飞行机组识别所需控制器件的位置。[AC－20－175,3－6.b]

（11）使上层控制菜单页面（如主要的或主页面）完全在显示上出现（不需要翻页）。[AC－20－175,3－6.c]

（12）使上层控制菜单容易获得，这通常通过持续显示菜单或者通过菜单获得固定的位置上的控制器件实现（如主页面）。[AC－20－175,3－6.d]

(13) 提供页面导航的反馈,明确地指示当前位置。[AC-20-175,3-6.e]

5.2.2.4 弹出信息

(1) 显示的设计应该使得发生自动弹出是明显的。[AC-27-1B,第3章AC-27 MG 18j(3)(ii)(D);AC-29-2C,第3章AC-29 MG 18j(3)(ii)(D)]

(2) 弹出窗口的位置不应该遮挡所需的信息。[AC-25-11A,36.c.(3)(b).1]

(3) 显示自动弹出信息时,考虑以下的准则:[AC-25-11A,36.c.(3)(b).2]

a. 当数值指示预先条件或者当相应的参数达到预期数值时,信息自动显示。

b. 弹出窗口应该能够以合适的方式吸引飞行机组的注意力,使得任务干扰最小。

c. 如果飞行机组取消选择自动弹出信息显示,那么另一个自动弹窗不应该出现,除非新的条件/事件触发弹窗。

d. 如果自动弹窗条件被激活,而系统以一种错误的构型或者模式显示信息,那么系统的构型不可以自动改变,而应该显示一个有颜色的通告告警,让飞行机组对信息显示做出必要的改变。这一要求与25部中信息的临时显示不同,因为不管构型如何,需要的信息都应该进行显示。

e. 如果一个弹出窗口出现或者同时出现多个弹出窗口并且遮挡了信息,那么应该表明被遮挡的信息不与当前任务相关或者不是必要的信息。此外,弹出窗口不应该引起飞行机组错误的理解。

f. 如果超过一个自动弹出窗口同时在一个显示区域中出现,例如地形和空中防撞系统(TCAS)弹窗,那么系统应该根据重要性对弹出窗口进行优先级区分,弹出窗口的方向应该为正向上。

g. 给定系统中任意不持续显示的信息,如果这些信息通过安全性评估确定必须向飞行机组呈现,那么信息应该自动弹出,或者在需要时出现。

(4) 如果使用自动弹出窗口,应该在设计时考虑以下的特性:[AC-27-1B,第3章AC-27 MG 18j(3)(ii);AC-29-2C,第3章AC-29 MG 18j(3)(ii)]

a. 当出现直升机地形意识和警告信息(HTAWS)的警戒告警时,弹出窗口应该自动显示直升机地形意识和警告信息的相关信息。

b. 地形和障碍物显示模式应该在显示中进行通告,如果不可行,那么应该在地形和障碍物显示旁边安装模式通告灯。

c. 弹出窗口功能性应该对天气、预测风切变以及交通告警,包括重叠的设计理念保持一致。弹出窗口必须不会妨碍驾驶员使用重要的飞行或导航信息。

d. 显示的设计应该使得发生自动弹出是明显的。

e. 手动选择回初始操作模式应该需要最小的努力即可。

f. 不应该允许在戒备或警告停止后自动选择回初始操作模式,除非这是飞机设计理念的一部分。

(5) 对于双屏显示,当地形告警发生时,如果地形和障碍物地图在至少一个显示上,那么弹出窗口功能应该被抑制;但是,当地形告警发生时,如果地形和障碍物地图不在显示上,那么地形和障碍物地图以及告警应该自动显示在至少一个显示上。[AC-27-1B,第3章 AC-27 MG 18j(3)(iii);AC-29-2C,第3章 AC-29 MG 18j(3)(iii)]

5.2.2.5　多重应用

如果系统支持多种打开文件或者系统运行多种打开应用,那么系统应该提供持续的指示以说明被激活的应用和/或文件。激活的文件是当前显示和响应用户动作的文件,在非紧急的正常运行中,用户应该能够选择当前激活的应用或者文件。此外,用户应该能够发现正在运行的驾驶舱应用,并且能够容易地切换到任意被打开的应用。当用户返回到在后台运行的应用时,该应用应该呈现与用户取消选择该应用时相同的状态。[AC-120-76B,12.h]

5.2.3　其他推荐

5.2.3.1　总则

(1) 类型指南应该记录设计用户界面元素的方法(如窗口、菜单和弹出信息)以及进行正常动作的标准方法(如打开和关闭窗口)。[DOT-VNTSC-FAA-03-07]

(2) 线段和边缘应该组合使用以帮助识别信息的关系。

5.2.3.2　窗口

(1) 当硬件有以下限制时,应该避免使用窗口:[DOT/FAA/CT-03/05 HF-STD-001]

a. 小屏幕尺寸,导致用户经常操作屏幕。

b. 慢的处理速度,导致计算机运行缓慢。

c. 低的屏幕分辨率,导致低效率的视觉编码,特别是对于地图图形、符号和图标。

(2) 飞行机组应该能够打开、关闭、移动窗口,并且能够调整窗口大小和最小化窗口。[DOT-VNTSC-FAA-95-3]

(3) 如果在一个时刻有多个窗口,则系统应该明确指示哪个窗口被激活。[ESD-TR-86-278]

(4) 窗口的大小应该使得翻页的需求最小化。

(5) 控制窗口重叠的方法应该保持一致。[ESD-TR-86-278]

(6) 当用户可以选择预先定义的窗口重叠时,给每个重叠的窗口一个识别标注。[ESD-TR-86-278]

(7) 窗口之间的关系应该明确指示,并且与其他窗口相关的窗口应该有对比特性。[DOT-VNTSC-FAA-95-3]

5.2.3.3　菜单

(1) 菜单的组织应该支持具体的驾驶员任务,例如响应控制员初始消息以及构

建和发送消息。[RTCA/DO-256,2.1.2.4]

（2）如果菜单选项对驾驶员一直不可用（如维护功能），那么该选项不应该出现在向驾驶员显示的菜单中。[RTCA/DO-256,2.1.2.4]

（3）如果菜单选项临时不可用（如由于当前的任务，菜单选项不能被选择或者被激活），那么选项在菜单中的显示应该提示为不可用。[RTCA/DO-256,2.1.2.4]

（4）未激活或不可用的菜单选择可以是灰色的或者淡色的。[ESD-TR-86-278]

（5）当使用菜单等级时，回到上一级菜单应该只需要一个操作。[RTCA/DO-256,2.1.2.4]

（6）当使用菜单等级时，回到顶部菜单应该只需要一个操作。[RTCA/DO-256,2.1.2.4]

（7）系统不应该要求驾驶员在超过 3 个等级的菜单结构中进行转换，对于经常使用的任务则不超过 2 个等级。[RTCA/DO-256,2.1.2.4]

（8）咨询、菜单选择以及差错消息应该指示被执行的动作。[RTCA/DO-256,2.1.2.4]

（9）系统应该清楚地指示菜单中被选择的选项。[NAWCADPAX-96-268-TM]

（10）菜单应该在每一级中显示 2～10 个选项。[DOT/FAA/CT-03/05 HF-STD-001]

（11）菜单应该能够区分执行动作的选项和进入子菜单的选择。[DOT/FAA/CT-03/05 HF-STD-001]

（12）如果所有的选项都未被激活或者不可用，那么菜单应该显示为不可用。[DOT/FAA/CT-03/05 HF-STD-001]

（13）菜单选项的用词应该与其导致的系统行为相一致。[DOT-VNTSC-FAA-95-3;ESD-TR-86-278]

5.2.4　简要案例说明

指示菜单选项打开另一个菜单的方式是在文本后添加一个三角形或者右侧箭头指针。如果菜单选项会出现一个弹出信息，那么可以在随后显示的信息上使用引号（" "）。未激活或者不可用的菜单选项可以显示为灰色或者变暗，而不是轻易地从菜单中移除，避免改变其他菜单选项的位置。此外，如果菜单选项的位置是随意的，那么应该使不可用的选项变得明显。如果驾驶员能够选择一个看起来可用，但实际不可用的选项，那么驾驶员可能会认为系统是不可靠的。

菜单选项可以根据使用的频率进行组织，例如最常用的选项位于列表的顶部，最不常用的选项位于菜单的底部。一致和符合逻辑的菜单选择组织会增强对菜单的理解，如果驾驶员在菜单层级中迷失，那么自动回到顶层菜单的功能是有用的。

5.3　传统显示、显示重构和显示失效管理

5.3.1　背景

传统的显示是以辅助的方式,通过将信息转换到其他显示上以提供初始显示在主飞行显示或者多功能显示上的信息。压缩格式是传统显示模式在发生显示失效之后,多重显示构型中选择的显示组件被组合到一个单一的显示格式中以提供具有较高优先权的信息。

当发生失效时,驾驶舱显示可以被重构,从而保证安全飞行所必需的信息仍然可用。重构的方式有很多种:信息可以被移动到不同的位置或使用"压缩格式";或者转换来源/图形生成器,使得机长和副机长的显示能够被单一的来源驱动。在所有这些情况下,保证重要的信息在合适的位置以及可以及时恢复是很重要的。自动重构在一些特定的飞行阶段需要用来帮助控制飞机的驾驶员恢复与安全飞行相关的重要信息,且不会产生延迟。

基于设计和使用的细节,增加的驾驶舱系统集成等级会导致飞行机组对系统行为的意识降低,这种增加的复杂度同时也会增加识别和评价潜在的失效条件严重性的难度。

失效可能导致系统或显示功能的缺失、显示控制功能的缺失或故障或者信息的部分丢失或错误显示。如果飞行机组不能容易地检测错误,那么飞行机组可能观察到错误的信息,并认为信息是正确的。通过安全性分析和理解识别潜在的失效原因和影响能够帮助确定合适的减轻失效影响的方法,例如通过驾驶舱指示或动作。

5.3.2　局方管理条例与指导性资料

5.3.2.1　总则

(1) 第 25.1303(b)条要求的,各驾驶员工作位置处的仪表,其工作系统应符合下列规定:[CCAR - 25.1333]

a. 必须有措施,能使正驾驶员工作位置处的仪表与独立的工作系统相连接(独立于其他飞行机组工作位置处的工作系统或其它设备)。

b. 设备、系统和安装必须设计成,当发生任何单个故障或故障组合后(如未表明其概率极不可能),无需增加机组成员的动作,仍能保留一组可供驾驶员使用的、由仪表提供的、对飞行安全必不可少的信息显示(包括姿态、航向、空速和高度)。

c. 附加的仪表、系统和设备不得连接到所要求的仪表工作的系统上,除非有措施保证,附加的仪表、系统或设备发生任一失灵后(如未表明其概率极不可能),所要求的仪表仍能继续正常工作。

(2) 飞行机组预期的信息必须以一种与紧迫度、使用频率以及任务时间相一致的方式可达和可用,如 §25.1302(b)(2)中所要求。在特定的时间,飞行机组可能立

即需要一些信息,而其他的信息可能在整个飞行阶段都不需要。[AC-25.1302-1,5-5.c.(1)(a)]

(3) CCAR-23.1311(b),附录23-62中申明,电子显示指示器,包括系统和设备安装,并考虑其他的飞机系统,必须设计成在任意的单一失效或可能的组合失效后,持续安全飞行和着陆的重要信息显示通过单一驾驶员的动作或通过自动的持续安全运行方式,对机组保持1秒内可用。为了满足23.1311(b)的要求,一个全时备份显示、其他的独立的主飞行显示或者一个独立的传统姿态显示必须安装。传统模式可以通过自动和手动选择或者只通过手动选择。[AC-23.1311-1C,8.4.1.a]

5.3.2.2 失效识别

(1) 失效状态的分析应该识别对功能性的影响、对飞行和/或占用者的影响、任意与飞行阶段相关的考虑以及任意驾驶舱指示、飞行机组动作或其他相关的削弱方式。[AC-25-11A,21.a]

(2) 当驾驶舱设计包含主要的和备份的显示时,应该考虑包含备份显示和主要显示同时失效的失效状态。飞行机组可以在主要显示失效时,使用备份显示作为以下两种补充角色:[AC-25-11A,21.a]

a. 对主要仪表失效的冗余显示。

b. 解决两个主要仪表不一致的独立的第三个信息来源。

(3) 当与显示系统交互的其他系统发生失效而产生错误信息的显示时,失效的影响不应该限制显示系统。相应的失效状态可以通过飞机级或在其他系统安全性评估中进行处理,以评估累积效应。[AC-25-11A,21.a.(3)]

(4) 应该有一种方式检测主飞行信息的丢失或错误,可以通过显示系统失效的结果或者是相应的传感器失效来检测。当检测到主飞行信息丢失或故障时,用来指示信息丢失或错误的方式应该保证错误的信息不会被飞行机组使用。[AC-25-11A,21.e.(4)]

(5) 检测主飞行信息的丢失或错误的方式应该与失效机制相独立。应该考虑同一处理器类型的通常模式失效。[AC-25-11A,21.e.(5)]

(6) 显示系统引起的延迟时间,特别是对告警,应该不会过长,并且应该考虑告警的重要性以及所需的机组响应时间以使得失效状态扩散最小化。[AC-25-11A,21.e.(8)]

5.3.2.3 失效缓解

(1) 电子显示指示器(包括其系统和安装,并考虑到飞机其他系统)必须设计成在出现任一单独失效或可能的失效组合后,仍有一个可向机组提供持续安全飞行和着陆所必需信息的显示,而不需要任一驾驶员为持续安全飞行立即采取动作。[CCAR-23.1311(b)]

(2) 当确定失效条件的缓解方式时,应该考虑:[AC-25-11A,21.c.(1)]

a. 预防通常模式失效。

b. 失效隔离和重构。

c. 冗余(如通过独立的集成备份和/或磁向指示器提供航向信息)。

d. 提供给飞行机组告警的可用性、等级和类型。

e. 飞行阶段和飞机构型。

f. 状态的持续时间。

g. 飞行机组意识所使用的飞行运行线索。

h. 飞行机组检测失效和/或运行程序所期望的正确的操作。

i. 在一些飞行阶段,在一侧的主姿态显示丢失后,飞行机组控制飞机的能力。

j. 飞行机组关闭显示的能力。

k. 其他系统提供的预防措施(如飞行包线保护或增强系统)。

(3) 缓解的方式应该在安全性分析/评估文件或者在其他文件(如系统描述文件)的参考文献中进行描述。在失效条件中缓解方式的持续性能也应该被识别和确定。[AC - 25 - 11A,21.c.(2)]

(4) 安全性评估应该包含基本原理和在设计中使用的任意显示系统防护以及监视理念。安全性评估应该也包含对每个被识别的显示系统失效状态的评价以及对 AC - 25.1309 - 1A 中修订的符合推荐的常规模式/诱因或级联失效的分析。此外,安全性评估应该证明和描述为了减少集成组合失效或功能性失效所使用的功能分区方案。[AC - 25 - 11A,21.c.(3)]

5.3.2.4 显示重构

(1) 在非正常状态下所使用的其他显示位置应该经过局方或者设计人员的评价以确定其他的位置是否满足标准。[AC - 25 - 11A,36.d.(2)]

(2) 在驾驶舱中将显示格式移动到不同的显示位置或者使用冗余显示路径驱动显示信息可以用来表明满足可用性和集成性要求。[AC - 25 - 11A,36.d.(2).(a)]

(3) 在导航信息显示元件上方的主飞行信息显示单元的仪表板构型中,如果上方的显示单元失效,那么将主飞行信息移动到较低的显示单元是可以接受的。[AC - 25 - 11A,36.d.(2).(b)]

(4) 在导航信息显示元件旁边的主飞行信息显示单元的仪表板构型中,如果推荐的显示单元失效,那么将主飞行信息直接移动到旁边是可以接受的;将导航显示转换到辅助显示的中央位置(多功能显示)也是可以接受的。[AC - 25 - 11A,36.d.(2).(c)]

(5) 如果有多种重新安置失效的显示的选择,那么应该考虑推荐的飞行机组程序,并在飞机飞行手册中进行记录。[AC - 25 - 11A,36.d.(2).(d)]

(6) 在系统失效情况下,具有手动或自动转换能力是可接受的(推荐自动转换)。但是,在修订的 25.1333(b)中,ARAC 推荐要求,在任意的失效或者失效组合后,设备、系统和装置必须设计成具有足够的信息可用于确定一名驾驶员对飞机空速、高度、航向和姿态的控制,而不需要额外的飞行机组动作。[AC - 25 - 11A,

36.d.(2).(e)〕

(7) 通过以下的方式进行显示信息重构是可以接受的：〔AC-25-11A，36.d.(2)(f)〕

a. 显示单元重构。将显示格式移动到一个不同的位置(如将主飞行信息移动到邻近的显示单元)或者使用压缩的格式是可接受的。

b. 来源/图形生成器重构。图形生成器来源的重构可以通过手动或自动适应故障。当机长和副驾驶的显示都由单独的图形生成器来源驱动时，显示信息应该对飞行机组有明确的提示，戒备告警指示显示信息来自单独的图形生成器。

(8) 在特定的飞行阶段，手动重构可能不能满足驾驶员控制飞机恢复主飞行信息而不产生延时的需求。自动重构可能必须用来保证需要飞行机组立即动作的信息及时可用。〔AC-25-11A，36.d.(2)(f)1〕

(9) 当发生自动重构(如显示转换)时，不应该对飞行机组的绩效产生负面的影响，并且不应该导致任意的轨迹偏差。〔AC-25-11A，36.d.(2)(f).2〕

(10) 当显示重构导致来源的转换或者显示路径未通告以及对飞行机组不明确时，那么应该根据驾驶舱理念考虑飞行机组是否意识到必需的真实系统状态。〔AC-25-11A，36.d.(2)(f)3〕

(11) 传统或备份主飞行信息的显示应该是基本的"T 型"布局，但并不强求。〔AC-23.1311-1C，8.2〕

5.3.2.5　压缩格式

(1) "压缩格式"在主显示失效时自动选择，或者被飞行机组手动选择(推荐自动选择)。除了训练目的以外，"压缩格式"不应该被选择，除非存在显示失效。〔AC-25-11A，36.e.(1)(a)〕

(2) 压缩的显示格式应该保持相同的显示属性(颜色、符号位置等)，同时包含相同的所需要的信息，以代替主格式。压缩格式应该保证以合适的方式呈现所有的显示功能，包括导航和指引模式的通告。〔AC-25-11A，36.e.(1)(b)〕

(3) 传统显示模式应该向主飞行显示提供一致的显示格式。传统的飞行信息应该通过独立的来源和显示呈现以防止由于单独的失效而导致的主飞行信息完全丢失。传统构型应该有两个独立的显示加入了两个独立的姿态航向参考系统(AHRS)和两个自动相关监视(ADS)子系统以提供主飞行信息。传统的系统在多功能显示器上提供重要的飞行信息的响应时间应该在单独的驾驶员动作或者自动操作后的 1 秒之内。〔AC-23.1311-1C，8.4.1c〕

(4) 传统构型应该有一个单独的驾驶员动作能够将主飞行显示和多功能显示强制转换到传统的模式。但是，在传统模式中，主飞行信息应该参考正常模式，以相似的格式和足够的大小呈现，从而允许驾驶员增强对飞机的控制。传统的构型应该提供与持续安全飞行和着陆相关的备份信息的直觉控制，允许立即且同时在主飞行显示和多功能显示上获得传统模式。单一的驾驶员动作应该容易辨识、容易达到并且控制位于驾驶员的主最佳视界内。单一的驾驶员动作是红色和/或亮红色,"halo"圈的可接受的方式是在所有的时刻在面板上通告动作的位置。[AC-23.1311-1C,8.4.1d]

(5) 一种方式是单一的驾驶员动作强制将 PFD 和 MFD 显示转换到传统模式操作提供自动的传统显示。如果在另一个显示上没有提供 PFI,那么提供自动的开关以保证 PFI 对驾驶员可用。如果检测到失效,那么自动的传统模式必须在 1 秒内保持完整的 PFI 显示。[AC-23.1311-1C,8.4.2a]

(6) 大部分可能的失效应该被自动传统模式显示能力所覆盖。只有显示完全丢失才不会可靠地被自动检测,但是这样的失效状态对驾驶员应该是明显的。失效导致的自动转换应该保证满足§23.1309 中规定的 PFI 的可用性,单一的驾驶员动作应该在剩余的显示上提供 1 秒内的重要信息的完全显示。所有的模式、来源、频率、飞行计划数据等,应该与失效前在 PFD 上显示的相似。[AC-23.1311-1C,8.4.2b]

(7) 另一个传统方式是包含一种可以通过单一的驾驶员动作手动地获得传统模式的方式。在输入重要的飞行阶段(如起飞、着陆和最终进近)之前,当在 MFD 上完成激活 PFI 的程序后,在 MFD 上通过单一的驾驶员动作手动激活传统模式是可以接受的。[AC-23.1311-1C,8.4.2c]

(8) 导航显示信息的传统模式的要求取决于飞行运行的准则以及与显示上丢失或产生误解信息相关的危害。非导航信息(如交通、天气或飞行参数)的集成可能会影响与显示上丢失或产生误解信息相关的危害。在这种情况下,申请人应该遵循 AC-23.1309-1E 开展系统安全性评估。[AC-23.1311-1C,10.3]

(9) 在传统或压缩模式下,杂乱应该是一个主要考虑的因素。在其他显示或者单元失效后,将重要的信息组合到一个显示上时,显示的格式不应该产生混淆,信息应该仍然可用,包括不正常的姿态。如果预期存在杂乱,那么应该提供一种手动方式移除杂乱(去杂乱)。自动去杂乱,例如在特定的飞行阶段或在具体的告警中,也是可以接受的。[AC-23.1311-1C,17.3]

(10) 每个传统或备份显示提供主飞行信息时应该由独立与主显示的电力来源供电,该电力源应该独立于为主显示供电的电力源,例如电池。[AC-23.1311-1C,24.3]

5.3.2.6 来源/图形生成器重构

(1) 推荐显示系统传感器数据的自动转换,特别是高集成度的显示系统遇到同时发生多重失效状态以及需要飞行机组立即动作的情况。在不复杂的系统或者不需要飞行机组立即动作时,手动转换是可以接受的。[AC-25-11A,36.e.(2)(a)]

(2) 要求向机长和副驾驶的主飞行信息显示提供独立的姿态、方向和大气数据来源。如果来源可以转换,例如向机长和副驾驶提供单一的传感器信息,那么他们每个人都应该接受一个明确的通告指示误导信息的脆弱性。[AC-25-11A,

36.e.(2)(b)]

(3) 如果传感器信息来源不能转换,那么不需要通告。[AC-25-11A,36.e.(2)(c)]

(4) 应该有方法确定显示的导航信息的来源和激活的导航模式。在进近操作中,显示的导航信息的来源和激活的导航模式应该在主飞行显示上或者立即紧靠着主飞行显示并可用。[AC-25-11A,36.e.(2)(d)]

(5) 如果多重或者不同类型的导航来源(飞行管理系统、仪表着陆系统、GNSS全球导航卫星系统、着陆系统等)可以选择,那么应该通告被选择的来源。[AC-25-11A,36.e.(2)(e)]

(6) 当呈现给飞行机组的信息不能满足所需的完整性等级,特别是当有单一的传感器或独立性丢失时,应该提供告警。[AC-25-11A,36.e.(2)(f)]

5.3.2.7 系统安全性指南

(1) 系统任意可能的失效不应该由于显示本身的丢失而损害其他设备或者系统的正常操作。[TSO-C165/RTCA/DO-257A,3.1.4]

(2) 界面设备或者系统的失效不应该由于界面设备数据的丢失而损害显示的正常操作。[TSO-C165/RTCA/DO-257A,3.1.4]

(3) 当集成的备份显示用来提供主飞行信息的备份方式时,安全性分析应该证明通常的失效已经在设计时充分考虑,包括软件和复杂的硬件设计。值得一提的是,安全性分析应该表明主仪表和集成的备份仪表间的独立性不会被损坏,因为集成备份显示可能与大量的飞机组件存在交互,包括电源、静态皮托管以及其他的传感器。[AC-25-11A,21.e.(3)]

(4) 单一的组件、部分或者系统元素的失效不应该导致灾难性的失效条件。系统设计时应该提供失效控制功能以限制任意失效影响的扩散,并且预防灾难性的失效情况。此外,通常的失效不应该影响单一的组件、部分或元素以及失效控制。[AC-25-11A,21.e.(6)]

(5) 对于与安全性重要相关的显示参数,应该有一种方式验证传感器输入数据的正确性,应该使用范围、过期和有限性检查。[AC-25-11A,21.e.(7)]

(6) 对于将窗口体系结构集成到显示系统中的系统,应该提供一种方式控制显示上的信息,例如总的显示系统的集成不会被集成的异常功能所干扰。应该建立这种控制信息显示的方式,并且使得软件能够保证等级至少与最高级的窗口集成功能一样高。[AC-25-11A,21.e.(9)]

5.3.2.8 符合性证明

申请人应该表明飞行机组可以在专用的和多功能显示上获得并管理(配置)所有飞行阶段所必需的信息。申请人应该表明,如 25.1309(d)(1)、(2)、(3)和(4)中所定义的,在失效之后,在较低等级的显示模式上可以获取持续安全飞行和着陆所需的信息;申请人必须表明,如 25.1302(b)所要求的,补充的信息不会显示或者干

扰所需的信息。[AC-25.1302-1,5-5.c.(1)(a)]

5.3.3 其他推荐

5.3.3.1 失效识别

（1）自动化的设计应该使得用户能够持续意识到自动化的状态（如自动化有效或无效）以及自动化有效（或无效）潜在的结果。

（2）当发生以下情况时，应该提供告警：[NASA Technical Memorandum 109171]

a. 自动化功能接近包线限制。

b. 当自动化发生失效以及不能可靠和准确地工作。

（3）失效通告的提供应该有足够的时间让驾驶员调整新的控制需求。

5.3.4 简要案例说明

在单独的显示上，"压缩格式"体现了多重显示构型的选择的组件，例如电子姿态指示器（EADI）以及电子水平位置指示器（EHSI）。由于大小的限制，并且为了防止杂乱，在压缩格式上呈现的信息量可能比原始格式要少，指示和通告可能在不同的位置上显示或使用不同的逻辑。

从显示上移除错误的信息或者在故障的显示上画"╳"是向驾驶员指示故障以及被检测的方式，以防止错误的信息被飞行机组使用。

AC-25-11A 提供了对已经被审定的显示系统的故障条件的理解以及相应的危险分类和安全性目标，这包含了与姿态、空速、气压高度、航向以及导航和通信相关的失效条件。

6　控　制　器　件

控制器件是与系统交互的主要方式。这里"控制器件"是指与输入设备、标注和其他组件相关的,用以完成预期功能的硬件和软件。传统的飞机控制器件包括按钮、旋钮、键盘和开关,但是指针控制器件,例如鼠标、触摸板、轨迹球或者控制杆的使用则变得更加普遍。每个控制器件都有其独有的特征,这可能影响被控制功能的设计,因此必须针对具体的应用和/或系统以及它们的用处给予合适的控制。本章并不涉及飞行控制器件,例如侧杆、脚蹬、油门杆和相应的动力控制或襟翼。

第 6.1 节中给出了信息控制器件的总则;第 6.2 节描写了关于控制器件的安排、组织和可达性;第 6.3 节讨论了控制器件的行为和操作的容易程度;具体输入设备的考虑在第 6.4 节中进行讨论。

6.1　总则

6.1.1　背景

以往的经验和预期影响了控制器件的可用性,因此系统和驾驶舱中控制设计的一致性可以减少混淆的可能性。控制器件的可用性会受到其物理特性的影响,例如尺寸、形状和操作,设计优良的控制容易操作,能够让飞行机组以合适的方式完成动作,并且提供动作影响的反馈。

在驾驶舱中,多功能控制器件,也就是单一的设备提供多种不同的功能,经常用来减少独立控制器件的数量,这对于减少控制器件所占据的驾驶舱空间有好处,并且有利于控制器件的可达性。如果标注没有意义或缺少标注,那么控制何种系统或功能是不明确的,这会增加驾驶员无意地向错误系统提供输入或驱动错误功能的风险。与 GPS 和 LORAN‐C 接收器相关的设计和使用的问题检查只是因为多功能控制器件所进行的操作难以学习,因为没有标注或标注不明确。如果多功能不经常使用,那么有必要再次学习。

可以对控制设备进行编码以提升它们的识别程度,并且保证正确的操作。通常编码的方式包括尺寸、形状和颜色,形状和颜色编码可以帮助视觉和触觉区分,并且可以用在低可视度的条件下或者当输入设备必须不通过视觉参考进行识别时。但是,当驾驶舱空间有限时,形状和颜色编码可能需要额外的空间放置控制器件,同时,编码可能会影响控制操作的简易性或者使得控制更容易被无意地驱动。对控制器件不推荐使用颜色进行区分,因为其有效性极大地取决于可视条件。选择和使用具体的编码技术可以通过任务和控制器件所实现的功能进行确定,如果驾驶员需要记住编码的属性以及对应具体的功能,那么没有区分度的编码技术应该避免,因为任何编码都需要驾驶员进行训练并且会在他们的记忆中增加负担。

6.1.2　局方管理条例与指导性资料

6.1.2.1　总则

(1) 驾驶舱控制器件必须安装使得所需的设备预期功能的安全实施能够完成所有的任务,同时必须向飞行机组提供完成既定任务所必需的信息。[14 CFR 25.1302(a)]

(2) 控制系统的每个细节都必须设计和安装成能够防止被抑制、磨损以及防止与货物、乘客、松散的物体或者结冰的水汽发生干扰。[14 CFR 23.685(a),25.685(a)]

(3) 供飞行机组使用的驾驶舱控制器件和信息必须:[14 CFR 25.1302(b)]

a. 以清楚、明确的方式提供,分辨率和精确度适合任务的需要。

b. 对飞行机组可达和可用,并且与任务的紧迫性、频率和时间保持一致。

c. 如果安全操作需要意识,那么保持飞行机组对他们的动作而导致的对飞机或系统影响的意识。

(4) 对这些需求中的每一条,提出的符合性方法应该包含对以下控制器件特征的考虑,包括每个控制器件本身以及与其他控制一起考虑:[AC-25.1302-1,5-4.b.(2)]

a. 控制器件的物理位置。

b. 控制器件的物理特征(如形状、范围、表面纹理、移动范围、颜色)。

c. 控制器件直接影响的设备或系统。

d. 控制器件如何被标注。

e. 可用的控制器件设定。

f. 每个可能的驱动或设定的影响,例如一个功能的初始控制器件设定或其他条件。

g. 是否有其他的控制器件能够产生相同的效果(或者影响相同的目标参数)以及在什么样的条件下会发生。

h. 控制器件驱动反馈的位置和特性。

(5) 飞行导引系统的功能、操纵器件、指示和警告必须被设计成使飞行机组对于飞行导引系统的工作和特性产生的错误和混淆最小。必须提供措施指示当前的工作模式,包括任何预位模式、转换和复原。选择器电门的位置不能作为一种可接受的指示方式。操纵器件和指示必须合理和统一地进行分类组合和排列。在任何

预期的照明条件下,指示都必须能够被每个驾驶员看见。[CCAR-25.1329(i)]

(6) 非常频繁发生的操作或者在终端区域发生的操作应该使用最少数量的控制操作执行。[TSO-C165/RTCA/DO-257A,2.1.5]

(7) 操作数量的最小化可以通过使用专用控制器件来实现,驾驶员需求的预期以及快速获取菜单的设计,使得驾驶员易于快速地选择所需的导航功能,例如直接飞向航路点以及在错过进近点之后重新回到最终进近航路上。[TSO-C146c/RTCA/DO-229,2.2.1.1.3]

(8) 控制器件、显示和通告必须不会由于可能存在的与其他设备的不兼容而导致信息错误以及驾驶员产生混淆或不可接受的工作负荷。[AC-20-138C,13-4.b.(4)]

(9) 控制器件的设计应该使得器件的可用性最大化、飞行机组工作负荷最小化并且减少驾驶员出差错。[TSO-C165/RTCA/DO-257A,2.1.5]

(10) 显示控制应该对驾驶员清楚可见、标注和可用,当驾驶员观察前方飞行路线时,应使得驾驶员从正常位置的视线偏离尽可能小。[AC-23.1311-1C,20]

(11) 各台发动机使用同样的动力装置操纵器件时,操纵器件的位置安排必须能防止混淆各自控制的发动机。[CCAR-25.777(d)]

(12) 控制器件的评价应该包括对控制器件位置和控制机制完整性的评价。多发动机上控制器件的物理安排应该与飞机上发动机从左到右顺序的物理位置保持一致。当发生故障时,还应该检查相应的显示和警告指示。必须努力提供清楚的、正确的指示以防止这些情况的发生。同时,发动机控制器件的标志和灯光需要清楚和明确,以防止驾驶员产生混淆。人为因素审定计划中的符合性试验应该从初始的工程研究时就开始进行,并且在模型、模拟器和飞机地面/飞行试验中进行评价。[PS-ACE 100-2001-004,附录 A]

(13) 以下是驾驶舱控制问题中应该避免的实例:[AC-27-1B,AC-27.777;AC-29-2C,AC-29.777]

a. 控制器件阻碍了驾驶员腿部的水平移动,反过来限制了左侧横向循环位移。

b. 座位或座位靠垫妨碍向后的移动。

c. 脚部较大的驾驶员穿着大的飞行靴而没有足够的空间。

d. 控制器件/座位的关系使得驾驶员需要通过不正常的扭动去操作控制器件。

e. 控制器件/座位的关系或者控制系统的几何形状无助于推控制器或当助推状态关闭时,不允许足够的机械控制。

f. 将控制面板或设备加入到仪表面板或控制台中,限制了完整的控制使用。

g. 刹车踏板的几何形状导致刹车的使用不充分。

h. 控制器件和设备需要双手操作。

i. 在不释放主飞行控制的条件下,紧急的外部货物释放控制无法驱动。

j. 由于安全带锁住而导致在紧急条件下重要的控制无法驱动。

k. 由于疏忽而导致推力控制从停车位置推到关断位置。

l. 在正常的驾驶舱活动中,开关、按钮或其他控制被无意激活,包括进出驾驶舱。

m. 由于驾驶员穿着体积较大的冬装而导致无法操作。

n. 在所有的前向位置中,限制驾驶员向前或向后调整座椅。

6.1.2.2　可识别和可预期的控制器件

(1) 驾驶员必须能够以适合任务的速度和准确度识别和选择当前的控制器件功能,使控制操作的方式和功能显而易见(可预期和明显的),而不需要熟悉的过程。表明预期的驾驶员能够快速、准确和一致地识别和执行所有的控制功能,预期的驾驶员是有资质的、受过训练的驾驶员。[AC-20-175,2-7.a]

(2) 申请人应该评价控制器件激活的结果,以表明结果对每个飞行机组成员都是可预测的和明显的。这种评价可以包含对多种显示、单一设备的控制器件的评价,以及飞行机组成员获得独立的控制器件所使用的共享显示的评价。单一控制器件的使用也应该进行评价。[AC-25.1302-1,5-4.c.(1)(b)]

(3) 控制器件可以通过格式、颜色、位置和标注等不同的属性实现区分性和可预测性。例如,按钮通过按压进行控制,而旋钮通过旋转进行控制,这应该容易区分。控制器件的形状如果容易通过触觉感知而确定,那么可以提升操作的简易程度,特别是当驾驶员任务需要更多的视觉注意力时。[AC-20-175,2-7.b]

(4) 设计的控制器件应该直观地呈现给驾驶员,使得驾驶员能够快速、准确地识别和选择显示控制的所有功能。控制器件应该在所有灯光条件下容易识别,能够与其他的控制进行区分,并且通过系统提供适合于被控制功能的反馈。[AC-23.1311-1C,20.0.a]

(5) 颜色编码作为一个单一的区分性特征通常是不充分的,这适用于物理控制器件以及控制器件作为部分交互式的图形用户界面。[AC-25.1302-1,5.4.c.(1)(d)]

(6) 标注的设计应该避免隐藏功能,例如在显示的空白区域点击后会出现其他的显示。[AC-25.1302-1,5.4.c.(2)(c)]

6.1.2.3　设计理念

(1) 如果是申请人,那么应该记录和遵循控制的设计理念,并且支持预期的功能。在审定过程中,记录的设计理念可以作为系统描述、审定计划以及其他提交给局方文件中的一部分。设计理念应该包含对控制器件特征高等级的描述,例如标注、反馈、自动化行为以及差错恢复;同时,也包括对人的绩效考虑的高等级的描述,例如飞行机组工作负荷、潜在差错以及预期的训练要求。[AC-20-175,2-1.a]

(2) 在整个驾驶舱内最大限度地使用一致的设计理念。[AC-20-175,2-1.b]

(3) 如果颜色用来对任务重要性高的信息进行编码,那么应该使用其他至少一种有区分度的编码参数(如大小、形状、标注)。在所有的控制器件和显示中,颜色编码应该尽可能地保持一致,并且考虑驾驶舱灯光对标注的影响以及驾驶舱中颜色的使用(颜色理念)。[AC-20-175,2-1.c]

6.1.2.4　环境和使用条件

(1) 在服役过程中,应该能够在合理预期的飞行运行条件下,考虑会影响飞行机组与控制器件进行交互的各种环境、使用条件和其他因素,包括:[AC-20-175,2-2.a]

　a. 合适的驾驶员团体。

　b. 亮的和暗的灯光条件。

　c. 手套的使用。

　d. 湍流以及其他振动。

　e. 任务的中断和延迟。

　f. 可能在物理上会干扰控制器件移动的物体。

　g. 一个驾驶员失能(多机组飞机)。

　h. 非常用手的使用。

　i. 过度的外部噪声。

(2) 由于不可能列举所有可能的环境和使用条件,所以应该建立一个有代表性的集合,包括正常的和最差的情况。这些情况应该覆盖完整的系统假定运行的环境,包括正常的、非正常的以及紧急条件。以下的段落对上面列举的环境和使用条件进行了更加具体的说明。[AC-20-175,2-2.b]

(3) 对一些控制器件的操作包含了多个步骤,因此中断和延迟可能影响任务的完成。有时,驾驶员可能忘记完成一个已经开始的任务(如空中交通控制呼叫),或者他们可能不理解系统行为如何适应未完成的工作(如数据输入超时)。在环境和使用条件中,如果控制行为会导致任何与安全性相关的重要结果,那么还应该包括在驾驶员系统交互任务中的中断和延迟。[AC-20-175,2-2.h]

(4) 在操作过程中,驾驶员可能戴着手套,例如在寒冷的天气中。考虑皮肤接触(如触觉反馈,系统电容性感知)、手指大小(如按钮空间)以及其他单独的手指特征的设计假设可能不足以覆盖驾驶员戴手套的情况。因此,应该包含驾驶员戴着手套进行操作的环境和使用条件,在不能戴手套进行操作的情况下,应该在飞机飞行手册或者飞行手册补充资料合适的位置清楚地描述所有的限制或者确定限制的方式。[AC-20-175,2-2.e]

(5) 应该保证振动过程中控制器件的可操作性。振动不仅影响驾驶员主动激活控制器件的能力,还影响对激活控制器件的意识。振动可能来自湍流、推进系统或者其他的原因。[AC-20-175,2-2.f.(1)]

(6) CCAR-25.771(e),27.771(c)和29.771(c)中要求振动和驾驶舱设备的噪声特征不会干扰飞行的安全运行。单独的理论分析不足以作为符合性证据,但是可以作为补充。因此,也要通过其他方式表明符合性,例如试验或证明,以表明控制在预期的飞机和运行条件对一定范围的振动环境是可接受的。多功能控制更容易受到振动的影响。对于可以通过多种控制器件方式实现的功能,应该保证在振动过程中至少一种控制器件是可用的。[AC-20-175,2-2.f.(2)]

6.1.2.5　噪声环境中的控制使用

(1) 在过分高的外界噪声条件下(如发动机、气流),控制器件应该可用。[AC-20-175,2-2.k]

(2) 当听觉反馈作为控制器件特性时,可能有必要加入其他的感知反馈(如视觉、听觉)。[AC-20-175,2-2.k]

6.1.2.6　控制器件亮度/可视性

(1) 控制器件应该在所有可预见的亮度条件下可用。[AC-20-175,2-2.d.(1)]

(2) 控制器件的设计应该考虑夜间的可用性(如亮度)。[TSO-C165/RTCA/DO-267A,2.1.5.1]

注:控制器件的亮度可以通过照亮控制器件本身或者提供整个驾驶舱的亮度来实现,这需要在具体安装的基础上进行评价。[TSO-C165/RTCA/DO-267A,2.1.5.1]

(3) 对一个控制器件的照明不应该影响对周边控制器件的识别。[PS-ACE100-2001-004,附录A]

(4) 申请人应该表明需要重新获得飞机或系统控制以及持续安全的操作飞机的控制器件在所有的环境条件下都是可识别和可用的,包括驾驶舱中有浓烟或严重振动的情况。[AC-25.1302-1,5-4.e.(1)(d)]

6.1.2.7　控制照明

(1) 对于具有视觉标注且希望在低亮度条件下使用的控制器件,标注必须能够以某种方式照亮,从而使得它们能够容易地阅读,满足 2X.1381(a)的要求。[AC-20-175,2-9.a]

(2) 保证控制器件的照明与驾驶舱告警灯,包括警告、戒备和咨询等相一致。[AC-20-175,2-9.b]

(3) 对于低亮度的条件,使得亮的控制器件变暗,与驾驶舱中 2X.1555 规定的其他的设备亮度相一致。这能够让飞行机组适应暗的环境,使得控制器件容易识别,并且保持对外部的视觉。[AC-20-175,2-9.c]

(4) 保证内部来源的控制照明不会变暗到使控制器件表现为未激活状态。[AC-20-175,2-9.d]

(5) 保证内部来源的控制照明不会产生漏光、亮点或者从挡风玻璃上发生反射从而干扰驾驶员的视觉或绩效的现象。[AC-20-175,2-9.e]

(6) 可以对控制照明进行自动调节,并且考虑多人制机组操作偏好的差异。[AC-20-175,2-9.f]

(7) 保证在夜间视觉成像系统(NVIS)中运行的被照亮的控制满足 AC-20-175,2-9.a 到 2-9.e 的要求,并且与夜间视觉护目镜(NVG)相兼容。[AC-20-175,2-9.g]

注: NVIS 照明必须允许颜色图像传输以满足飞机审定条款的要求(如 2X.1381,2X.1555)。对于不需要颜色区分的控制,应该保证 NVIS 中一个照明可以使用;对于需要区分颜色的控制,可以使用 NVIS 照明。当控制器件需要使用颜色进行区分时,NVIS 照明必须让驾驶员能够容易地识别所需的颜色(典型的 NVIS 使用白色)。对于红色、黄色(或琥珀色)以及绿色的使用在驾驶舱中应该一致。[AC-20-175,2-9.g]

(8) 电子显示需要有足够的对比度和亮度,使得其在所有外界亮度环境中,包括从亮的太阳光到全黑的情况,都能够被识别。具有照明的控制器件也必须有足够的能够适应这些条件的调整范围。本要求的目的是既提供可读的显示又不增加驾驶员工作负荷。[PS-ACE 100-2001-004,附录 A]

6.1.2.8　控制器件标注

(1) 除飞行主操纵器件和功能显而易见的操纵器件外,必须清晰地标明驾驶舱内每一操纵器件的功能和操作方法。[CCAR-25.1555(a),27.1555(a),29.1555(a)]

(2) 每一气动力操纵器件必须按第 25.677 条和第 25.699 条的要求来标示。[CCAR-25.1555(b)]

(3) 标注应该用作识别所有的操作信息内容以及显示操作特性的控制的功能。[TSO-C165/RTCA/DO-257A,2.1.5.1]

注: 本要求适用于标准的机械控制(如按钮、旋钮等)。[TSO-C165/RTCA/DO-257A,2.1.5.1]

(4) 功能不明显的控制器件应该进行标注,使得不熟悉飞机的飞行机组成员能够快速、准确、一致地识别控制器件的功能。[AC-25-11A,31.c.(2)]

(5) 如果控制器件能够实现不止一种功能,那么标注应该包含所有预期的功能,除非控制器件的功能是明显的。[AC-25-11A,31.c.(2)(b)]

(6) 通过指针控制设备进行接入的图形控制的标注应该包含在图形显示中。[AC-25-11A,31.c.(2)(b)]

(7) 在多功能显示中,标注应该用来指示激活的功能,除非功能是明显的。当功能不再被激活或显示时,标注应该移除,除非存在其他的方式表明功能的可用性。[AC-25-11A,31.c.(2)(d)]

(8) 标注的术语应该用有意义的形式描述控制器件的功能,这些形式应该与功能的显示或者模式的选择尽可能地保持一致。[TSO-C146c/RTCA/DO-229D,2.2.1.1.1.2]

(9) 标注是驾驶舱中识别和描述控制器件和其他设备最常用的方式,它们可以是完整的文本(如"备用")、缩略的文本(如"STBY")、缩写(如"AGL"对应于"高于

地平面")以及图标(如"开/关")。[AC-20-175,2-8.a]

注:只有有限数量的控制功能具有驾驶员愿意知道的图标,大部分的功能没有被广泛接受的图标。[AC-20-175,2-8.a]

(10) 控制器件的标注必须对使用控制器件的驾驶员可见、容易辨识并且能够理解。[AC-20-175,2-8.b]

(11) 除非通过其他的方式(如格式、位置)能使控制功能和运行模式是明显的,否则控制标注应该能清楚和明确地传递:[AC-20-175,2-8.c]

a. 每个控制器件所执行的当前的功能。

b. 当执行当前功能时,驱动控制的方式。

(12) 标注以及其他与控制功能和运行模式相关的信息应该在一个广泛的外界亮度条件下可读,包括但不限于:[AC-20-175,2-2.d]

a. 控制上的直接光照。

b. 通过前玻璃透射的非直接光照(反射)。

c. 在飞行机组成员眼部前方水平面上方和云甲板上方的光线。

d. 夜晚和/或暗环境。

当评价控制时,应该考虑上述条件,并且表明控制是可接受的。补偿因素例如触觉特征,也可以作为部分环境的使用条件。对于功能受亮度信息影响的控制需要进行特别的考虑,例如灯的开关和显示上的软式按键。[AC-20-175,2-2.d]

(13) 如果控制器件可以用作多种功能,那么当前的功能应该在显示或者控制器件上进行指示。[TSO-C165/RTCA/DO-257A,2.1.5.1]

(14) 大小控制器件的标注应该从驾驶员的正常座位上就容易识别。[AC-20-175,2-8.d]

(15) 多功能控制应该进行标识使得驾驶员能够:[AC-25-11A,41.a]

a. 快速地、准确地、一致地识别和选择控制设备的所有功能。

b. 根据指针位置在显示上快速、可靠地识别"活跃"项,并且快速、可靠地识别使用选择器按钮和/或使用多功能控制可能会实现的功能。

c. 不需要多余的训练或者经验就能够快速、准确地确定控制器件的功能。

(16) 通过指针设备如轨迹球,进行介入的图形控制器件标注应该包括在图形显示上。当菜单能引出其他的选项例如子菜单时,菜单的标注应该对下一级子菜单进行有效的描述。[AC-25.1302-1,5-4.c.(2)(a)]

(17) 当可用时,推荐对标注使用局方政策性文件和其他标准的术语、图标或缩写。此外,推荐使用航空界中通用的标注。[AC-20-175,2-8.e]

(18) 对于使用文本标注图标的控制,可以让接受过最小预期程序训练的驾驶员在所需的正常、非正常以及紧急情况下以可接受的工作负荷等级完成任务。如果合适,那么应该考虑在控制器件中加入图标作为文本标注的补充,而不是取代标注(如持续的文本显示,临时"鼠标悬停"显示)。[AC-20-175,2-8.f]

(19) 如果对同样的功能存在多重控制器件,那么应该清楚地标注所有的控制器件。但是,如果其他的控制器件能够对大部分的驾驶员提供适用性,则不用遵循。例如,有经验的用户可能会选择直观的方式以获得性能的优势,比如速度。通常不推荐双击或推-握住作为操作的单一方式,而是将其作为可接受的次要方式。申请人应该表明对同一功能的多种控制器件是可接受的,并且不会导致混淆或者无意的操作。[AC-20-175,2-8.g]

(20) 如果对同样的功能存在多重控制器件(多人制机组),则表明有足够的信息或者其他可用的方式让每名机组成员都意识到当前运行的控制器件。[AC-20-175,2-8.h]

(21) 标注一个功能只使用一个缩写和/或一种图标是为了避免当一种标注出现在多种位置时产生混淆。[AC-20-175,2-8.i]

(22) 保证标注不会受到划痕、变模糊、涂擦、损毁以及其他影响识别度的因素而导致无法正常使用。[AC-20-175,2-8.j]

(23) 从当前的状态指示控制器件的功能时应该用一种容易识别的方式,例如,一个标注为"航迹向上"的按钮不应该显示为"航向向上"。[AC-20-175,3-3.a]

(24) 保证描述控制器件功能的弹出文本不会导致飞行机组不可接受的分神、干扰或者混乱。[AC-20-175,3-3.b]

(25) 如果一个控制器件能够基于顺序的命令或者选择驱动一些不同的功能,那么应该清楚地标注每个功能。[AC-20-175,3-3.c]

(26) 当控制器件改变状态以及不在默认的状态时,应该有明确的指示。(例如:如果旋钮被拉出,那么应该实现不同的功能)[TSO-C146c/RTCA/DO-229D,2.2.1.1.4.1]

(27) 控制器件标注应该进行评价以保证在整个驾驶舱中使用逻辑一致的标注用法。评价也应该考虑电子控制标注,特别是在所有显示页面中都使用的标注。控制功能术语的选择让预期的驾驶员能够立即、明确地理解是很重要的。评价应该验证术语的选择是否遵循标准化的航空传统。[PS-ACE 100-2001-004,附录 A]

(28) 驾驶员必须能够快速而可靠地识别由软件标注所控制的功能。使用的标准是驾驶员必须能够进行与任务相关的控制器件并达到与使用传统控制器件相同绩效的标准,除非绩效的降低是无关紧要的,并且设计能够获得其他重要的绩效或使设计简易化。[PS-ACE 100-2001-004,附录 A]

(29) 所有的控制器件标注应该进行评价以保证它们在白天和夜晚运行环境中可见。同时应该指出,显示上的字符大小会影响可读性和感知的亮度,字符大小的变化会导致感知亮度的失衡(参考 SAE ARP 4103)。[PS-ACE 100-2001-004,附录 A]

6.1.2.9　多功能控制

(1) 如果一个多功能控制器件代替了一个已经获得了很好理解的传统控制器

件的功能,那么应该在两种控制器件之间进行比较以确定这种替代是否会导致性能和安全性的变化。此外,应该表明多功能控制器件不会导致不可接受的工作负荷、差错率、速度和准确度等级。[AC-20-175,3-1.d]

(2) 如果控制器件用于实现多种功能,那么功能性应该具有区分度。[TSO-C146c/RTCA/DO-229D,2.2.1.1.4.1]

(3) 通常,设计应该避免多功能控制器件具有隐藏功能,因为这样会增加机组的工作负荷以及发生潜在差错的可能性。[AMC 25.1302,5.7.5]

6.1.2.10　多功能控制器件:菜单和导航

(1) 在菜单中,信息的分层不应该妨碍驾驶员识别所期望的控制器件的位置。位置和可达性不仅仅与控制功能的物理位置相关,它们也包含控制功能在多种菜单层级中位置的考虑以及驾驶员如何通过这些层级获得功能。[AC-20-175,3-6]

(2) 对于基于菜单的控制器件,保证获得和使用控制器件所需的步骤的数量和复杂度对期望的控制器件的使用是合适的(如最常使用的控制和紧急的控制应该在最顶层菜单中可用)。子菜单的数量设计应该保证能够及时获得所期望的选项,而不需要过度依赖对菜单结构的记忆。[AC-20-175,3-6.a]

(3) 驾驶舱控制器件的位置和识别必须提供便捷的操作,并且可防止混淆。菜单中分成的信息或隐藏的页面不会妨碍飞行机组识别所需控制器件的位置。[AC-20-175,3-6.b]

(4) 应该使上层控制菜单页面(如主要的或者主页面)完全位于显示上(如不需要翻页)。[AC-20-175,3-6.c]

(5) 应该使上层控制菜单容易获得。这通常需要通过持续显示菜单或者获得菜单在固定的位置的控制器件来实现(如主页面)。[AC-20-175,3-6.d]

(6) 提供页面导航的反馈,并且明确指示当前的位置。[AC-20-175,3-6.e]

6.1.2.11　多功能控制器件:语音识别和语音激活

(1) 保证语音识别和语音激活控制系统能够在预期的飞行和外界噪声条件下,让驾驶员一致和准确地识别和合适地输入口头命令(参考第2章,2-2.k段)。典型的飞机背景噪声、机组和乘客的交流、雷达通信交通以及其他来源的声音不应该干扰系统。[AC-20-175,3-7.a]

(2) 应该提供一种简单的、显而易见的方式关断语音识别和语音激活系统。[AC-20-175,3-7.b]

(3) 保证语音识别和语音激活控制系统不会干扰驾驶员正常的通信功能(如空中交通控制以及与其他飞机的通信)。[AC-20-175,3-7.c]

6.1.2.12　动力控制器件

(1) 动力装置操纵器件的位置、排列和设计,必须符合第25.777至25.781条的规定,并按第25.1555条的要求作标记。[CCAR-25.1141]

(2) 操纵器件的位置必须保证不会由于人员进出驾驶舱或在驾驶舱内正常活动而使其误动。[CCAR-25.1141(a),29.1141(b)]

(3) 柔性操纵器件必须经过批准,或必须表明适合于特定用途。[CCAR-25.1141(b)]

(4) 操纵器件必须具有足够的强度和刚度,能承受工作载荷而不失效和没有过度的变形。[CCAR-25.1141(c)]

(5) 操纵器件必须能保持在任何给定的位置而不需飞行机组成员经常注意,并且不会由于操纵载荷或振动而滑移。[CCAR-25.1141(d)]

(6) 位于指定火区内要求在着火情况下能够工作的每个动力装置操纵器件,必须至少是耐火的。[CCAR-25.1141(e)]

(7) 对动力装置燃油操纵器件有下列要求:[CCAR-25.1555(c)]

a. 必须对燃油箱转换开关的操纵器件作出标记,指明相应于每个油箱的位置和相应于每种实际存在的交叉供油状态的位置。

b. 为了安全运行,如果要求按特定顺序使用某些油箱,则在此组油箱的转换开关上或其近旁必须标明该顺序。

c. 每台发动机的每个阀门操纵器件必须作出标记,指明相应于所操纵的发动机的位置。

6.1.2.13 数据输入控制器件

(1) 数据输入控制器件应该允许驾驶员很容易地从典型输入差错中恢复,例如一个简单的键盘差错或者一个不正确的自动填充。[AC-20-175,2-11.d]

(2) 数据输入的控制器件必须支持驾驶员输入所需的支持预期功能的数据,必须表明数据输入的速度、准确性、差错率和工作负荷是可接受的。[AC-20-175,2-11.a]

(3) 如果数据输入包含多个步骤,那么应该保证每个步骤都是清楚可辨识的。[AC-20-175,2-11.b]

(4) 在数据构建过程中,应该保证自动构建的数据能够与手动构建的数据清楚地识别。不管数据如何构建,系统应该让驾驶员能够容易地确定已经输入系统的数据。[AC-20-175,2-11.c]

(5) 以往批准的数据输入控制器件使用的物理构型和设计特征是基于:[AC-20-175,2-11.e]

a. 字母按键安排成 QWERTY 格式(推荐)或者按字母顺序。

b. 数字按键安排在 3×3 的矩阵中,0 在最下方。

c. 同轴旋钮包含不超过两个旋钮。

d. 指针自动位于第一个数据输入段。

e. 数据输入段足够长,能够显示所有输入的数据而不需要翻页。

f. 对数据输入和反馈,将长的数据项分割成较短的数据段。

（6）超时（如中断驾驶员数据输入任务）以及相关的自动数据输入特性应该能够让驾驶员预测和容易识别。[AC-20-175,2-11.f]

6.1.2.14　自动化系统的控制器件

自动化系统可以通过驾驶员选择和驾驶员监视完成各种任务。应该提供控制器件管理系统或者系统集的功能，"具体自动化"控制器件的设计应该能够让飞行机组完成以下的内容：[AC-25.1302-1,5-6.c.(5)(a)]

a. 对需要立即执行的任务或者将要执行的任务，应当安全地准备系统，新任务（如新的飞行航迹）的准备不应该干扰或者混淆当前自动化系统所执行的任务。

b. 激活合适的系统功能，并且清楚地理解控制器件的内容和飞行机组的预期。例如，当飞行机组操作垂直速度指示器时，必须能够清楚地理解并且可以设置垂直速度或者航迹角。

c. 如果运行条件要求，那么应该手动干预任意的系统功能，或者恢复到手动控制。例如，如果系统功能丢失、运行异常或者失效，那么可能需要手动干预。

6.1.2.15　持续适航

（1）CCAR-2X.1529对设备的持续适航进行了规定，包括控制器件的操作、替换、服役的限制以及考虑条件。例如：[AC-20-175,2-12.a]

a. 控制器件如何保证持续符合CCAR-2X.671中所规定的容易、缓慢、主动的操作？

b. 控制器件是否需要存在清楚的表面油渍和汗渍，使得标注容易识别？

c. 什么样的干扰会妨碍安全运行？

d. 如果暴露在液体中（如溅出的咖啡或饮料），那么控制器件是否容易失效？

e. 是否应该在给定的时间间隔中进行维护或检查？

（2）应该使得设计的控制器件由于操作使用而造成的损坏（如划伤、变模糊）最小化。[AC-20-175,2-12.b]

（3）对每个控制器件定义一个合理的维护和检查间隔，同时，在每个间隔中进行验证试验以保证持续的运行安全性。[AC-20-175,2-12.c]

6.1.3　其他推荐

6.1.3.1　总则

（1）当控制器件的功能由自动化系统完成时，系统应该明确地指示（如指示表明功能不可用）。

（2）在所有的湍流条件范围内，控制器件应该可用。[RTCA/DO-256,2.1.2.2]

（3）输入设备的设计范围应该与人体测量学考虑的范围相一致。[DOT-VNTSC-FAA-95-3]

（4）软控制器件按钮应该在大小和形状上保持一致。[DOT/FAA/CT-

TN96/3]

（5）控制器件种类的差异应该限制为最小，驱动的感知和相关的影响应该尽可能保持一致。推荐键盘和旋转控制器件使用拇指旋轮和转角控制。［SAE ARP 4102,5.1.1.3]

（6）如果使用多重输入设备，那么输入设备的选择应该一致。总的系统设计不应该要求经常在不同的输入设备间进行转换。［DOT－VNTSC－FAA－95－3]

6.1.3.2　控制器件标注

（1）软控制器件标注（如与线条选择按键相关的响应选项，该按键可能依据显示的页面发生改变）应该在所有显示屏上都显示在一致的位置。［RTCA/DO－256,2.1.3.5]

（2）软控制器件标注应该明确地与它们所标注的控制器件相对应（如通过位置或通过指示器与标注对应）。［RTCA/DO－256,2.1.3.5]

（3）标注不应该直接位于旋转的控制器件之上，以避免操作时控制器件的方向发生改变。［DOT－VNTSC－FAA－95－7]

（4）应该用线条连接软标注和所对应的控制器件，使得视差问题最小化。（Yeh,2004）

（5）软功能键标注应该位于一个保守的位置，例如在主要的内容区域之外。［DOT－VNTSC－FAA－03－07]

（6）当用于功能选择时，选择的功能应该明确地指示，同时，选择器的位置应该通过可区分的卡位进行识别。［SAE ARP 4102,5.3.1.3]

（7）选择控制器件的表面应该清楚地标注以增强对控制器件位置的识别。［SAE ARP 4102,5.3.1.4]

6.1.3.3　编码和一致性

（1）如果用编码方式来区分控制器件，那么编码的应用应该在系统中与驾驶舱实际设计理念保持一致。［MIL－STD－1472G,5.1.1.4.1]

（2）在多个显示系统中实现相同功能的控制器件应该以同样的方式进行编码。

（3）如果控制器件是通过大小进行编码的，那么应该只使用3到5个尺寸。相似的控制器件在尺寸上至少应该相差20%，且控制器件的直径应该相差至少0.5英寸（13毫米）。［DOT－VNTSC－FAA－95－7]

（4）控制器件的形状应该尽可能独特并且有意义，从而能够直接进行功能识别。［MIL－STD－1472G,5.1.1.4.4]

（5）如果控制器件是通过形状编码的，那么应该使用不超过10个形状。形状应该能够通过触觉和视觉进行区分，并且与功能相关。控制器件的形状不应该影响控制器件的操作，并且应该避免锋利的边缘。［DOT－VNTSC－FAA－95－7]

（6）控制器件的颜色应该是黑的或灰的。［MIL－STD－1472G,5.1.1.4.5.a]

6.1.4　简要案例说明

在不同的显示页面中安排软按键功能位于一致的位置有利于减少搜寻功能的时间,并且会降低选择错误控制器件的可能性。

在拥有多个发动机的飞机中,驾驶员在诊断发动机故障时无意地关错发动机会导致事故的发生。这类错误可以归结于问题的错误诊断,例如,如果警告不能明确地指示哪一个发动机有问题;或者一个不正确的响应,例如,如果没有明确的指示说明控制器件所对应的发动机。在多发飞机或者旋翼飞机上安排的控制器件位置与发动机的物理位置相一致有助于防止发生这些差错。

6.2　控制器件的布置和可达性

6.2.1　背景

精心设计的和位置安放合理的控制器件对于安全运行很重要。但是,由于驾驶舱中空间有限,使得在安排控制器件时需要进行适当的妥协,因此不是所有的控制器件都能够放在最合理的位置上。在传统的驾驶舱中,给定的显示系统的控制器件通常集成在一个控制面板或者顶板的某一块区域中,随着一些控制器件从专用的控制面板中移除以及指针控制设备和软控制器件的使用,显示系统的一部分控制器件仍然保留在顶板中,而其他的一部分则移动到显示中。这种系统控制器件的散落或者不相关控制器件的搭配可能会引起混淆(特别是在较高工作负荷条件下),增加发生差错的可能性,因此不仅需要驾驶员高度集中注意力,还会造成驾驶员疲劳。使用系统物理模型进行评价可以帮助识别由于控制布置所引起的差错以及对系统运行和安全性可能造成的后果(如无意驱动)。

布置控制器件时考虑需要完成的任务以及完成这些任务所需要的动作顺序有益于驾驶员执行任务,并且可以帮助预防和管理潜在的差错。专用的显示控制器件应该尽可能靠近所控制的显示;较大的控制器件和显示之间的间距可能会影响可用性。大部分的控制器件都会在特定的情况下被无意操作,驾驶员可能偶然撞击一个控制器件,或者当驱动其他控制器件时无意地驱动另外一个控制器件。防止无意操作的要求需要与控制操作的简易性进行权衡,因为防止无意操作的方式也会使得控制器件难以获得或难以操作。

6.2.2　局方管理条例与指导性资料

6.2.2.1　合适的驾驶员群体代表

(1) 设计的控制器件必须向一个大的驾驶员物理属性范围提供可接受的性能。合适的驾驶员代表是验证适用条款符合性的关键,例如,对于给定手指尺寸过小的按钮可能容易造成使用性问题、手指指向错误、手指滑动、不充分的反馈、不充分的标注尺寸以及无意的操作。[AC－20－175,2－2.c.(1)]

(2) 操纵器相对于驾驶员座椅的位置和布局,必须使任何身高 158 厘米(5

英尺 2 英寸)至 190 厘米(6 英尺 3 英寸)的(按第 25.1523 条规定的)最小飞行机组成员就座并系紧安全带和肩带(如果装有)时,每个操纵器件可无阻挡地作全行程运动,而不受驾驶舱结构或最小飞行机组成员衣着的干扰。[CCAR‐25.777(c)]

(3) CCAR‐25.777(c)中直接指明了身高以及其他身体尺寸,例如坐高、坐肩高、手臂长度、手掌大小等,对驾驶舱中具体身高范围的驾驶员的几何可接受性都有影响。这些尺寸不需要与身高或者其他尺寸很好地关联,所以符合性方法应该合理地考虑这些变量。[PS‐ANM 100‐01‐03A,附录 A]

(4) 设计为多机组操作的飞机,在确定最小机组时,一个驾驶员的失能情况必须考虑。当其他的飞行机组成员失能时,剩余飞行机组成员所使用的任意的控制器件,包括正常的和非正常情况,都必须在座位上可视、可触及和可操作。[AC‐20‐175,2‐2.i]

(5) 由于人体尺寸有较大的差异性,所以应该考虑这些差异受环境和使用条件的影响。一些可接受的考虑人体尺寸差异的方法包括[AC‐20‐175,2‐2.c(3)]:

a. 基于人体测量数据库来选择个体开展试验,人体测量数据库包含从人体测量和属性对比研究得到的信息。

b. 使用物理模型辅助计算基于人体测量的模型。

c. 比较控制位置的物理测量和人体测量数据库中的物理测量。

(6) 除了考虑控制无限制的移动,人体测量数据对很多其他性能的考虑也很重要,包括无意地驱动和体力工作负荷。控制器件相关的人体测量数据也包含手和手指的尺寸。[AC‐20‐175,2‐2.c(4)]

(7) 考虑驾驶员除了人体测量以外的其他与控制器件相关的特征,驾驶员其他重要生理特征包括物理长度、视觉正确度以及颜色感知。驾驶员的文化特征也与图形元素的选择、词语的选择以及特定控制的特性(如菜单结构)相关。通常对于给定的控制器件,考虑最少的驾驶员经验是合适的。[AC‐20‐175,2‐2.c(5)]

(8) 环境和使用条件应该覆盖与控制器件相关的驾驶员特征范围,从而能够代表预期的驾驶员群体。不仅要表明控制器件在该范围内是可接受的,也要提供数据以描述驾驶员特征范围以及该范围如何代表预期的驾驶员群体。[AC‐20‐175,2‐2.c(6)]

6.2.2.2　布置和组织

(1) 线条选择功能键应该与邻近的文本对齐。[TSO‐C165/RTCA/DO‐257A,2.1.5.2;AC‐20‐138C,11‐8.a.(7)(e);RTCA/DO‐256]

注:不同的安装会导致不同的视差问题,应该考虑提供倾斜功能以支持不同的驾驶员控制显示单位视角。[TSO‐C165/RTCA/DO‐257A,2.1.5.2;RTCA/DO‐256]

(2) 当控制器件或者指示发生在多个位置时(如飞行管理功能多个页面上的"返回"控制),控制器件和指示的位置应该一致。[AC‐25‐11A,36.b.(2)]

（3）通过功能或者通过使用顺序将控制器件有逻辑地进行组合和布置。[AC-20-175,2-2.a]

（4）最常结合使用的控制器件在位置上应该靠在一起。[TSO-C165/RTCA/DO-257A,2.1.5.2]

（5）在操作时,控制器件的位置必须使得它们相关的元素是清楚的(如显示、指示、标注)。保证相关性的重要性是显而易见的、可理解的并且是符合逻辑的(如线条选择功能键在显示上与邻近的文本对齐)。如果控制器件和它的指示或者显示间存在较大的空间分离,那么应该重点考虑。[AC-20-175,2-3.d]

（6）控制器件和它的显示之间存在空间分离是必需的,当系统控制器件与相同系统其他控制器件在一起时,或者当面板上的一些控制器件中的一个控制器件用于多功能显示时,会出现这样的情况。当控制器件与相对应的显示存在较大的空间分离时,申请人应该表明控制的使用对任务是合适的,并且符合25.777(a)和25.1302的要求。[AC-25.1302-1,5-4.e.(2)(c)]

（7）对于实现多任务(如数字输入控制、"输入"或"执行"键)的控制器件的位置,应该让驾驶员容易达到并且容易与控制器件的功能相对应。控制器件的位置应该预防替换差错,这种差错是由不一致的控制器件位置所引起的。[AC-20-175,2-3.e]

（8）保证手动操作的控制器件可以用单手进行操作,另外一只手可以用来操作重要的飞行控制。[AC-20-175,2-3.f]

（9）如果控制设备位置是指示功能状态(如向上的位置指示功能打开)的主要方式,那么控制设备位置对每个驾驶员座位都是明显的。[AC-20-175,2-6.g]

（10）控制器件的使用不应该妨碍相关的显示。[AC-20-138C,11-8.a.(1)]

（11）总的来说,控制器件的设计和位置应该避免可视信息被遮挡的可能性。如果控制器件移动范围临时遮挡了飞行机组的信息,那么申请人应该表明该信息此时不需要,或者在其他可达的位置上是可用的。25.1302(b)(2)段要求供飞行机组使用的预期信息应该可达和可用,并且是与飞行机组任务的紧迫度、频率和时长相一致的方式。[AC-25.1302-1,5-4.e.(2)(d)]

6.2.2.3　可达性

（1）飞行机组经常使用的功能的控制器件应该容易获得。[AC-20-175,2-3.b]

（2）控制器件应该对惯用左手和惯用右手的驾驶员都可用。如果控制器件需要速度、力或者移动的准确度(如指针控制设备),以及控制器件设计为特定手操作的(如控制器件只能右手触及),那么应该进行特别考虑。[AC-20-175,2-2.j]

（3）通常在飞行中需要调整的控制器件应该可达而不会干扰重要显示的可视性。[TSO-C146c/RTCA/DO-229D,2.2.1.1.1.1]

（4）专用的控制器件应该作为经常使用的功能。[TSO-C165/RTCA/DO-

257A,2.1.5.2;AC－20－138C,11－8.a.(7)(d)]

(5) 应该在系统失效、飞行机组失能以及最小设备清单分派的条件下表明控制器件的可达性。[AC－25.1302－1,5－4.d.(3)]

(6) 25.1302(b)段要求飞行机组使用的预期的驾驶舱控制器件和信息应该以一种清楚的、明确的方式提供,且分辨率和准确度应该符合任务的要求。驾驶舱控制器件和信息必须对飞行机组可达和可用,同时是与飞行机组任务的紧迫度、频率和时长相一致的方式。如果飞行机组意识是安全运行所需要的,那么必须让飞行机组意识到他们的动作对飞机或系统的影响。[AC－25.1302－1,5－1.f.(2)]

(7) 申请人应该表明飞行机组在所有的飞行阶段,都可以在专用和多功能显示上获得和管理(配置)所有需要的信息。[AC－25.1302－1,5－5.c.(1)(a)]

(8) 如果重置断路器或者更换保险丝对于飞行安全性是重要的,那么断路器或者保险丝的位置和识别必须容易重置或者容易在飞行中进行更换。[14 CFR 23.1357(d),27.1357(d),29.1357(d)]

(9) 申请人可以选择使用与25.777中相似的方法验证驾驶员到达具体断路保护设备的能力;申请人也应该考虑如何评价驾驶员容易识别设备的能力、是否安装在断路器面板上或者控制使用一个电子设备(可以显示和控制断路器状态的显示屏)。[PS－ANM 100－01－03(a),附录 A,2]

6.2.2.4　无意驱动

(1) 驾驶舱每个操纵器件的位置必须保证操作方便并防止混淆和误动。[CCAR－25.777(a),27.777(a),29.777(a)]

(2) 操作的尺寸、形状、颜色、构型和方式可以用来区分和帮助识别控制器件。当评价控制器件的识别和使用时,应该考虑这些设计与控制器件位置相关的特征,除非操作的功能和方式是明显的,否则控制器件必须按照 CCAR－23.1555 的要求进行标注。[PS－ACE 100－2001－004,附录 A]

(3) 提出的符合性方法应该涉及使用的简易性以及通过菜单逻辑获得的控制功能的无意操作。[PS－ANM 100－01－03(A),附录 A,1]

(4) 控制器件的布置和识别必须提供便捷的操作,并且防止混淆和随后产生无意操作。[14 CFR 23.671(b)]

(5) 应该考虑与控制器件识别和布置相关的潜在差错以及差错可能的结果。每个控制器件都应该被检查和操作以评价控制器件识别和使用的容易程度;也应该评价控制器件被潜在地无意驱动的可能性;同时,还应该考虑对邻近控制器件的潜在干扰。如果存在潜在的无意驱动,那么这些差错的结果应该被检查,并考虑对系统运行和安全性的影响。[PS－ACE 100－2001－004,附录 A]

(6) 预防控制被无意操作。这一类型的差错可能由于多种因素引起,例如当驾驶员偶然撞击到一个控制器件或者当期望驱动其他控制器件时,偶然地触动了另一个控制器件。[AC－20－175,2－10.a]

注：这可以通过控制器件的尺寸、高度、抵抗性、位置和空间或者控制器件之间的保护来实现。[RTCA/DO - 256,2.1.2.2]

（7）控制器件的使用应该不会导致邻近的控制器件被无意驱动。[TSO - C165/RTCA/DO - 257A,2.1.5.1]

（8）应该特别关注开关的位置或者与其他控制设备的相对位置，从而使得产生的机组潜在的无意错误动作可能性最小，特别是在紧急情况或者较高工作负荷的时间段内。[AC - 25.1309 - 1A,8.g.(5)]

（9）通常可接受的通过按键设计减少无意操作的方式包括：[TSO - C165/RTCA/DO - 257A,2.1.5.1]

a. 按钮边缘到边缘的最小空间为 1/4 英寸（6.35 毫米）；按键不应该有空隙使得顺序使用容易产生差错。

b. 为在空间上紧密相近的控制件设置障碍。

c. 按键上设置表面凹陷以减少滑动。

d. 控制表面的大小应该足够提供准确的选择。

（10）为了尽可能减轻无意操作的后果，设计和安装控制器件时，应该考虑以下问题：[AC - 20 - 175,2 - 10.b]

a. 如果驾驶员没有意识到无意的操作，那么是否会产生影响安全性的后果？

b. 驾驶员需要做什么以纠正无意的操作？

c. 当驾驶员不看控制时，控制的设计是否支持"解放眼部"使用？

d. 是否有相应的设计能够减少无意操作的可能性？

e. 是否有相应的设计能够增加驾驶员检测无意操作的可能性？

（11）以下的段落提供了多种方式以减少控制器件无意操作的可能性：[AC - 20 - 175,2 - 10.c]

a. 位置和方向。CCAR - 2x.777 要求控制器件的位置能够防止无意操作，应该对控制器件的位置、空间和方向进行考虑，使得操作者不会在正常的控制器件移动中偶然地撞击或者移动控制器件。例如，如果一个开关紧挨着一个经常使用的控制杆，那么开关的方向应该使得开关的转动轴垂直于控制杆的转动轴。

b. 物理防护。可以在控制器件的设计中加入物理障碍以防止偶然地驱动控制器件，实例包括嵌入式控制器件、有防护罩的控制器件、保护套以及防护装置。物理防护不能干扰被防护设备或者邻近控制的可视性或操作，并且应该具有合适的耐用性以保证持续适航。

c. 滑动阻力。控制器件的物理设计和使用的材料应该设计成可以减少手指和手掌滑动的可能性（特别是在振动的情况下），例如，按钮可以设计成具有凹陷、纹理或者黏性的表面以防止手指滑动。

d. 手的稳定。当驾驶员操作控制器件时，应该提供手和胳膊放置的位置或者其他物理结构作为驾驶员手和手指的稳定点，这对于在湍流或者其他振动中使用的控制特别有用,并且能够帮助驾驶员进行更加准确的输入。

e. 逻辑保护。基于软件的控制器件以及与软件相关的控制器件应该可以及时地关闭,如果基于软件逻辑,那么控制器件的驱动被认为是不合理的。关闭的控制器件能够清楚地与激活的控制器件相区分。

f. 复杂的移动。控制器件操作的方式可以设计成需要复杂的移动才能驱动控制器件,例如,可以将一个旋钮设计成除了旋转还需要拉出。不推荐双击或推并且保持作为保护的方式。

g. 触觉线索。不同控制器件的表面可以有不同的形状和纹理,使得当驾驶员在暗的或者其他恶劣光线环境中进行操作时,能够支持驾驶员区分不同的控制器件。例如,大部分的键盘都在“J”和“F”上有小的触点,以帮助用户合理地放置手指;相类似地,CCAR - 25.781 和 CCAR - 23.781 中都要求特定的驾驶舱控制器件有具体的形状。

h. 自锁/互锁控制。自锁机制、互锁或者相关控制的优先操作能够防止无意操作,例如一个独立的开/关控制可以激活/关闭重要的控制,或者物理上将其锁住。

i. 顺序移动。控制器件的设计可以包含锁、止动装置或者其他机制,以防止控制器件在一系列顺序的移动中被无意驱动。当需要严格的顺序驱动时,这种方式是有效的。

j. 动态阻力。控制器件可以设计成具有阻力的(如摩擦力、弹力、惯性力),从而需要有意识的努力才能驱动。当使用这种方式时,阻力的等级不能超过预期的驾驶员群体的体力。

(12) 控制器件的空间、物理大小和控制器件的逻辑应该足以避免产生无意的驱动。[TSO - C146c/RTCA/DO - 229D,2.2.1.1.1.1]

(13) 以下内容提供了对多功能控制器件适用的额外方式。[AC - 20 - 175,3 - 2]

a. 控制器件应该明确地指示电子显示的区域用于显示控制器件的功能,并保证驾驶员能够容易地识别显示控制器件功能性的区域。显示区域的大小和组织应该允许正确的选择。移动手指或指针到预期显示的区域不应该无意地操作其他显示区域。[AC - 20 - 175,3 - 2.a]

b. 对于从多个显示页面或者菜单中获取的控制功能,控制器件应该尽可能位于一致的显示位置,不一致的位置可能会影响驾驶员的使用习惯,并且会产生差错。[AC - 20 - 175,3 - 2.b]

c. 如果合适,则在激活与安全性重要相关的功能之前提供一个进行确认的步骤,例如,当在飞行管理系统(FMS)中激活一个进近程序,并且驾驶员转换到选择的进近时,系统可以询问“是否确定中断当前的进近?”,同时应该考虑这一确认步骤的必要性以及与增加驾驶员工作负荷之间的平衡。[AC - 20 - 175,3 - 2.c]

d. 如果合适,则提供一种方式恢复一个不正确的激活或输入,例如提供“取消”

方式或者类似的简单的恢复功能。[AC-20-175,3-2.d]

（14）任何防止控制器件被无意操作的方式都不应该在驾驶员任务所需的时间内妨碍操作或者干扰系统正常的运行。如果控制器件被无意地操作,则多重感知信息可以帮助驾驶员检测差错。反馈可以包含一个或者多个听觉线索、触觉线索或者视觉线索。作为总的原则,非预期操作越严重的后果,则需要越严格的保护方式,并且应该提供更加明显的检测线索。[AC-20-175,2-10.d]

6.2.3　其他推荐

6.2.3.1　布置和组织

（1）应该对控制器件进行布置使得它们不会遮挡其他的控制器件或者显示。[RTCA/DO-256,2.1.2.1]

（2）应该对控制器件和显示进行布置使得控制器件与显示的对应关系是明显的,并且显示受控制器件影响明显的部件。

（3）如果功能相似或者相同,那么主要控制器件的布置应该在系统、设备或者驾驶舱内的不同面板中保持一致。[MIL-STD-1472G,5.1.1.3.4]

（4）相关功能的控制应该靠近。

6.2.3.2　可达性

（1）两名驾驶员都要使用的控制器件应该对每名驾驶员在物理上和视觉上可达。[DOT/FAA/CT-03/05 HF-STD-001]

（2）控制器件的位置应该使得控制器件能够被指派进行相关操作的机组成员获得。[SAE ARP 4102,5.2.1]

（3）有可能由两名驾驶员同时操作的控制器件应该放在发生物理干扰风险最小的位置。[SAE ARP 4102,5.1.3]

（4）控制器件的使用不应该要求用户保持一个姿势的时间过长而不提供足够的支持。[DOT-VNTSC-FAA-95-3]

6.2.3.3　无意驱动

（1）如果存在控制器件不需要在飞行过程中(如地面维护功能)进行调整的情况,那么这些控制器件的位置应该避免发生无意驱动。[RTCA/DO-256,2.1.2.1]

（2）转动的开-关功能可以与转动的控制器件组合,在极限的逆时针位置提供关的位置,并且通过一个可以区分的止动装置清楚识别。推和/或拉开关可以与转动的控制器件组合提供轴向的运动而不会产生无意的转动。[SAE ARP 4102, 5.3.1.2]

（3）单一控制器件的快速操作应该不会激活多种功能。

（4）应该防止控制器件的无意操作导致从一个功能或者模式转换到另一个功能或者模式。

（5）推按钮控制器件的表面应该有凹陷或者是粗糙的,使得手指不会偶然滑

动。[DOT‐VNTSC‐FAA‐95‐3]

6.2.4 简要案例说明

其他防止无意操作的方式包括物理障碍,例如覆盖和包围;多种移动顺序要求,例如在调整旋钮之前先转动旋钮;增加力度以驱动控制;要求按压按钮或者触摸屏一定的时间。在显示的下方中间布置控制器件(如多种任务使用的"回车"键或者数字键盘)是指示这些控制器件通用的一种方式。推荐将控制器件布置在显示的下方,因为如果控制器件位于显示的上面,那么驾驶员在操作控制器件时,手会遮挡显示。控制器件也可以位于显示的遮光板上(如多功能显示)。

控制器件位于合适的高度能够将不舒适性降到最小。特别是在湍流条件下,使用例如肘关节进行支撑可以用来稳定手,从而使得数据的输入更加可靠。

对于不同的控制类型,最小的边缘到边缘空间要求在表 6.1 中具体给出。这些空间适用于单一的手指操作,如果不能满足空间要求,那么推荐使用互锁机制或者限制。

表 6.1 不同控制类型的最小边缘到边缘空间要求

控 制 类 型	拨动开关 /mm	按钮/mm	旋钮/mm	旋转选择 器/mm	离散拇指 旋轮/mm
拨动开关	参考(注)	13	19	19	13
按钮	13	13	13	13	13
旋钮	19	13	25	25	19
旋转选择器	19	13	25	25	19
离散拇指旋轮	13	13	19	19	10

注:拨动开关使用 19 mm,控制杆锁拨动开关使用 25 mm。

6.3 控制器件操作

6.3.1 背景

反馈是十分重要的,因为反馈能够让驾驶员确定控制器件是否激活,并且让驾驶员确认输入是否接受或者拒绝。反馈的类型、显示的长度以及适合性取决于所需要的信息以及当前的任务。在反馈的可接受性中,控制系统的响应时间具有重要的作用。对于简单的任务,系统的响应时间期望比那些复杂的或者时间紧迫性高的任务要更加快。控制输入和系统响应之间较长的或者变化的响应时间对系统的使用性有负面的影响,较长的响应时间需要驾驶员记忆更多的信息,这会增加工作负荷,并且影响整体绩效水平,增加潜在差错发生的可能性。

控制器件操作的一个关键设计特征是响应增益(或敏感度)。控制器件的增益反映了控制器件的移动或者所加的力如何转化成显示输出。具有大增益的控制器件是高度敏感的,因此一个控制器件的微小移动就会产生显示元素大的变化。当需要大范围的纠正时,这种类型的响应是有用的,但是会导致例如过度纠正以及无意驱动等差错;当需要精确控制输入时,小增益的控制器件是有用的,但是很容易消耗时间。控制器件可以设计成有多种增益以支持粗略的移动以及需要准确度的定位任务,例如当控制器件快速移动时具有大增益,而当控制器件慢速移动时,具有小增益。

6.3.2 局方管理条例与指导性资料

6.3.2.1 总则

(1) 每个操纵器件和操纵系统对应其功能必须操作简便、平稳和确切。[CCAR - 25.671(a),27.671(a),29.671(a)]

(2) 为了满足防止不正确装配的要求,推荐的方式是提供使得不正确装配不能满足的设计特征。可以使用的典型的设计特征包括不同的接线片厚度、不同的部件长度或者明显不同的系统组件的构型。在物理上可行但不正确的装配条件下(基于其他的考虑),本要求可以通过使用永久的、明显的和简单的标注来实现,包括使用永久的(耐用的)贴标或者蜡纸。[AC - 72 - 1B,AC - 27.671b(2);AC - 29 - 2C,AC - 29.671b(2)]

(3) 设备的设计应该使得在飞行中预期使用的控制器件不会处于任意的位置,且操作的组合或顺序不会导致不利于设备可靠性或者飞行运行的条件发生。[TSO - C165/RTCA/DO - 257A,2.1.5.1;RTCA/DO - 256,2.1.2.2]

(4) 控制器件的显示输入响应应该对不精确的移动以及精确的定位任务进行优化,而不会超越目标。[AC - 25 - 11A,41.b.(1)(b)]

(5) 控制器件应该有合适的触觉感受(如止动装置、摩擦力、暂停或者阻尼等),从而控制其不会在不恰当的关注下进行改变,并使得潜在的无意改变最小。[AC - 23.1311 - 1C,20.0.a]

(6) 实现设备功能所要求的操作规则和控制器件的使用应该在不同的模式中保持一致。[TSO - C146c/RTCA/DO - 229D,2.2.1.1.2]

(7) 应该保证控制器件的移动不会遮挡驾驶舱中其他的物体。CCAR -2X.777 要求每个控制器件可以不受限制地移动,并且不会受到干扰。应该考虑驾驶舱中合理的物理干扰,申明对这些考虑,并且表明在特定的条件下,控制器件是可接受的。[AC - 20 - 175,2 - 2.h]

6.3.2.2 控制器件增益/敏感性

(1) 由于很多控制器件可以通过改变位置和力度实现特定的功能,因此增益(敏感性)是一个关键的设计参数,这严重影响了任务速度和差错之间的权衡。高增益值让驾驶员感觉舒适,并且能够快速输入,但是也容易发生差错(如超过目标、无意驱动);低增益值适合于需要精确度的任务,但是也使得任务进程变慢。控制器件的增益和敏感性通常需要进行权衡以支持预期的功能,对可变增益的控制器件需要进行特别的考虑。[AC-20-175,2-5]

(2) 应该正确地代替真实飞机中呈现的反应延迟和控制增益特性,并且表明对于预期功能,控制的增益和敏感度是可接受的。[AC-20-175,2-5]

(3) 控制器件的敏感性应该能够满足完成任务所需的精确度要求(不会过度敏感),即使是在25.1302(c)(2)和(d)中所定义的不利的飞机运行包线环境下。仅将对环境问题的分析作为一种符合性方法对新的控制器件类型、技术或者对控制器件新的使用方式并不足够,而是需要对新的控制器件类型、技术或者现有控制器件新的使用方式进行试验以确定它们的功能是否适合于不利的环境。[AC-25.1302-1,5-4.e.(1)(c)]

6.3.2.3　控制器件的移动

(1) 保证控制器件与其相关的元素(如飞机系统、显示、指示、标注)的交互的重要性是显而易见的、可理解的、符合逻辑的,并且应该与适用的文化传统以及相同驾驶舱中相似的控制器件是一致的。[AC-20-175,2-4]

(2) 申请人应该具体评估没有明显"增加"或者"减少"功能的输入设备或者控制器件,并且考虑飞行机组的预期以及与驾驶舱其他控制器件的一致性。[AC-25.1302-1,5-4.e.(2)(a)]

(3) 控制器件的位置和移动的方向应该对飞行机组成员有利,控制/显示的兼容性应该从这方面进行考虑。[AMC 25.1302,5.3.4]

(4) 驾驶舱操纵器件的运动方向必须符合第25.779条的规定。凡可行处,其它操纵器件操作动作的直感必须与此种操作对飞机或对被操作部分的效果直感一致。用旋转运动调节大小的操纵器件,必须从断开位置顺时针转起,经过逐渐增大的行程达到全开位置。[CCAR-25.777(b)]

(5) 对于混合控制,推荐的操作习惯和"开关逻辑"是:[AC-27-1B,AC-27.779b(2);AC-29-2C,AC-29.779b(2)]

a. 向上/向前=开/增加。

b. 向下/向后=关/减少。

c. 可变的旋转控制应该从关闭位置顺时针移动,通过一个增加的范围,到达全开位置。对于一些强度可变的控制,例如设备照明,所希望的最小设置可能不是完全关闭。不能提供明显的机械位置指示的按压按钮应该进行配置,使得飞行机组在白天和夜晚的条件下都有清楚的开关驱动的指示,同时应该表明指示的失效不会造成危险。

6.3.2.4　操作简易性

(1) 控制器件的操作应该允许按顺序依次使用,而不会发生不期望的多重输入。[TSO-C165/RTCA/DO-257A,2.1.5.1]

(2) 飞行中使用的手动控制器件应当单手操作。[TSO-C165/RTCA/DO-

257A,2.1.5.1]

（3）激活控制器件不应该需要在飞行中同时使用两个或者更多个控制器件（如同时按两个按钮）。[TSO - C165/RTCA/DO - 257A,2.1.5.1;RTCA/DO - 256,2.1.2.2]

（4）控制器件应当不需要过多的努力就可以移动,并且止动装置应当设计得很好。[TSO - C146c/RTCA/DO - 229D,2.2.1.1.1.1]

（5）控制操作力应该适应预期的功能。[AC - 20 - 138C,11 - 8.a.(4)]

注：小的力可能提供不充分的反馈,大的力则可能妨碍预期快速的使用。[AC - 20 - 138C,11 - 8.a.(4)]

6.3.2.5　反馈

（1）如果安全操作需要飞行机组成员意识,那么每个控制器件应该向飞行机组成员提供菜单选择、数据输入、控制动作或者其他输入的反馈;如果飞行机组的输入不被系统所接受,那么应该清楚地、明确地指示输入无效,这些反馈可以是视觉的、听觉的或者触觉的。[AC - 25.1302 - 1,5 - 4.f.(1)]

（2）25.1302(b)(3)要求如果安全操作需要反馈/意识,那么应该向飞行机组告知以下的情况：[AC - 25.1302 - 1,5 - 4.f.(2)]

a. 控制器件激活（命令状态/值）。

b. 功能正在处理（给出处理时间）。

c. 与动作对应的控制器件初始化（如果操作的真实状态或者操作的控制值从命令状态获得很困难）。

d. 当一个控制器件在行程范围内用来移动一个驱动器时,应该在相关任务所要求的时间以及在驱动器位置范围内提供操作性显著的反馈。如果安全操作需要意识,那么必须提供反馈和意识。反映相关驱动器行程范围的信息实例包括配平系统位置以及各种系统阀门的状态。

（3）提供给驾驶员的控制器件反馈应该包含对他们输入影响的意识,如果可行,那么应该包括以下的影响：[AC - 20 - 175,2 - 6.a]

a. 控制设备的物理状态（如位置、力）。

b. 数据结构状态（如文本字符串）。

c. 激活或者数据输入状态（如"输入"）。

d. 系统处理状态。

e. 系统接受状态（如差错检测）。

f. 系统响应状态（如指针位置、显示缩放、自动驾驶仪关断）。

（4）当控制器件处于告警状态或者不是默认状态时,应该有明确的指示（如若旋钮被拉出并且功能不同）。[TSO - C146c/RTCA/DO - 229D,2.2.1.1.4.1]

（5）对成功或者失败的控制动作驱动提供清楚的、明确的和主动的反馈。不包含其他系统影响的控制设备的反馈（如开关的触感）不应该是检测控制驱动的唯一

方法。[AC-20-175,2-6.c]

（6）反馈可以是视觉的、听觉和/或触觉的。如果安全操作需要反馈/意识，那么应该向驾驶员提供以下条件的反馈/意识：[AC-20-175,2-6.b]

a. 激活或者数据输入的状态。

b. 系统处理的状态（处理时间）。

c. 与命令状态不同时系统响应的状态。

（7）反馈的类型、响应时间、持续时间以及合适性取决于驾驶员的任务和成功操作所需要的具体的信息。[AC-20-175,2-6.d]

（8）如果飞行机组必须意识真实的系统响应或者系统的状态作为所需动作的结果，那么仅将开关位置单独作为反馈是不够的。[AC-25.1302-1,5-4.f.(3)]

（9）当用户观察窗外或者观察不相关的显示时，控制应该提供触觉反馈。[AMC 25.1302,5.3.6]

（10）键盘应该在按压任意键时提供触觉反馈。在不提供触觉反馈的情况下，应该用合适的视觉或者其他反馈以代替指示系统已经接收的输入，并且保证响应是正确的。[AC-25.1302-1,5-4.f.(4)]

（11）设备应该提供合适的视觉反馈，不仅对旋钮、开关以及按压按钮位置，还包含图形控制方法，例如下拉菜单和弹出窗口。用户与图形控制交互应该接收主动的指示，包括层次化菜单已经选择、图形按钮已经激活或者其他的输入已经接受。[AC-25.1302-1,5-4.f.(5),AMC 25.1302,5.3.6]

（12）机械控制器件用在显示上设置数值数据时，应该有足够的摩擦力或者触觉止动装置允许飞行机组不需要经过大量的训练或者经验，就可以在合适的任务时间内将值设置到一个所需的准确性等级。[AC-25-11A,41.b.(1)(a)]

（13）最终的控制输入的显示响应应该足够快速以防止当飞行机组设置数值或者显示参数时，需要过多的注意力。软输入控制响应的初始指示不应该超过250毫秒。如果控制输入的初始响应与最终的预期响应不同，那么一种指示驾驶员输入状态的方式应该对飞行机组可用。[AC-25-11A,41.b.(2)(b).6]

（14）显示应当在500毫秒内响应操作者的控制输入。[TSO-C165/RTCA/DO-257A,2.2.4]

注：期望提供临时的视觉线索以指示控制操作已经被系统接收（如消息）。推荐系统在250毫秒内响应。[TSO-C165/RTCA/DO-257A,2.2.4]

（15）用户输入的系统响应的时效性应该与应用的预期功能相一致。[AC-120-76B,12.e]

（16）反馈和系统响应时间应该是可预测的，从而可以避免飞行机组分心和/或增加不确定性。[AC-120-76B,12.e]

（17）一旦控制设备被激活，如果处理时间延长，那么需要向驾驶员提供剩余时间完成感知的显示。[AC-20-175,2-6.f]

（18）申请人必须表明，控制输入的响应，例如设置数值、显示特征或者在图形显示上移动指针符号，需要足够快速，从而允许飞行机组在可接受的时间内完成任务。对于需要注意系统处理时间的动作，如果安全运行需要意识，那么设备必须指示系统响应将要发生。［AC-25.1302-1,5-5.c.(3)］

（19）当控制器件在其行程内触发一个驱动器时，设备应该提供在行程范围内的该驱动器位置的操作性显著的反馈。［AC-20-175,2-6.h］

（20）应该表明反馈对任务所表现的预期功能是充分的。［AC-20-175,2-6.i］

6.3.3　其他推荐

6.3.3.1　总则

（1）控制器件的操作（如设置控制合适的位置）不应该要求过多的注意力。

（2）正常的控制器件操作不应当遮挡驾驶员观察相关的显示。［SAE ARP 4102,5.2.4］

（3）输入设备的性能参数（如控制器件的大小以及控制器件之间的空间）应该适合于预期的应用以及驾驶舱中操作的条件。这会包含使用非惯用手、戴手套或者在湍流过程中的控制使用等。［DOT-VNTSC-FAA-03-07］

（4）如果合适，那么应当对每个单元或者控制的增加提供止动装置（如角度、千赫兹）。［SAE ARP 4102,5.1.1.4］

6.3.3.2　移动兼容性

（1）控制器件移动的方向应该与显示元素的移动相兼容。

（2）控制器件移动的幅度应该适合所需的变化和精度。如果需要大的变化（如大的移动范围或数值），那么小的控制移动应该产生大的显示元素的移动；相反的，如果只需要小的变化，那么大的控制移动应该产生小的显示元素的移动。用作准确数值输入的控制应该支持精确输入。［DOT/FAA/CT-03/05 HF-STD-001；MIL-STD-1472G］

6.3.3.3　操作简易性

控制器件操作压力应该足够小，且不会妨碍快速地按顺序使用。［RTCA/DO-256,2.1.2.2］

6.3.3.4　反馈

（1）应该提供控制驱动的主动指示（如通过感受、听声音或者相应的灯光来进行指示）。［DOT-VNTSC-FAA-95-3］

（2）应该在100毫秒内提供反馈以指示触碰已被接受，这种反馈可以是触觉的、听觉的或者视觉的。［DOT-VNTSC-FAA-95-3］

（3）等待指针（如沙漏、秒表）提供小于10秒的合适的反馈。如果任务的响应通常大于10秒，那么反馈使用过程指示器，以完成比例消息或者逝去时间消息的方式进行反馈。

（4）如果控制器件不会被操作超过所指示的终端位置或者没有具体的限制,那么在控制器件初始和终端位置处应该提供中断功能。［MIL‐STD‐1472G,5.1.1.1.5］

（5）控制器件不应该需要持续的、重复的或者过长时间的大力操作。［MIL‐STD‐1472G］

6.3.4　简要案例说明

触觉的或者听觉的反馈作为控制器件激活视觉反馈的补充应该能够让驾驶员检测控制器件是否已驱动,而不需要直接观察显示系统。当驾驶员观察窗外或者其他显示时,这种反馈也应该支持控制器件的使用。

控制器件的方向应该与显示系统相匹配,使得控制器件移动的方向与相应的显示元素相一致。表 6.2 提供了控制器件功能与预期的移动方向关系的实例。

表 6.2　控制功能和移动之间关系实例

功　能	移　动　方　向
增加	向上,向右,向前,顺时针,推
减少	向下,向左,向后,逆时针,拉
开	向上,向右,向前,拉,按,顺时针旋转
关	向下,向左,向后,推,放,逆时针旋转
右	向右,顺时针
左	向左,逆时针
上	向上,向前
下	向下,向后
收回	向后,拉,逆时针,向上
放出	向前,推,顺时针,向下

（1）表 6.2 中使用的条目的解释取决于具体的功能,或者取决于控制安装的位置,例如,“增加”的解释取决于控制改变的参数。或者,一个设备的线性移动可以是垂直方向、水平方向或者之间的某一个方向,例如“拉出”可以单指一个组件“向上”或者“向下”,这取决于驾驶舱安装的位置。［AC‐20‐175,2‐4.a］

（2）表 6.2 中的用法只是实例,可能由于安装位置、文化传统、驾驶舱一致性或者其他因素而产生冲突或混淆。［AC‐20‐175,2‐4.b］

6.4　具体的输入设备

输入设备提供向现实系统输入信息的方式。传统的物理控制集成到显示中,或者用虚拟按钮、开关或旋钮代替。输入设备的选择必须考虑其对驾驶舱环境以及具体应用的独特需求的操作适应性。在选择合适的输入设备时,不仅要保证驾驶员可以使用输入设备,输入设备能够支持任务也很重要。如果输入设备不适合于用户和任务,那么与控制器件的交互会产生额外的工作负荷,增加机组人员的低头时间以及发生潜在差错的可能性。

本节呈现需要考虑的物理信息,并对以下具体输入设备进行推荐:旋转控制;按钮;键盘;开关;指针控制设备(CCDs);触摸屏显示。

6.4.1　旋转控制

6.4.1.1　背景

当需要较小的力度或者较高的准确度以调整持续变化的数值时,推荐使用旋钮。但是,旋钮特别容易引起无意驱动,尤其是当操作其他旋钮时;同时,如果旋钮被无意转动,那么重新建立之前的设定会很消耗时间。

6.4.1.2　局方管理条例与指导性资料

(1)使用旋转的控制器件必须从关闭位置顺时针移动,通过一个增加的范围,直到完全打开的位置。[AC-25-11A,41.b.(1)(b)]

(2)同轴旋钮组件应该限制为每个组件不超过两个旋钮。[TSO-C165/RTCA/DO-257A,2.1.5.4]

(3)当旋转旋钮用来控制指针移动、顺序通过列表或者产生定量变化时,这些旋转的结果应该与建立的行为模型相一致,参考如下所示。[TSO-C165/RTCA/DO-257A,2.1.5.4]

a. 对于 X-Y 指针控制(如在地图表面移动指针):

(a)对于显示区域下方向下或者显示区域右侧的旋钮,旋钮的顺时针旋转移动指针向上或向右。

(b)对于显示区域上方的旋钮,旋钮的顺时针旋转移动指针向上或向左。

(c)对于显示区域左侧的旋钮,旋钮的顺时针旋转移动指针向下或向右。

b. 对于定量显示,通过顺时针旋转增加数值。

c. 对于字母特征选择或者字母列表,通过顺时针旋转顺序选择。

6.4.1.3　其他推荐

(1)旋转的开-关功能可以组合一个旋转控制,在极限的逆时针位置提供关闭的位置,并且通过明确的止动装置清楚地识别。推和/或拉开关可以组合一个旋转控制以提供一个轴向的运动,而不会导致无意的旋转运动。[SAE ARP 4102,5.3.1.2]

(2)当用于功能选择时,选择的功能应当明确指示,并且选择器位置应当通过明确的止动装置识别。[SAE ARP 4102,5.3.1.3]

(3)旋转控制的表面应当清楚标注以增强控制位置的识别。[SAE ARP 4102,5.3.1.4]

（4）旋钮指针应当足够靠近其刻度，使得指针和刻度标注之间的视差最小化。当从用户正常操作者位置观察时，视差不应当超过刻度标注之间距离的 25%。〔MIL-STD-1472G,5.1.4.1.1.a.(6)〕

6.4.1.4　简要案例说明

同轴旋钮通常设计成通过最接近面板表面的旋钮来改变指针的位置、选择信息类型、操作/显示模式或者大的数值变化。内部的/较小的旋钮用来选择信息的内容；外部的旋钮用来选择子类型或者精确的数值变化。

表 6.3 包含和总结了旋钮的设计指南，使得使用性最大化，并且避免了无意驱动。

表 6.3　旋钮的设计指南

	旋　　钮	同轴内部旋钮	同轴外部旋钮
最小直径/in(mm)	0.375(10)	0.875(22)	0.5(13)
最小高度/in(mm)	0.5(13)	0.5(13)	0.625(16)
最小位移	N/A	N/A	N/A
最小中心到中心距离/in(mm)	1(25)；推荐 2(51)	1(25)；推荐 2(51)	1(25)；推荐 2(51)
设置间隔/(°)	15	15	15
最小阻力/oz[①](N)	4(1.1)	4(1.1)	4(1.1)
最大阻力/oz(N)	12(3.3)	6(1.7)	6(1.7)
移动	顺时针增加	顺时针增加	顺时针增加
其他期望特征	提供反馈；锯齿形或者凸边边缘	对于左边最大或者向上最大显示；锯齿形边缘	锯齿形边缘

① oz(盎司)，质量的非法定单位，1 oz=28.349 g。

6.4.2　按钮

6.4.2.1　背景

通常，进行离散的启动或者通过有限数量的循环离散选择时推荐使用按钮。按钮需要最小的空间和最少的时间进行操作，但是由于按钮的设置（选择或没有选择）很难只通过位置进行确定，因此，当功能状态只通过位置进行确定时，按钮不适合离散的控制。

6.4.2.2　其他推荐

（1）应当提供主动的控制驱动指示（如突然感受、咔嗒声或者内部照明灯）。〔DOT-VNTSC-FAA-95-3〕

（2）一个按压开关不应该用作超过一个功能的选择。在锁定的位置按压按钮，IN 位置应该提供 ON/ARMED/AUTO 功能。锁存的或者瞬时的按钮开关的操作/故障条件应当给出通告或者详细的解释。[SAE ARP 4102,5.3.2]

（3）按钮控制的表面应该是凹面的，或者有适合手指的粗糙度以防止偶然的滑动。[DOT‐VNTSC‐FAA‐95‐3]

（4）当必须防止偶然的控制驱动时，应当提供通道或者防护罩，当防护罩位于打开位置时，不应当干扰防护设备以及邻近控制的操作。[MIL‐STD‐1472G,5.1.4.2.1.a.(4)]

6.4.2.3　简要案例说明

表 6.4 包含和总结了按钮的设计指南，使得使用性最大化。表 6.5 提供了对于键盘而言推荐的按压阻力。

表 6.4　按钮的设计指南

	按 压 按 钮	推‐拉按钮
最小直径/in(mm)	0.375(9.5)	0.25(6)
最小高度/in(mm)	0.124(6.4)	0.75(19)
最小位移/in(mm)	0.078(2)	0.5(13)
最小中心到中心距离/in(mm)	0.75(19)水平；0.625(16)垂直	1(25)
最小阻力/oz(N)	10(2.8)	10(2.8)
最大阻力/oz(N)	40(11)	40(11)
其他期望特征	提供反馈；凹面或者粗糙的表面	推以激活；如果双用途增加长度（如控制可以旋转）

表 6.5　推荐的按压阻力

	单个手指	多个手指	拇指或手掌
最小/oz(N)	10(2.8)	5(1.4)	10(2.8)
最大/oz(N)	40(11)	20(5.6)	80(23)

6.4.3　键盘

6.4.3.1　背景

键盘的设计对于支持准确和有效的数据输入非常重要。键盘设计包含的特征有按键的大小、按键的形状、按键间的空间、按键所需要的力以及所提供的反馈。设计不合理的键盘会导致使用过程中手臂/肌肉的疲劳。

将键盘上按键有逻辑地排列和布局能够使得潜在的差错最小化。键盘可以以"QWERTY"的格式进行排列,这六个按键位于最顶部的字母行;在驾驶舱中,驾驶员也可以使用按字母顺序排列的键盘,在驾驶舱中使用一致的键盘布局有利于信息输入。

6.4.3.2　局方管理条例与指导性资料

(1) 键盘上的字母按键应该以字母排序的方式或者以"QWERTY"的格式进行排列。[TSO-C165/RTCA/DO-257A,2.1.5.3]

(2) 如果使用分离的数字键盘,那么按键应该排列成一行或者 3×3 的矩阵,0在最下方,如图 6.1 所示。[TSO-C165/RTCA/DO-257A,2.1.5.3]

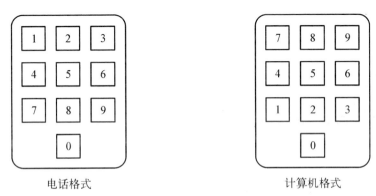

电话格式　　　　　　　　　　　　　计算机格式

图 6.1　常用的数字键盘格式

(3) 如果使用非字母的特殊字符或功能,则应该提供专用的按键(如空格 space、斜杠 /、删除 delete 等)。[TSO-C165/RTCA/DO-257A,2.1.5.3;RTCA/DO-256,2.1.1]

(4) 当按压任意按键时,键盘都应该提供触觉反馈。如果触觉反馈消失,那么应该使用合适的听觉或其他反馈代替触觉反馈,以指示系统已经接收输入并且以期望的形式进行响应。[AC-25.1302-1,5-4.f.(4)]

6.4.3.3　其他推荐

(1) 如果系统包含超过一个键盘,那么整个系统应该对字母、数字和特殊功能按键保持一致的配置。[MIL-STD-1472G,5.1.3.2.5]

(2) 如果用户必须输入大量的数字数据,那么应该提供一个独立的数字键盘。[DOT-VNTSC-FAA-95-3]

(3) 键盘应该由具有凹表面的方键组成。

(4) 键盘上功能键的使用取决于系统,如果提供功能键,那么功能键应该明确地进行标注以指示进行的动作。[DOT-VNTSC-FAA-95-3]

(5) 键盘上未激活的按键不应该进行标注。[DOT-VNTSC-FAA-95-3]

(6) 在所有的光线条件下,键盘都应该容易识别。[DOT-VNTSC-FAA-

95 - 3]

（7）虚拟键盘的布局应该在给定显示的所有应用中保持一致。

6.4.3.4　简要案例说明

使键盘可用性最大化的设计指南见表 6.6。

表 6.6　键盘的设计指南

	键　盘
最小直径/in(mm)	0.385(10)
最小高度	N/A
最小位移/in(mm)	0.05(1.3)
最小中心到中心间距/in(mm)	0.75(19)
设置间隔	N/A
最小阻力/oz(N)	0.9(0.25)； 推荐 1.8(0.5)
最大阻力/oz(N)	5.3(1.5)； 推荐 2.2(0.6)
移动	N/A
其他期望特征	提供听觉或触觉反馈； 数字使用电话布局

6.4.4　开关

6.4.4.1　背景

当控制器件有离散的状态时（如开/关），适合使用开关，开关通常使用在信号器面板、GPS 显示以及主警告/主警戒系统中。拨动开关和船型开关提供了按压的选择，并且提供了一个显著的视觉指示。拨动开关可以在两个或者三个离散的位置中进行选择，并且通常拨动开关的设置是明显的。当有两个离散位置时，船型开关可以代替拨动开关。当没有足够的空间标注开关的位置时，船型开关可以代替拨动开关，因为船型开关的标注可以位于开关的表面上。但是，拨动开关和船型开关都容易发生无意的错误激活。

6.4.4.2　局方管理条例与指导性资料

1）模式通告

必须提供相应的方式来指示当前的运行模式，包括任意装备的模式、转变和恢复。选择器开关位置不是一个可接受的指示方式。[14 CFR 25.1329(i)]

2）多重系统构型

对来源选择有多种系统构型，并且超过一个传感器输入可用时，通过通告或者通过选择器开关位置呈现的开关构型应该容易看见及可读,并且不应该对驾驶员使用系统构成误导。模式和来源选择通告器的标注应该在驾驶舱内保持一致。[AC-23.1311-1C,18.2]

3) 无意激活

(1) 应该特别关注开关或与其他控制设备相关的开关的位置,使得发生无意的不正确的机组动作的可能性最小,特别是在紧急情况下或者在工作负荷高的时段内。[AC-25.1309-1A,8.g.(5)]

(2) 设计应该提供一种方式抑制无可挽回的、对安全性有潜在影响的差错。抑制差错可接受的方法包括开关保护、互锁或者多重确认动作。例如,在很多飞机上,发电机驱动控制有开关保护以抑制无意激活,因为一旦驱动断开,那么在飞行或者发动机运转过程中就无法重新接通。多重确认的一个例子是飞行机组在接受临时的飞行计划之间可以进行检查。[AC-25.1302-1,5-7.e.(1)]

6.4.4.3 其他推荐

(1) 应该提供控制激活的指示。[MIL-STD-1472G,5.1.4.2.1.c.(4)]

(2) 通常不推荐三个位置的船型开关,因为设置很难理解。[DOT-VNTSC-FAA-95-7]

1) 拨动开关

(1) 拨动开关应该是垂直方向的,并且"OFF"位于下方位置,水平方向应当只用在与被控制的功能或者设备位置相兼容时。[MIL-STD-1472G,5.1.4.2.1.c.(5)]

(2) 如果拨动开关上存在第三个位置指示"OFF",那么除非会影响性能,否则关闭设置应该在中间位置,在这种情况下,关闭设备应该位于最底部。(NASA,1995)

2) 船型开关

(1) 当可行时,船型开关应当是垂直方向的。驱动上部应该打开设备或组件、增加数值或者将设备或组件前移、顺时针旋转、向右移或向上移。船型开关的水平方向应当只用在与被控制的功能或者设备位置相兼容时。[MIL-STD-1472G,5.1.4.2.1.e.(5)]

(2) 船型开关和拨动开关不应该混合使用。[DOT-VNTSC-FAA-95-7]

3) 标志开关

(1) 当使用触摸感知开关时,应当提供一个主动的激活指示,例如一个在激活开关内部或上部的标志灯。[MIL-STD-1472G,5.1.4.2.1.d.(5)]

(2) 标志开关应该能够通过标志灯进行区分。[MIL-STD-1472G,5.1.4.2.1.d.(5)]

6.4.4.4 简要案例说明

图 6.2 为不同的开关的实例;使开关可用性最大化的设计指南如表 6.7 所示。

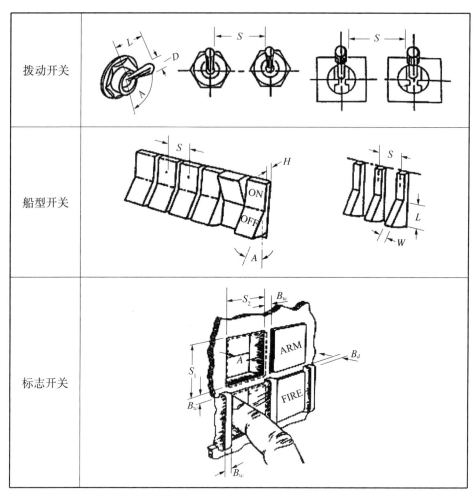

图 6.2　不同的开关实例

表 6.7　开关的设计指南

	拨 动 开 关	船 型 开 关	标 志 开 关
最小直径/in(mm)	0.125～1 (3～25)	0.25(6)	0.75(19) 0.65(15) (当面板下开关没有被抑制时)
最小长度/in(mm)	0.5～2 (13～25)	0.5(13)	
最小位移/in(mm)	两个位置开关 30° 三个位置开关 17°	高度 0.125(3)，最小角度 30°	标准：0.125(3) 隔膜/触觉标志 圆顶型：0.03(7); 传导隔膜：0.2(5)

(续表)

	拨 动 开 关	船 型 开 关	标 志 开 关
最小中心到中心间距/in(mm)	顺序操作 0.5(13)；随机操作 0.75(19)	0.75(19)	
最小阻力/oz(N)	40(11)	10(2.8)	标准：60(16.7)隔膜/触觉标志圆顶型：9(2.5)；传导隔膜：11(3.0)
其他期望特征	垂直方向"ON"在上方，"OFF"在下方；装备保护防止无意激活	垂直方向"ON"在上方，较大的阻力，并且装备保护防止无意激活	

6.4.5　指针控制设备(CCDs)

6.4.5.1　背景

指针控制设备 CCDs(如鼠标、轨迹球、摇杆、触摸板、触笔)的可用性需要具体考虑。首先，CCDs 是多目的控制，也就是一个设备能够控制多种功能，因此，使用离散控制(如转动单独的旋钮)能够立即获得的功能可以代替要求飞行机组通过一系列菜单选择步骤的操作。这一系列的步骤可能比执行单独的动作需要更长的时间，从而增加了完成任务的时间。其次，在所有的运行条件下，可能很难使用 CCDs 进行高精度的操作，例如，在湍流条件或者在有较高的时间压力下，使用一系列的菜单进行导航。通过 CCDs 进行功能定位和获取所需要的注意力，相较于使用单独的专用控制，可能会增加工作负荷以及低头时间。最后，如果 CCDs 控制的标注只呈现在显示屏上，那么激活或者可用的控制功能可能不明显。驾驶员基于指针的位置快速识别激活的功能很重要。在使用 CCDs 之前，应该与传统的控制进行比较以考察对任务完成时间和工作负荷潜在的影响(参考 AC-20-145)。

6.4.5.2　局方管理条例与指导性资料

(1) 指针控制设备 CCDs 的一个关键好处在于它们的便利性。指针控制设备通常位于驾驶员自然手部位置的上方，或者靠近手部位置；同时，还向驾驶员提供手部固定或手臂固定装置，这有利于驾驶员进行输入，特别是由于高的设备增益而使得手部和手臂的移动最小化。但是，指针控制设备也会导致控制差错，特别是在振动环境中；同时，指针控制设备的输入不容易被其他机组成员发现，因为在通常情况下，驾驶员往往使用很小的手指移动进行输入。此外，还应该考虑飞行机组在环境和使用条件中的协调。[AC-20-175,3-4.a]

(2) 图形用户界面(GUI)和控制设备应该与所控制的飞机系统相兼容,图形用户界面和控制设备的硬件和软件的设计保证等级和测试应该与所控制的飞机系统

的重要性等级相当。[AC-25-11A,41.b.(2)(b).1]

(3) 在可预见的飞行条件下,包括正常的和非正常的条件(如湍流和振动),指针控制设备的设计和安装应该让驾驶员不需要额外的技术就能够进行操作。特定的选择技术,例如双击或三击,应该避免。[AC-25-11A,41.c.(2)]

(4) 指针控制设备的功能性验证应该考虑飞行机组界面问题,包括:[AC-25-11A,41.c.(3)]

a. 指针控制设备失效时,飞行机组以合适的工作负荷和效率共享任务的能力。

b. 在预期的运行条件下(如湍流、发动机不平衡以及振动)飞行机组准确地,并以相关任务所需的速度使用指针控制设备的能力。

c. 符合要求的飞行机组任务绩效和指针控制设备功能性,不管指针控制设备是左手操作还是右手操作。

d. 手部稳定性支撑位置。

e. 从不正确使用中恢复的简便性。

(5) 指针符号应该限制在主飞行信息以外的区域,因为指针遮挡显示信息会导致飞行机组误解。如果允许用指针符号输入重要的显示信息段,那么应该证明在任何的飞行阶段或失效条件下,指针符号都不会造成干扰。[AC-25-11A,41.d.(1)]

(6) 在所有可预期的运行条件中,指针的呈现都应该清楚、明确且容易检测。[AC-25-11A,41.d.(2)(a)]

(7) 不可控的和分散注意力的指针显示失效模式应该进行评价。[AC-25-11A,41.d.(2)(b)]

(8) 在大部分应用中,如果有超过一名飞行机组成员会使用指针,那么申请人应该建立可接受的处理"竞争指针"的方法,并且与总的驾驶舱理念相一致(如"最后一个人控制指针")。也应该对其他可能的场景建立可接受的方法,包括两名驾驶员分别使用两个指针。[AC-25-11A,41.d.(2)(c)]

(9) 如果在显示系统中使用超过一个指针,那么应该提供一种方法对多个指针进行区别。[AC-25-11A,41.d.(2)(d);AC-20-175,3-4.c]

(10) 保证指针符号能够容易与其他信息进行区分,如果指针符号允许从显示中消失,那么这一点格外重要。一些方式能够获取飞行机组注意力,增强指针的快速定位,例如"缩放"或者"放大"。[AC-20-175,3-4.b]

(11) 如果指针允许从显示上消失,那么应该使用一些菜单使得飞行机组能够在显示系统上快速地进行指针定位。[AC-25-11A,41.d.(2)(e)]

(12) 不允许指针符号缓慢移动或者未经过驾驶员输入而产生移动。如果能够表明不会造成驾驶员混淆或者不可接受的任务完成时间,那么对自动的指针定位可以是例外。[AC-20-175,3-4.d]

(13) 在多名机组飞机中,大部分的应用都允许超过一名飞行机组成员使用一个指针。应该建立可接受的处理"竞争指针"的方法,并且与总的驾驶舱理念相一致;同时对其他可能的场景也建立可接受的方法,包括两名驾驶员使用两个指针。[AC-20-175,3-4.f]

(14) 通过指针设备获得的图形控制标志,例如轨迹球,应该包含在图形显示中。当菜单存在额外的选择例如子菜单时,菜单标注应该提供合理的子菜单描述。[AC-25.1302-1,5-4.c.(2)(a)]

6.4.5.3 其他推荐

(1) 使用指针控制设备获得的性能等级应该与传统的控制相同。[N 8110.98]

(2) CCDs 应该能够快速移动和准确定位。[ESD-TR-86-278]

(3) 指针的移动范围不应该超过屏幕的外侧边界,也不应该从视线中消失。[DOT/FAA/CT-03/05]

(4) 指针符号不应该遮挡任意所需信息。

(5) 指针符号不应该引起注意力分散,例如在显示上独立的与指针符号不相关的位置上搜索信息时。[NASA-STD-3000]

(6) 指针符号所使用的形状应该是独特的,并且容易与其他符号相区分。指针符号与功能应该是一致的,不同的指针符号应该表示不同的功能。[NASA-STD-3000]

(7) 应该对显示的有效区域进行定位,使得驾驶员可以进行选择而不会干扰重要的信息。

(8) 显示的有效区域(如触摸屏控制)应该有合理的大小,使得在所有驾驶舱运行条件中(如湍流)都允许使用指针控制设备进行正确选择。

(9) 系统应该使用指针指示输入的焦点或者在显示上的关注区域,当输入文本的时候,应该提供光标。[NASA-STD-3000]

(10) 指针不应该闪烁,且指针的大小和图片质量应该在驾驶舱中保持一致。[NASA-STD-3000]

(11) 指针的移动应该是缓慢的,且不应该在用户不进行输入时发生移动。[NASA-STD-3000]

(12) 显示页面上应该只有一个光标。[NASA-STD-3000]

(13) 如果光标使用闪烁获取注意力,那么默认的闪烁频率应该为 3 Hz。如果闪烁频率是用户选择的,那么闪烁频率应该为 3~5 Hz。[NASA-STD-3000]

6.4.5.4 简要案例说明

缓慢的视觉反馈可能造成对指针的真实位置产生错觉。在 74 毫秒内的系统响应通常是可接受的,而超过 120 毫秒的则是不可接受的。

一种表明指针从驾驶舱显示的一个窗口移动到另一个窗口的方式是给指针加上一个亮圈。

6.4.6　触摸屏显示

6.4.6.1　背景

触摸屏显示的操作通常是通过响应手指在设备上触摸或者移动的位置信息来实现的。触摸显示的优点是输入动作和响应输出是直接相关的,并且所有的输入都呈现在显示上。触摸屏通常在空间有限的条件下使用,但是触摸屏不是对所有的任务或运行环境都适合的,因此考虑触摸屏技术、任务需求、显示大小和触摸区域的大小以及所需的触摸准确度是重要的。触摸屏感知和响应技术如表6.8所示。

表 6.8　触摸屏感知和响应技术

触摸屏技术	简　要　介　绍
电阻屏	电阻屏是最常用的触摸屏技术,包含了几个电子传导材料层。当有足够的压力的时候,层与层之间发生接触,构成一个回路,从而输入被接收。触发响应所需的压力在不同的电阻屏中是不同的
电容屏	电容屏包裹了薄的透明的传导材料。当电容值发生可测量的变化时,激活一个"触摸"(如皮肤接触)
红外线	红外线显示使用红外光束照射显示的有效区域进行输入检测。当一个输入设备,如手指,截断红外射线时,"触摸"被激活,输入设备不需要真正地接触到屏幕就可以引起响应。但是,输入可能被极端的光线条件干扰,因为显示的激活必须来自红外灯光束的变化

触摸屏输入信息通常有3种策略。落于(land-on)策略只对选择使用初始的触摸,用户可以通过直接在屏幕上触摸选项进行选择,而直到手指举起之前,其他所有的接触都不会执行,因为系统会立即将触摸接受为一个输入,使用户没有机会对输入进行验证;此外,将手指从一个选项移动到另一个选项也没有作用。第一次触及(first-contact)策略类似于落于策略,当用户触摸一个可选择的选项时,系统会识别一个输入,但是,"第一次触及"也允许用户通过将手指从一个选项移动到另一个选项进行信息选择,即输入并不仅限于初始的触摸。在最后触及(last touch)或者举起(lift-off)策略中,当手指从触摸屏上离开时,系统处理最后一个可选择的选项。用户之前触及的内容则不会进行处理,从而用户可以在激活选项之前对输入的正确性进行验证。不同的关于输入策略的研究发现在速度和准确性间需要权衡,第一次触及输入信息的速度快于最后触及策略,但是更容易出现差错。事实上,使用最后触及策略比其他两种策略更不容易出现差错。驾驶舱环境中如何选择合适的策略取决于执行的任务和运行条件。

通过触摸屏键盘进行文本输入比使用标准键盘慢,但是输入速度可以通过经验或者响应技术进行改善。输入速度慢的一个因素是触摸屏不能同时处理多个输入。触摸屏上的键盘布局也有利于文本输入,触摸屏通常所使用的一个手指输入或者触笔输入的布局比较表明,大致方形的 5×5 字母键盘布局比传统的

"QWERTY"键盘布局更适合于文本输入,因为按键间的平均间距较小。

6.4.6.2 局方管理条例与指导性资料

(1) 通过触摸屏感知的驾驶员手指触摸位置应该是可预期的和明显的。[AC-20-175,3-5.d]

(2) 如果触摸屏校准会发生漂移或者结果变差,那么需要提供触摸屏校准程序以及其他的相关保持项以保证合适的校准和操作,包括持续适航中的指示程序。[AC-20-175,3-5.c]

(3) 如果合适,那么应该考虑集成相应的支撑以稳定驾驶员手部,并且在手指定位时,提供参考点。此外,也应该保证触摸屏不会产生不可接受的工作负荷、差错率、速度和准确性等级。[AC-20-175,3-5.a]

(4) 应该保证触摸屏能够抵抗正常使用中的划痕等损坏,并且证明系统在长时间使用后,或者暴露在驾驶舱中可能出现的护肤油、汗水、环境因素(如阳光)、化学清洁剂以及飞行机组成员所携带的饮料(如咖啡)等条件下仍然能够提供可接受的性能。[AC-20-175,3-5.b]

6.4.6.3 其他推荐

(1) 如果任务需要驾驶员长时间举起手臂并且没有相应的支撑,那么这样的触摸屏是不合适的。[DOT-VNTSC-FAA-95-3]

(2) 触摸敏感区域应该在显示上明确指示。[NASA-STD-3000]

(3) 如果存在超过一个的输入设备能够输入信息,那么用户不应该在触摸屏和其他输入设备间经常进行切换,且输入设备间的切换不应该造成额外的工作负荷。[NASA-STD-3000]

(4) 触摸屏上的软式按键不能识别时,应该有一个区域将其包围以防止无意激活。

(5) 应该在100毫秒以内提供反馈以表明触摸已经被接收,反馈可以是触觉的、听觉的或者视觉的。[DOT-VNTSC-FAA-95-3]

(6) 软式键盘按钮应该只在按压并松开后激活。如果按钮被按压但是没有松开(如用户按住并移动),那么按钮不应该激活;此外,手指松开的区域不应该激活。

(7) 触摸屏上显示的软式按键最小应该为22毫米(推荐的大小可以防止由于视差产生的触摸偏差)。

(8) 触摸屏相对用户的角度应该进行调整,如果显示是固定的,那么触摸屏显示应该横向偏离30°且不超过45°,否则会产生疲劳。

(9) 为了使得偏差最小化,触摸屏应该尽可能靠近驾驶员视线的垂直位置。

(10) 如果显示需要一个最小的压力以激活触摸,那么不应该由于长时间使用而导致疲劳。

(11) 显示的有效区域的位置应该使得驾驶员能够进行选择而不会遮挡重要的信息。

6.4.6.4　简要案例说明

在确定是否需要使用触摸屏技术时,考虑的因素应该包括所需的响应速度、输入所需的力度、提供反馈的类型以及无意驱动的风险。这也就是说,驾驶员可能能够使用触摸屏显示进行有效的信息输入,但是如果数据输入任务需要一个高等级的精确度,那么低头时间可能会明显增加。

有一些问题对于设计和使用虚拟的"软式"控制设备是特有的。不同于硬控制器件,软控制器件通常不提供触觉和/或听觉反馈,而这些反馈可以作为指示功能被激活的线索。此外,显示系统的硬控制器件通常很靠近(如在专用的控制面板上),而软控制器件的位置则比较分散,并且控制器件的大小会受到显示区域的限制。软控制器件的可达性也可能受到显示视差的影响,例如可能很难确定"有效"区域。

视差是用户感知的触摸位置和真实需要触摸位置的差异,视差在 x 轴和 y 轴上都存在,且视差的大小是显示角度的函数。垂直于驾驶员视线安装显示能够将触摸差异最小化。

一些研究关注于确定触摸屏合适的按键大小,通常,这些研究的对象是要求测试触摸的显示上的一些目标(如方形按钮),研究内容是通过第一次触摸与目标位置的差异来计算确定获取触摸所需的按键大小。这些研究共同的结果表明,在不进行触摸差异校正的情况下,达到 99% 的触摸精度时,最小的按键宽度约为 26 毫米;在经过触摸差异校正的情况下,达到 99% 的触摸精度时,最小的按键宽度约为 22 毫米。如果输入时佩戴手套,那么触摸屏按键的宽度和按键之间的空间需要增加。

7 预 期 功 能

7.1 背景

在正常的事件中,可能会影响安全性的飞行机组差错行为通常会被检测和消除,但是,事故分析表明飞行机组行为和差错是运输类飞机大部分事故的主要因素,一些差错可能受到系统设计以及系统的飞行机组界面的影响。驾驶舱和其他系统的设计可能会影响飞行机组的任务表现和飞行机组差错出现的频率,因此,14 CFR 25.1302 修改了运输类飞机适航标准中的设计要求,使得与设计相关的飞行机组差错出现的可能性最小。新的设计要求在出现飞行机组差错时,能够让机组成员检测和管理差错。

7.2 局方管理条例与指导性资料

7.2.1 总则

(1) 所安装的每项设备必须符合下列要求:其种类和设计与预定功能相适应。[CCAR - 23.1301(a);25.1301(a);27.1301(a);29.1301(a)]

(2) 凡航空器适航标准对其功能有要求的设备、系统及安装,其设计必须保证在各种可预期的运行条件下能完成预定功能。[CCAR - 25.1309(a)]

(3) 每项设备、每一系统及每一安装在执行其预定功能时,对下列任一设备的响应、运行或精度不得产生不利影响:[CCAR - 23.1309(a)]

a. 安全运行所需的基本设备;或

b. 其他设备,有措施使驾驶员知道其影响的除外。

(4) 飞机系统与有关部件的设计,在单独考虑以及与其它系统一同考虑的情况下,必须符合下列规定:[CCAR - 25.1309(b)]

a. 发生任何妨碍飞机继续安全飞行与着陆的失效状态的概率为极不可能。

b. 发生任何降低飞机能力或机组处理不利运行条件能力的其它失效状态的概率为不可能。

注: CCAR - 23.1309(b),CCAR - 29.1309(b)用词稍许不同。

(5) 在多发旋翼航空器上的设备、系统及安装,其设计必须保证在一旦发生预

期的故障或失效时能防止对旋翼航空器的危害。[CCAR - 27.1309(b)]

(6) 在单发旋翼航空器上的设备、系统及安装,其设计必须保证在一旦发生预期的故障或失效时,对旋翼航空器产生的危害减少到最低程度。[CCAR - 27.1309(c)]

(7) 本部分适用于飞行机组成员坐在驾驶舱座位时操作飞机所使用的系统和设备。申请人必须表明这些设计的系统和安装的设备不管是单独地或者是与其他的系统和设备一起使用,都能够通过预期的功能让接受过训练的合格飞行机组成员安全地完成所有的任务。[14 CFR 25.1302]

(8) 25.1302(a)要求每个安装的设备项都必须"设计成适应于预期的功能"。25.1302 建立的要求设计成能够支持飞行机组成员使用系统的预期功能完成所有的任务。申请人在表明对 25.1302 的符合性时,系统的预期功能和相应的飞行机组任务期望都必须进行描述。[AC - 25.1302 - 1,5 - 3.a]

7.2.2　符合性证明

(1) 为了表明对 25.1302 的符合性,申请人对预期功能的申明必须足够详细和具体,从而使局方可以评价系统预期的功能和相应的飞行机组任务是否合适,例如,对新的显示系统能够"增强情景意识"的申明必须进行深入的解释。不同的显示通过不同的方式增强情景意识,例如,地形意识显示、垂直剖面显示甚至主飞行显示。申请人可能还需要在新颖度、复杂度和集成度的层面对设计进行更加具体的描述。[AC - 25.1302 - 1,5 - 3.b]

(2) 申请人必须描述预期功能以及相应的设备和任务,这种信息类型在驾驶员手册或者操作手册中提供,可以用来描述指示、控制和飞行机组程序。对 25.1302 的符合性必须表明:[AC - 25.1302 - 1,5 - 3.c]

a. 每个驾驶舱设备项。

b. 设备的指示和控制。

c. 设备的特征和功能。

(3) 新颖的特征可能需要申请人提供更加详细的信息来表明符合性,因为以前批准的系统和特征可能有所欠缺。通过以下的问题来确定功能是否足够新颖以及是否需要对功能和相应的任务进行详细的和具体的描述:[AC - 25.1302 - 1,5 - 3.d]

a. 是否每个特征和功能都有具体的目的?

b. 是否对功能和对应的飞行机组任务进行了描述?

c. 基于系统提供的信息,飞行机组成员会进行怎样的评价、决策和动作?

d. 与系统一起使用的其他信息是什么?

e. 系统的安装或使用是否会影响飞行机组操作其他驾驶舱系统的能力?

f. 设备使用的操作环境是否有其他的假设?

g. 对飞行机组的特点或能力超过规章中所要求的飞行操作、训练或资格有什么样的假设?

（4）为了符合集成性的要求,所有驾驶舱设备都必须能够为飞行机组使用,以完成预期的功能和所有的任务。驾驶舱设备包含与飞行机组交互的飞机系统的接口,例如控制、显示、指示和通告。[AC-25.1302-1,5-8.a.(2)]

7.2.3 显示大小

显示必须有足够的尺寸,使其能够在所有可预见的条件下向飞行机组呈现一种可用的形式的信息(可读或者可辨识)。可预见的条件包括操作和灯光环境,同时信息应该与预期的功能相一致。[AC-25-11A,16.a.(1)]

7.2.4 观察区域

（1）安装的显示必须不能遮挡其他的控制器件和仪器或者妨碍控制器件和仪器完成它们预期的功能。[AC-25-11A,16.b.(9)]

（2）合适的飞行机组成员坐在座位上进行正常的头部运动时,必须能够看见显示格式特征,例如字体、符号、图标和标志,从而安全地完成任务。在一些情况下,需要通过驾驶舱交叉可读性来满足预期的功能,这样两名驾驶员都能够观察到显示。[AC-25.1302-1,5-5.b.(2)]

7.2.5 驾驶舱一致性

（1）在同一个驾驶舱的不同显示上呈现相同的信息时应该具有一致性;首字母缩略词和标签的使用应该具有一致性;同时,信息/通告包含的内容也应该具有一致性。对于不一致的信息应该进行评价以保证不会造成混淆或差错,也不会影响系统所包含的预期功能。[AC-25-11A,31.b]

（2）首字母缩略语和标签的使用与信息/通告包含的内容应该具有一致性。对于不一致的信息应该进行评价以保证不会造成混淆或差错,也不会影响系统所包含的预期功能。[AC-25-11A,31.b]

（3）驾驶舱电子显示使用的符号应该与预期的功能相一致。[AC-23-1311-1C,17.1]

（4）对于不一致的颜色应该进行评价以保证不会造成混淆或差错,也不会影响系统所包含的预期功能。[AC-25-11A,31.c.(5).(b)]

7.2.6 图形描述/图像

（1）当需要提供深度信息的图像时(如三维显示),应该提供充分的深度信息以满足预期功能。[TSO-C113a/SAE AS 8034B,4.2.8]

（2）图像应该有足够的大小,包括满足预期功能的足够多的细节,驾驶员应该能够区分描绘的特征。[AC-25-11A,31.g.(1)]

（3）应该向驾驶员提供图像的来源和预期的功能以及图形的操作批准等级,这可以通过提供飞机飞行手册、图像位置等方法实现。[AC-25-11A,31.g.(1)]

（4）地形和机场信息必须准确，同时需要有可接受的分辨率让系统实现预期的功能。所有机场的跑道长度应该不小于 3 500 ft（1 067 m），机场 30 海里的地形数据应该以 30 弧秒，100 - ft（30.48 - m）分辨率用网格进行描绘。当有必要时（特别是机场周围有山的情况），以 15 弧秒，100 - ft（30.48 - m）分辨率的网格描绘最近跑道的 6 海里范围。对于海洋和偏远的地区允许使用可接受的较大的网格描述。[TSO - C151c，Appendix 1，6.3]

注：B 类设备可能需要机场跑道 3 500 ft（1 067 m）以内的信息，不管是公共的还是私人的。小飞机的拥有者和操作者，以及小部分 135 部的操作者会经常使用 B 类设备和 3 500 ft（1 067 m）以内的跑道。近地告警系统 TAWS 的生产厂家必须将用户所需的机场的地形数据包含在他们的产品中。

（5）当信息元素临时妨碍其他信息时，信息的缺失不应该造成与预期功能相关的损害。[AC - 25 - 11A，31.e.（1）]

（6）当多图像融合或重叠时，结合的图像应该满足预期的功能，尽管这些图像在图像质量、投影、数据刷新率、光线敏感度、数据延迟或者传感器校准算法等方面都有所区别。当与外世界融合成一个图像，例如在平视显示器上进行信息显示时，图像应该不会影响驾驶员探测真实世界目标的能力，图像的相关亮度控制可以帮助实现这一目标。与真实世界目标相关的或者强调真实世界目标的图像元素应该有足够的重合度以避免出现解释差错或显著地增加解释时间。[AC - 25 - 11A，31.g.（5）]

7.2.7　刻度盘和磁带

（1）指针和指示的位置应该对于预期的功能有足够的准确性。[AC - 25 - 11A，31.c.（4）（b）.3]

（2）尺度分辨率应该足够完成预期的任务，如果对预期的功能有足够的准确度，那么所使用的尺度可以不包含一个相应的数字读出器。[AC - 25 - 11A，31.c.（4）（b）.2]

（3）显示的范围应该足够完成预期的任务，如果一个完整的操作范围不能在一个给定的时间内显示，那么显示的转换不应该引起注意力分散或混淆。[AC - 25 - 11A，31.c.（4）（b）.1]

7.2.8　告警

（1）为了满足预期的功能，必须基于飞行机组意识和飞行机组响应的紧迫度对告警进行等级区分。这表示时间要求紧迫的警告告警最重要，其他的警告告警其次，戒备告警次之，最后是咨询告警。[AC - 25.1322 - 1，8.a.（2）]

（2）如果告警是时间要求紧迫的且同时使用一个专用的显示区域，那么该告警必须有最高的优先权以满足其预期的功能。[AC - 25.1322 - 1，8.c.（2）]

（3）依据审定计划，应该对告警系统进行评价。这种评价由申请人进行，并将评价结果报告提交给局方。由于告警系统的陈述并不需要与最终的文件相一致，同时局方并不一定需要在现场，所以测试中的评价方法可以是不同的。申请人所做的评价有助于符合性的探索，但是并不构成完整的符合性表现。[AC-25.1322-1,13.c]

评价应该包括可接受的预期功能的表现，例如人机界面。告警系统失效场景的可接受性，同时场景应该能反映期望的系统操作。评价中还应该包含的详细部分有：

a. 告警的视觉、听觉和触觉部分。

b. 从人/机集成角度满足预期功能的有效性，包括工作负荷、潜在的飞行机组差值和混淆。

c. 相关控制的正常和紧急抑制逻辑和可达性。

d. 如果以其他系统合理地集成，那么可能需要测试每一个特定的告警，同时验证是否能够提供合适的程序。

e. §25.1309 中失效模式操作的可接受性。

f. 与其他显示和控制的兼容性，包括多重警告。

g. 保证告警系统本身不会产生令人不悦的告警或干扰其他的系统。

h. 特定飞行阶段的告警抑制（如起飞和着陆）以及特定飞机构型下的告警抑制（如不正常的襟翼和起落架）。

7.2.9 控制器件

（1）安装的驾驶舱控制器件必须能够安全地实现设备的预期功能以完成所有的任务。提供给飞行机组的信息必须能够完成既定的任务。[14 CFR 25.1302(a)]

（2）申请人应该记录和遵循能够支持预期功能的控制器件设计理念，所记录的设计理念可以包括系统描述的一部分、审定计划或是在审定项目中提交给局方的其他文件。设计理念应该包含控制器件特征的高级别描述，例如标签、反馈、自动行为和差错恢复；此外，还包括对绩效的高级别描述，例如飞行机组工作负荷、潜在差错以及期望的训练要求。[AC-20-175,2-1.a]

（3）由于不可能覆盖所有可能的环境和使用条件，因此应该建立一个有代表性的集合，包括正常的和最坏的实例。这些实例应该涵盖系统运行的全部环境，包括正常的、非正常的以及紧急条件下的操作。[AC-20-175,2-2.b]

（4）如果一个控制器件能够实现两个以上的功能，那么对所有预期的功能都应该进行标注，除非某个控制器件的功能是明显的。[AC-25-11A,31.c.(2)(b)]

（5）按照 2X.1301，用作数据输入的控制器件必须支持驾驶员输入所需的数据以实现预期的功能，并且需要表明控制的数据输入速度、准确性、差错率和工作负荷都是可接受的。[AC-20-175,2-11.a]

（6）控制增益和敏感度需要进行权衡以支持预期的功能。[AC-20-175,

2-5]

（7）应该准确复制在真实飞机中出现的响应延迟和控制增益特征，并表明控制器件的增益和敏感度对预期的功能是可接受的。[AC-20-175,2-5]

（8）控制器件的操作力对预期的功能应该是合适的。[AC-20-138C,11-8.a.(4)]

注：较小的力可能不能够提供足够的反馈，而较大的力可能会影响所期望的快速使用。[AC-20-138C,11-8.a.(4)]

（9）用户输入的系统响应及时性应该与申请的预期功能相一致。[AC-120-76B,12.e]

（10）应该表明在与设备预期功能相关的任务完成过程中的反馈是足够的。[AC-20-175,2-6.i]

8 设 计 理 念

8.1 背景

系统的设计理念提供了一个对以人为中心的设计原则的高等级的描述,可以用来指导系统的开发,并且提升简易程度和安全性。在设计的过程中建立设计理念是将设计重心从纯粹的技术问题转移到强调用户界面的问题上,考虑飞行机组的绩效,应该保证一致的界面设计。即使飞行机组对设计理念的理解不甚清楚,他们也会基于自己的飞行经验对显示的方式进行预判,如果系统的设计遵循总的驾驶舱设计理念,那么可以降低差错发生的可能性。

8.2 局方管理条例与指导性资料

8.2.1 总则

(1)申请人应该建立、记录和遵循显示系统的设计理念以支持预期的功能,设计理念应该包括以下内容的高等级的描述:[AC-25-11A,11.a]

a. 信息呈现总的理念,例如是否使用"静、暗"的驾驶舱理念或者其他的理念?

b. 电子显示的颜色理念,包括不同颜色的含义和预期的解释,例如是否品红色总是表示限制?

c. 信息管理理念,即驾驶员什么时候应该恢复信息或者是否是自动完成的?信息位置的预期解释是什么?

d. 交互性理念,例如什么时候以及为什么要求驾驶员动作的确认?什么时候提供反馈?

e. 冗余度管理理念,例如如何解决一个或多个显示失效问题?如何解决电源和数据总线失效问题?

(2)显示信息的设计应该在以下方面与驾驶舱设计理念一致,包括符号、位置、控制、行为、大小、形状、颜色、便签、动态和告警。[AC-25-11A,31.b]

(3)在定义特定的显示特性(颜色、符号等)或者使用标准之前,应该建立驾驶舱设计理念。此外,在驾驶舱中所有的系统间,显示应该是一致的。对设计理念的使用进行记录可以帮助建立确定符合性的工作基础。[AC-27-1B,AC-27-

1303b(4)(ii)(B)(1)(v)]

(4) 在不同的应用中,应尽可能保持数据输入方法、颜色-编码理念和符号的一致性。[AC-120-76B,12.m.(1)]

8.2.2　控制器件

(1) 应该记录和遵循控制的设计理念,以支持预期的功能。所记录的设计理念可以包括系统描述的一部分、审定计划或是在审定项目中提交给局方的记录。设计理念应该包含控制器件特征的高级别描述,例如标签、反馈、自动行为和差错恢复;此外,还包括对绩效的高级别描述,例如飞行机组工作负荷、潜在差错以及期望的训练要求。[AC-20-175,2-1.a]

(2) 在整个驾驶舱中最大限度地保持设计理念的一致性。[AC-20-175,2-1.b]

(3) 在飞行操作过程中,应该考虑不同的环境、使用条件以及其他可能影响飞行机组与控制器件进行交互的因素,包括:信息量、亮和暗的灯光条件、使用手套、湍流和其他振动、任务的中断和延迟、物理上干扰控制移动的物体、一名驾驶员失能(多机组成员飞机)、非优势手的使用、过度的环境噪声。

(4) 如果使用颜色对任务的重要信息进行编码,则应另外使用至少一种其他的编码形式(如大小、形状、标注)。只要可能,颜色编码就应该在所有的控制器件和显示中保持一致,并且在驾驶舱中使用的颜色应当考虑驾驶舱灯光对标注的影响(颜色理念)。[AC-20-175,2-7.c]

(5) CCAR-2X.1529 要求对持续适航的设备进行说明,包括对在使用的,替换的或者服役过的控制器件条件的限制和考虑。例如:

a. 如何保证在服役的控制器件符合 CCAR-2X.671 中要求的简单、平稳、肯定的操作?

b. 控制器件表面是否需要防油、防汗,从而使得标注是易读的?

c. 什么类型的干扰会妨碍安全操作?

d. 控制器件暴露在液体环境中时,是否容易发生失效(例如:溅出的咖啡或可乐)?

e. 什么样的维护或者检查应该定期进行?

(6) 控制器件应当设计成操作使用造成的磨损最小化(如划伤、变模糊)。[AC-20-175,2-12.b]

(7) 与持续操作安全性说明的每个周期内所进行的验证测试一起,为每个控制器件设计一个有效的维护和检查。[AC-20-175,2-12.c]

8.3　其他推荐

设计指南应该记录用户界面元素的设计(如窗口、目录和弹出窗口)以及进行普通操作的标准方法(如打开和关闭窗口)。

8.4　简要案例说明

波音公司飞机驾驶舱设计理念包括以下的关键内容：

（1）自动化应该作为驾驶员的辅助，而不是替代驾驶员。

（2）新技术和功能应该确定对操作有益，同时不会在对人机交互产生副作用时使用。

（3）驾驶员对所操作的飞机有最终权力。

（4）所有的机组成员都应该对安全飞行负责。

（5）系统应该有容错能力。

（6）设计方案的等级为：机组操作简易性、设备冗余、自动化。

（7）机组操作的设计应该建立在驾驶员操作经验和以往的训练基础上。

9 差错管理、预防、检测与恢复

9.1 背景

制造商会基于对系统如何使用的理解具体说明系统的预期功能,但是,系统的运行可能超出预期,从而引起差错的发生。人为差错受很多因素影响,包括系统设计、训练、操作和驾驶员以往的经验。人为差错是难于预计的,而且不可能完全预防,即使是有经验的、训练有素的驾驶员使用精心设计的系统也会发生差错。对驾驶员发生差错的原因进行分析可以将发生差错的概率最小化,还可以构建更具有防差错能力和差错容忍能力的系统。通过简单和明确的设计,可以使防差错系统产生差错更加困难。差错容忍的系统可以提供减少差错的能力,例如允许自动化系统监视飞行机组动作,或者通过使用电子检查单来提示已经完成的任务。

建立有效的差错管理方法的重要性是明显的,这些方法使系统的设计利于差错检测、恢复和/或减小差错对系统功能的影响。帮助飞行机组检测差错的信息由以下指示组成:正常运行时的指示(如模式通告或飞机状态信息)、对具体差错或系统条件的告警指示以及外部威胁或运行条件的指示。但是,信息显示可能并不总是能确定动作是否是错误的,因为信息显示并不知道驾驶员的意图。在这些情况下,差错检测取决于飞行机组和他们对由于动作所引起的预期变化的指示进行扫描和监视的能力。如果飞行机组可以及时地使用控制和指示还原不正确的动作使得飞机或系统回到先前的状态,或者减少不正确动作的影响使得系统回到一个安全的状态,那么差错是可恢复的。系统的设计和评价,不管是单独进行或是与其他系统一起进行,都可以用来保证飞行机组可以检测和恢复差错。

差错不可逆以及差错对安全性有潜在的影响是不允许的,例如,通过控制的开关保护和互锁,或者要求多重确认动作。但是,如果驾驶员的能力不足以纠正差错,那么对差错的过度防护可能会对安全性造成非预期的影响。此外,如果在日常的运行中,差错防护成了一种滋扰,那么飞行机组可能会试图规避;同时,这些行为可能会产生对系统设计人员非预期的影响。

9.2 局方管理条例与指导性资料

9.2.1 差错管理

（1）本部分适用于在驾驶舱中，飞行机组成员以正常的坐姿操作飞机时所使用和安装的系统和设备。申请人必须表明这些设计的系统和安装的设备，不管是单独地或者与其他的系统和设备一起使用，都能够通过预期的功能让接受过训练的合格的飞行机组成员安全地完成所有的任务。这些安装的设备和系统必须满足以下的要求：[14 CFR 25.1302]

a. 安装的驾驶舱控制必须能够安全地实现设备的预期功能以完成所有的任务，且提供给飞行机组的信息必须能够完成既定的任务。

b. 供驾驶员使用的驾驶舱控制和显示必须：

（a）以一种清楚和明确的形式呈现，且分辨率和精确度与任务相适应。

（b）对飞行机组是可达和可用的，同时应该与任务的紧迫性、使用频率和持续时间相一致。

（c）如果对于安全操作而言，情景意识是必需的，那么应该让飞行机组了解飞行机组动作对飞行和系统的影响。

c. 安装设备与操作相关的行为必须：

（a）是可预知的、明确的。

（b）设计成飞行机组能够以与任务相适应的方式进行干预。

d. 在切实可行范围内，安装的设备必须能够让飞行机组通过其与设备的交互进行差错管理。本段不适用于以下的情况：

（a）与飞机手动操作相关的技术引起的差错。

（b）由于恶意的目的所做的决定、动作或疏漏而引起的差错。

（c）由于飞行机组成员对安全性漠视所做的鲁莽的决定、动作或疏漏引起的差错。

（d）由于暴力行动或威胁所引起的差错，包括受胁迫所引起的动作。

（2）要求与操作行为相关的系统行为应该是可预测的且明确的，这是为了让有资质的飞行机组了解系统在做什么、为什么这样做。这意味着飞行机组应该有足够关于在可预见的环境中，他们进行动作或者安全的操作系统改变状态时，系统的行为表现的信息。这个要求将系统行为与系统设计的功能性逻辑进行了区分，因为飞行机组不需要了解系统设计的功能性逻辑。[AC-25.1302-1,5-6.a.(2)]

（3）对系统的设计和评价，不管是单独的还是与驾驶舱其他系统一起的，都应该能够让驾驶员对差错进行检测、修正和恢复。[AC-25.1302-1,5-8.e.(1)]

（4）控制器件、指示和告警的设计。这些特征必须设计成使得飞行机组差错和混淆出现的概率最小。指示和告警的呈现方式应该与飞行机组程序和指定的任务相一致,并且提供足够的信息让他们完成任务。指示必须以符合逻辑的和一致的方式进行归类和呈现,同时应该在所有期望的灯光条件下都能让所有的驾驶员看见。颜色、字体、字体大小、位置、朝向、移动、图形布局以及其他的特征,例如稳定和闪烁,都应该有助于提高系统的有效性。控制、指示和告警应该使用一致的方式。[AC-25.1329-1B,42.b]

(5) 系统的设计应该让飞行机组出现差错的可能性和影响最小,同时对差错识别和解决的可能性最大。[AC-120-76B,12.m.(1)]

(6) 显示系统的设计特征应该能够支持差错规避和差错管理(检测、恢复等)。[AC-25.1311-1C,13.5.b.(3)]

(7) 以下的设计考虑适用于与操作相关的系统行为以及系统操作的模式:[AC-25.1302-1,5-6.c.(3)(b)]

a. 设计应该简单。

b. 模式通告应该清楚、明确。例如,飞行机组的模式接通或安装选择能够使得通告、指示或者信息反馈让飞行机组意识到他们进行了操作。此外,飞机操作模式的改变所引起的模式的任何变化(如在进近的过程中)都应该清楚、明确地给驾驶员提供反馈。

c. 模式接通、取消的方法应该是可达的和可用的。例如,飞行机组的动作需要触及、接通、解除或中断一个自动驾驶模式不应该取决于系统的模式。如果模式需要不同的飞行机组动作,那么有可能会引起差错。飞行导引系统上特定的引导,参考 AC-25.1329-1B。

d. 非指令性的模式变化应该有足够的通告、指示或信息显示以提供接通的系统模式的非指令性变化[§25.1302(b)(3)]。

e. 当前的模式应该在所有的时间内保持识别和显示。

9.2.2 符合性证明

(1) 当证明符合性时,申请人应该评价正常的和非正常条件下飞行机组的任务,虽然在这两种条件下,很多设计的特征是相同的。例如,在非正常的条件下,也需要正常的条件下进行飞行任务所需的导航、通信和监视,但是难度可能有所增加,因此,应该对非正常环境的任务进行额外考虑。申请人不应该期望在非正常的条件下可能发生的差错与正常的条件下有所不同,但是应该在期望任务中对这些差异做出评价。[AC-25.1302-1,5-7.a.(b)]

(2) 申请人应该表明在整个飞行过程中,集成显示不会对工作负荷、差错或安全的飞行机组表现造成负面的影响。这些影响可能会增加的时间包括:[AC-25.1302-1,5-8.2.e.(2)]

a. 解释功能。

b. 做决定。

c. 采取合适的动作。

（3）为了满足 25.1302 总的要求，申请人必须表明将功能分配设计成：［AC-25.1302-1,5-6.b.(1)］

a. 飞行机组在正常的和非正常的操作条件下都能够完成分配给他们的任务，同时在可接受的工作负荷范围内，不需要过度的专注、特殊的技能和能力或引起过度的疲劳（参考§25.1523,25 部附录 D,以及 AC-25.1523 工作负荷评价）。在确定特殊的能力时，应该考虑飞行机组人员的统计情况（如年龄和性别）。

b. 飞行机组与系统的交互能够让他们了解当前的状态以及及时地发现失效情况，同时在合适的时候可以进行飞行机组干预。

c. 考虑在正常的和非正常的操作中，飞行机组成员和系统之间的任务共享和任务分配。

（4）为了满足集成的要求，所有的驾驶舱设备都必须能够实现预期的功能让飞行机组完成所有的任务。驾驶舱设备包括与飞行机组交互的飞机系统界面，例如控制、显示、指示和通告。［AC-25.1302-1,5-8.a.(2)］

（5）使用分析、评价、测试和其他数据开发等方法来验证 25.1302(a)到 25.1302(d)具体要求的符合性时，应该说明新颖的设计特征或设备与之前已经批准的特征以及其他设备的集成。需要考虑以下的集成因素：［AC-25.1302-1,5-8.a.(3)］

a. 一致性。

b. 一致性权衡。

c. 驾驶舱环境。

d. 与集成相关的工作负荷和差错。

（6）申请人应该提出如何表明他们的设计在不影响安全性的条件下，允许飞行机组干预系统的运行。符合性申明方法应该包括如何对功能和条件进行干预。［AC-25.1302-1,5-6.c.(4)(a)］

（7）如果分析符合性申明方法，那么申请人应该进行全面的描述。此外，申请人提出的方法应该描述如何证明每一种干预方法都适合于任务。

（8）为了满足 25.1302(d)的要求，在切实可行的范围内，设计应能够让飞行机组管理差错。安装的设备设计应该满足一下的标准：［AC-25.1302-1,5-7.a.(2)］

a. 能够让飞行机组检测差错和/或从差错中恢复。

b. 保证飞行机组差错对飞机功能或性能的影响是明显的，同时保证持续的安全飞行和着陆是可能的。

c. 通过使用开关保护、互锁、确认的动作或者类似的方法阻止飞行机组差错。

d. 通过系统逻辑和/或冗余、鲁棒性或容错系统设计的方法排除差错的影响。

（9）AC-25.1302-1,5-7a.(2)中的条件：［AC-25.1302-1,5-7.a.(3)］

a. 认识和假定飞行机组差错不能完全避免，同时没有验证方法可以可靠地预测差错的可能性或所有可能与差错相关的事件。

b. 要求符合性方法是系统性的，并且是对飞机系统设计方法的补充，例如系统安全性评估。

9.2.3 差错预防

（1）飞行导引系统的功能、操纵器件、指示和警告必须被设计成使飞行机组对于飞行导引系统的工作和特性产生的错误和混淆最小。必须提供措施指示当前的工作模式，包括任何预位模式、转换和复原。选择器电门的位置不能作为一种可接受的指示方式。操纵器件和指示必须合理和统一地进行分类组合和排列。在任何预期的照明条件下，指示都必须能够被每个驾驶员看见。[CCAR-25.1329(i)]

（2）设计应该能够阻止不可逆的、会影响安全性的差错发生。阻止差错可接受的方法包括开关保护、互锁或多重确认动作。例如，在许多飞机上由发电机驱动的控制有开关保护以阻止无意的驱动，因为一旦驱动断开，那么在飞行过程中或发动机运行时无法再次接通。多重确认的例子比如，飞行机组在接受之前可以检查临时的飞行计划。[AC-25.1302-1，5-7.e.(1)]

（3）防止飞行机组差错发生的另外一种方式是设计系统消除令人误解的或者不正确的信息，这些信息可能来自传感器失效或者来自不充足的显示。例如，系统从主飞行显示上移除飞行指引条或者当驱动符号的数据不正确时，系统从机场地面地图显示上移除自身的位置。[AC-25.1302-1，5-7.e.(2)]

（4）申请人应该避免申请给定过多数量的差错预防。过多的预防使用可能会产生非预期的安全性结果，还可能会在申请人非预期的情况下，损害飞行机组出于安全考虑所做决定和动作的能力。如果在日常的运行中，差错预防成了一种滋扰，那么飞行机组可能会试图规避，从而可能造成操作者或者设计者没有预计到的影响。[AC-25.1302-1，5-7.e.(3)]

（5）设计的设备操作程序应该具有操作适用性最优、驾驶员工作负荷最小、驾驶员记忆依赖程度最低的优点。[TSO-C146c/RTCA/DO-229D，2.2.1.1.2]

（6）数据输入方法、颜色编码理念以及符号使用应该在不同的应用之间尽可能地保持一致。[AC-120-76B，12.m.(1)]

（7）当额外信息（如页面）可用时，设备应该提供指示。[TSO-C146c/RTCA/DO-229D，2.2.1.1.4.1]

（8）控制操作应该允许顺序使用而不会有不希望的多种输入。[TSO-C165/RTCA/DO-257A，2.1.5.1]

（9）在确定差错后的状态是否允许持续安全飞行和着陆问题上飞行机组的行为时，在飞机内或者在模拟器中进行驾驶员评价可能是有关的。评价和/或分析应该用来表明，在发生差错之后，飞行机组有持续安全飞行和着陆所需要的可用信息

和控制飞机的能力。[AC-25.1302-1,5-7.d.(2)]

9.2.4 差错检测

(1) 申请人应该设计设备向飞行机组提供信息,让他们意识到差错的存在或者由于系统动作产生的系统/飞机状态。申请人应该表明信息对飞行机组是可用的,并且是充分检测的,同时表明飞行机组动作和差错之间的关系,使得差错可以及时恢复。[AC-25.1302-1,5-7.b.(1)]

(2) 差错检测的信息可能有如下所示的三种基本形式。[AC-25.1302-1,5-7.b.(2)]

a. 在正常监视任务中向飞行机组提供的指示。

(a) 例如,如果使用一个不正确的旋钮导致了非预期的航向变化,那么这一变化应该可以通过目标值的显示进行检测。在飞行机组接受临时的飞行计划之前让他们进行检查是另外一种提供差错检测的方式。

(b) 在正常运行环境中,如果主视界内仪表上的指示包含经常使用的信息并且是一种已经接受的方式,那么指示可能是足够的。这些信息包括模式通告和正常飞机状态信息,例如高度或航向。基于飞行机组任务,信息处于其他的位置也是适合的,例如当任务要求处理飞行计划时,信息可以显示在控制显示单元上。(参考第5-5节)。

b. 飞行机组指示提供差错信息或者生成的飞机系统条件。参考§25.1322和AC-25.1322、飞行机组告警、飞行机组告警要求和指南。

(a) 飞行机组差错发生后触发一个告警可能足够表明差错存在的信息,同时如果告警是直接与差错相关的,那么差错有足够的检测性。如果告警的内容不是与差错直接相关的,那么该指示可能会让飞行机组相信存在其他非差错原因而导致告警出现。

(b) 如果飞行机组差错只是系统可能产生告警的原因之一,那么告警所提供的信息是不充分的。另一方面,如果额外的信息能够进行飞行识别和差错修正,那么告警与额外的信息一起表明符合§25.1302(d)是充分的。

(c) 系统差错的可检测性应该对发生的飞行机组差错提供告警以及足够的信息,例如起飞构型警告。另一方面,系统状态的告警,例如由于液压泵突然关闭引起的告警,可能并不能向飞行机组提供足够的信息让他们将差错与系统失效进行区分。在这种情况下,飞行手册程序可以提供差错检测方法。

(d) 如果系统可以检测驾驶员差错,那么系统也可以设计成能够预防驾驶员差错。例如,如果系统能够检测到驾驶员不正确的输入频率,那么系统应该不允许驾驶员进行输入并向驾驶员提供合适的反馈。自动的差错检查和过滤器都可以预防不允许和不合理的输入。

c. 全局告警包含大量由于外部危险、飞机包线或者运行环境引起的差错。例如,地形感知告警系统(TAWS)、交通告警和空中防撞系统(TCAS)。在山区的等待航线转错方面而引起 TAWS 告警是告警的例子之一。

(3)当确定信息对飞行机组是否可用、是否有足够的可检测性以及是否与差错明确相关时,申请人应该考虑以下一些问题:[AC－25.1302,5－7.b.(3)]

a. 通过系统的设计,能够简单和可靠地确定一些差错的影响,而有一些差错则不能。对于系统不能检测的差错,监视和扫描的信息设计和安排应该能够让飞行机组容易进行差错检测。例如,在正常的运行中,发动机速度指示针的排列是同一方向的,在同一方向上的指针失效可以说明一个发动机有故障,因为这个发动机与其他发动机的速度不同。

b. 飞机告警和指示系统可能不能检测动作的正确性,因为在许多运行环境中,系统并不知道飞行机组的意图。在这样的情况下,通常取决于飞行机组扫视和观察由于动作所引起的指示变化的能力,例如,选择新的高度或航向,或者在 FMS 上改变飞行计划。当进行类似任务发生差错时,差错检测取决于飞行机组对可用信息的理解。如果飞行机组成员不能检测到错误,那么训练、飞行机组资源管理以及监视系统例如 TAWS 和 TCAS 是提供安全性冗余度等级的方式。

c. 信息必须如§25.1249 中要求的明确显示和可用,例如由动力设备提供的信息。AC－2088A 中提供的指南:飞机动力设备指南(显示)。

(4)在一些情况下,由于与差错检测相关的设计描述可能不够充分,因此,需要驾驶员的评价来确定提供的信息是否可用和可检测。[AC－25.1302,5－7.b.(4)]

(5)系统和应用软件应该加入输入差错检测的功能,使得在输入最早的时候就可以实现检测输入差错,而不用完成整个冗长的无用的输入。[AC－120－76B,12.1]

(6)如果用户输入的数据没有使用所希望的正确的格式和类型,那么系统部应该接受这些数据。系统应该提供差错的信息来说明什么样的输入和数据类型是期望的。[AC－120－76B,12.1]

(7)操作差错的可检测性应该最大化。[TSO－C146c/RTCA/DO－229D,2.2.1.1.2]

(8)如果存在一个应该完全或部分失效,或者对于用户来说是不可见或不可触的系统,那么应该向用户提供一个有效的状态指示。当用户尝试使用功能发生失效时,一些不重要的应用,例如 e－mail 连接性和行政报告,可能需要差错的信息,而不是立即的状态通告。[AC－120－76B,12.k 节]

9.2.5 差错恢复

(1)为了建立差错恢复可接受的方式,申请人必须表明:[AC－25.1302－1,5－7.c.(2)]

a. 存在的控制器件和指示能够用来直接修正错误控制从而让飞机或系统恢复

到正常状态或者减轻差错的影响从而让飞机或系统恢复到安全的状态。

　　b. 可以期望飞行机组使用控制器件和指示及时地完成校正动作。

　　（2）为了建立足够的控制器件和指示以实现差错恢复，相似性申明或者系统和飞行机组的设计描述可能是充分的。对于简单或者常见的系统界面类型，抑或是系统不是新颖的，即使是复杂度，相似性申明或者飞行机组界面和程序的系统设计描述以及相应的指示是一种可接受的符合性方法。［AC－25.1302－1,5－7.c.（3）］

　　（3）为了建立可以期望飞行机组使用控制器件和指示及时完成的校正动作，在仿真的驾驶舱环境中评价飞行机组程序是非常有效的。评价应该包括对告警信息、控制器件和其他指示的术语使用的检查；此外，还应该包括程序步骤的逻辑流和程序执行时对其他系统的影响。［AC－25.1302－1,5.7.c.（4）］

　　（4）差错恢复所需的动作应该是直接的、快速的，并且对随后的操作影响最小。在可能的情况下，应该取决于驾驶员记忆的程度最低。［TSO－C146c/RTCA/DO－229D,2.2.1.1.2］

9.3　其他推荐

9.3.1　差错管理

　　（1）每个差错应该只产生一个差错信息。［DOT－VNTSC－FAA－95－3］

　　（2）应该对系统进行设计使得差错的影响是有限的，单独的人为差错或者系统失效不应该导致灾难性的事件发生。

9.3.2　差错预防

　　（1）任何未经认可的或者不合理的输入都应该引起系统的差错信息。［RTCA/DO－256,3.2.1.2.8］

　　（2）任何的错误信息输入条件都不应该导致数据变化。［RTCA/DO－256,3.2.1.2.8］

　　（3）系统应该说明预期的数据类型和格式。［RTCA/DO－256,3.2.1.2.8］

　　（4）数据标准的位置和格式应该有利于数据的输入和差错的检查，并减少读取数据的时间和差错。［RTCA/DO－256,2.1.7.2］

　　（5）当用户信号是系统注销，或者退出以及关闭应用时，系统应该检查暂停的事项以确定是否有数据丢失的可能性。如果发生上述情况，那么计算机在执行注销命令之前应该进行确认。［RTCA/DO－256,3.2.1.2.8］

　　（6）驾驶舱显示的设计应该支持完成任务的动作正常序列，提供最小的显示管理的信息，并且明确地呈现信息。

9.3.3　差错检测

　　（1）在驾驶员进行输入时，设计的系统应该能够检测和发现差错（如超出范围值，以及不正确的字母和数字）。［RTCA/DO－256,2.1.8］

（2）应该提供系统失效、系统硬件组件、数据链连接丢失和发送或接收信息的故障的明确显示。[RTCA/DO-256,3.2.1.2.7]

（3）超出范围或者不正确的飞行机组数据应该产生一个系统差错信息,以帮助驾驶员确定差错的性质以及如何进行修正。[RTCA/DO-256,2.1.8]

（4）差错信息应该能够帮助技术人员确定差错的性质以及如何进行差错修正。[RTCA/DO-256,3.2.1.2.8]

（5）系统的当前状态应该是明显的和明确的,使得在发生差错后可以理解检测。

9.3.4 差错恢复

（1）信息应该在不需要重新输入正确的命令或数据元素的条件下,允许个别差错的修正。[RTCA/DO-256,3.2.1.2.8]

（2）差错信息应该用非常具体的术语来描述问题和推荐的解决方案。这些差错信息应该将问题和过程、目标、动作、数据输入字段或者其他数据元素联系起来。[DOT-VNTSC-FAA-95-3]

（3）在差错的影响蔓延到整个系统之前,用户应该可以立即更正差错。

（4）驾驶舱的设计不应该模糊、混淆或加剧差错的存在或影响。

9.4 简要案例说明

避免飞行机组产生差错的一种方式是移除有误导性或者不正确的信息,例如,当自身飞机的信息有误时,从机场地面地图上移除信息。

如果在显示页面上,飞行管理系统要求不同的经度和纬度的输入信息格式,或者这些格式与纸质图表上使用的方式不同,那么这种不一致性会增加驾驶员的工作负荷并导致驾驶员发生差错。

10 工 作 负 荷

10.1 背景

工作负荷反映了任务中的体力需求和/或脑力需求之间的关系以及驾驶员完成任务的能力。工作负荷描述了飞行机组忙碌的程度、复杂的任务如何处理以及飞行机组是否能够管理或者进行额外的任务。

工作负荷对绩效的影响可以通过一个 U 形曲线进行描述,过高或者过低的工作负荷都会导致较差的绩效。当工作负荷过低时,驾驶员可能不够专注或者感到无聊,从而轻视当前的任务;另一方面,工作负荷过高则会导致驾驶员丢失信息、不能及时地处理任务,或者产生人为差错。

驾驶舱中每个新引入的系统都会影响工作负荷。在一些情况下,在驾驶舱中集成一个新的系统会增加工作负荷,例如,如果新的显示提供额外的信息以增强安全性,那么这会增加工作负荷,因为驾驶员必须花时间观察新的显示。通常,新显示对工作负荷的影响通过与在运行过程中使用的以往的设计进行比较来考察。一个独立的对新显示的评价可能有所帮助,评价可以提供基础绩效和主观数据的相关信息。为了保证新系统不会对飞行机组绩效水平产生负面的影响,需要对系统进行单独的评价,同时,还需要将系统与其他驾驶舱系统一起进行评价。这些评价应当包含在正常的和非正常的情况下,飞行机组是否能够在可接受的工作负荷中完成任务。

10.2 局方管理条例与指导性资料

(1) 必须考虑下列因素来规定最小飞行机组,使其足以保证安全运行:

a. 每个机组成员的工作量。

b. 有关机组成员对必需的操纵器件的可达性和操作简易性。

c. 按第 25.1525 条所核准的运行类型来规定。

附录 D 阐述了按本条要求确定最小飞行机组时采用的准则。[CCAR - 25.1523]

(2) 本条适用于为飞行机组成员在驾驶舱正常的坐姿下操纵飞机必须使用而安装的设备。此类设备必须表明,具备该设备使用培训资格的飞行机组成员能安全地完成与该设备预定功能相关的任务,该设备单独地并与其他这样的设备相组合的设计应满足以下要求:[14 CFR 25.1302]

a. 所安装的驾驶舱操控组件必须能完成这些任务且必须提供完成任务的必要信息。

b. 供飞行机组使用的驾驶舱操控组件和信息必须:

(a) 以清楚的和明确的形式呈现,且分辨度和精确度与任务相适应。

(b) 飞行机组对信息的可达和使用应与完成任务的紧急性、使用频率和持续时间协调一致。

(c) 如果对安全运行而言情景感知是必要的话,则应让飞行机组知晓飞行机组动作后飞机或系统的反应。

c. 安装设备与运行相关的特性必须是:

(a) 可预知的和明确的。

(b) 设计成使飞行机组能够以与其任务相适应的模式进行干预。

d. 在可用的范围内,安装的设备必须有方法让飞行机组在合理的预期运行中进行管理,避免由于飞行机组与设备进行交互而产生的差错,本条不适合以下的差错:

(a) 手动控制飞机所对应的与技巧相关的差错。

(b) 出于恶意所做的决定、动作或疏漏而导致的差错。

(c) 由于飞行机组成员对安全性漠视而做出的鲁莽的决定、动作或者疏漏引起的差错。

(d) 受到暴力威胁而导致的差错,包括动作受到胁迫。

(3) 依赖于"训练到熟练"的要求是不可预见的且经济上是不切实际的,或者不要求向驾驶员施加过度的脑力负荷作为补偿也是不可实现的。[AC-27-1B,AC-27.1303b(4)(ii)(B)(1);AC-29-2C,AC-29.1303b(4)(ii)(B)(1)]

(4) 在这些情景下确定最小机组的过程和评价等级取决于已经审定的模型和构型与将要审定的模型或构型之间的差异。相较于在驾驶舱中使用之前的模型或者进行细微改变的模型,新的模型需要进行全面详细的评价。不管差异或者改善的程度,针对所有新的或者改善的系统或程序,或者两者皆有,都应当评价对机组成员的影响和对驾驶员/系统界面的影响。对已经建立机组成员的飞机,本试验的目标是通过验证申请人提交的预期机组工作负荷表明对§23.1523的符合性。试验也提供了在真实运行环境中,对机组成员工作负荷独立和完整的评价。[PS-ACE 100-2001-004,附录 A]

(5) 试验的场景应当代表飞行使用的运行类型,试验应当包含不同的路径、导航方式、环境条件和交通密度。应当格外关注包含紧急程序和非正常程序计划和执行的任务。当合适时,也应当在主最小设备清单(MMEL)条件下,结合可能导致显著的驾驶员/机组工作负荷增加的其他失效进行考虑。由于现实格式和媒介也会影响工作负荷,那么显示的数字、大小、位置和类型以及呈现格式也应当作为整体评价的一部分。[PS-ACE 100-2001-004,附录 A]

(6) 每名驾驶员位置和使用的设备必须允许最小飞行机组(依据§25.1523 所建立)执行任务不会产生不合理的专注或疲劳。[14 CFR 27.771(a)]

(7) 人为因素审定计划应当识别飞行机组界面中需要显著的或持续的脑力或体力负荷可能会导致疲劳的方面。有很多因素会导致疲劳,例如噪声、振动、座椅舒适度、设计不合理的控制器或显示以及过度的控制力。符合性方法应当关注于检查潜在的注意力需求和疲劳来源的评价程序。[PS-ACE 100-2001-004,附录 A]

(8) 申请人应当表明集成设计不会对整个飞行状态环境下的工作负荷、差错或者安全性产生负面的影响。这种影响包括:[AC-25.1302-1,5-8.e.(2)]

a. 增加理解功能的时间。

b. 增加决策的时间。

c. 增加采取合适动作的时间。

(9) 申请人应当表明提出的功能不会以不合适的方式将飞行机组的注意力从其他的驾驶舱信息和任务中吸引,从而影响绩效水平并且导致总的安全性等级降低。[AMC 25.1302,5.7.5]

(10) 由于每个新的集成到驾驶舱中的系统都有可能对工作负荷产生正面或者负面的影响,因此,每个系统都必须单独地以及与其他系统一起进行评价,以表明符合 25.1523。这是为了保证总的工作负荷是可接受的,即飞行任务绩效不会受到不好的影响,并且飞行机组检测和理解信息的响应时间是可以接受的。应当重点关注 25 部附录 D,特别是(b)中的工作负荷因素,工作负荷因素包括"操作所有必需的飞行、动力和设备控制器件的可达性、舒适度和容易程度"。[AC-25.1302-1,5-8.e.(3)]

(11) 集成的设计特征可能会或者可能不会影响差错和工作负荷的两个例子如下:[AC-25.1302-1,5-8.e.(3)]

a. 以两种不同的格式呈现相同的信息。例如,同时使用滚动条和圆形指针格式显示高度信息可能会增加工作负荷;但是,不同的格式可能根据设计和飞行机组任务是合适的。发动机每分钟旋转次数的模拟显示有利于快速地扫视,而数字显示能够便于精确地输入。申请人有责任表明对§25.1523 的符合性,并且表明不同的信息呈现方式不会导致不可接受的工作负荷等级。

b. 呈现冲突的信息。系统可能会向不同的飞行机组成员呈现有细微差异的信息,但是所有这些差异都应当进行具体的评价,以保证产生潜在的理解差错的可能性最小,或者有一种方式能够让飞行机组检测到不正确的信息,或者这些差错的影响可以阻止,例如气压高度表设置错误。

(12) 确定最小飞行机组的准则。适航当局在决定第 25.1523 条所述的最小飞

行机组时,考虑下列因素:[CCAR - 25.1523,附录 D]

a. 基本工作职能考虑。下列基本工作职能:

(a) 飞行轨迹控制。

(b) 防撞。

(c) 导航。

(d) 通讯。

(e) 飞机发动机和系统的操作和监控。

(f) 指挥决策。

b. 工作量因素。为确定最小飞行机组而分析和验证工作量时,主要考虑下列工作量因素:

(a) 对所有必需的飞行、动力装置和设备操纵器件(包括燃油应急切断阀、电气控制器件、电子控制器件、增压系统操纵器件和发动机操纵器件)进行操作的可达性和简便程度。

(b) 所有必需的仪表和故障警告装置(例如火警、电气系统故障和其它故障的指示器或告警指示器)的可达性和醒目程度。并考虑这些仪表或装置引导进行适当纠正的程度。

(c) 操作程序的数量、紧迫性和复杂性。特别要考虑由于重心、结构或其它适航性的原因而强制采用的专用燃油管理程序,以及发动机自始至终依靠单一油箱或油源(其它油箱如果贮有燃油,则自动向该油箱或油源输油)供油而运转的能力。

(d) 在正常操作以及判断、应付故障和应急情况时消耗精力和体力的大小和持续时间。

(e) 在航路飞行中,需对燃油、液压、增压、电气、电子、除冰和其它系统进行监控的程度。

(f) 需要机组成员离开原定工作岗位才能完成的动作,包括:查看飞机的系统、应急操作操纵器件和处理任何隔舱的应急情况。

(g) 飞机系统的自动化程度,自动化是指系统在发生故障或失效后,能自动切断、自动隔离由此引起的障碍,从而减少飞行机组为防止丧失能源(飞行操纵系统或其它主要系统的液压源、电源)所需的动作。

(h) 通讯和导航的工作量。

(i) 由于任一应急情况可导致其它应急情况而增加工作量的可能性。

(j) 当适用的营运规则要求至少由两名驾驶员组成最小飞行机组时,一名机组成员因故不能工作。

c. 核准的运行类型。确定核准的运行类型时,要求考虑飞机运行所依据的营运规则。除非申请人要求批准更为局限的运行类型,假定按本部获得合格证的飞机均在仪表飞行规则条件下运行。

(13) 以下列出了在分析和验证最小飞行机组工作负荷中需要重点考虑的工作负荷因素：[AC - 23.1523,附录 2]

a. 基本的飞行特征对稳定性和飞行轨迹控制容易性的影响。一些因素,例如可配平性、耦合、湍流响应、横滚特性、控制器件启动力以及控制力梯度应当在飞行轨迹控制适应性中进行考虑。关键的元素是体力努力、脑力努力、跟踪和分析飞行轨迹控制特征所需的时间以及与其他工作负荷功能的交互。

b. 所有必需的飞行、动力和设备控制器件操作的可达性、容易程度和简单程度,包括紧急燃油关断阀、电子控制器件、电气控制器件、增压系统控制器件以及发动机控制器件。

c. 所有必需的仪表和失效警告设备的可达性和明确程度,例如火警、电气系统故障以及其他的失效或警戒指示;同时,也要考虑这些仪表或设备指示合适的正确动作的程度。

d. 燃油系统操作的复杂度和困难度,特别需要考虑由于重心、结构或其他适航性的原因而强制采用的专用燃油管理程序。此外,还需要考虑发动机自始至终依靠单一油箱或油源(其他油箱如果贮有燃油,则自动向该油箱或油源输油)供油而运转的能力。

e. 在正常操作以及判断、应付故障和应急情况时消耗精力和体力的大小和持续时间,包括检查单的完成以及开关和阀门的位置和可达性。

f. 在航路飞行中,需要对燃油、液压、增压、电气、电子、除冰和其他系统进行监控的程度,以及记录发动机读数等。

g. 飞机系统的自动化程度,自动化是指系统在发生故障或失效后,能自动切断、自动隔离由此引起的障碍,从而减少飞行机组所需的动作。

h. 通信和导航的工作负荷。

i. 由于任一应急情况可导致其他应急情况而增加工作量的可能性。

j. 乘客问题。

k. 当适用的营运规则要求至少由两名驾驶员组成最小飞行机组时,一名机组成员因故不能工作。

(14) 为了满足 25.1302 的总体要求,申请人必须标明所提出设计中功能分配应当使得：[AC - 25.1302 - 1,5 - 6.b.(1)]

a. 在正常的和非正常的运行条件中,飞行机组能够在可接受的工作负荷情况下成功地完成分配给他们的任务,而不需要过度的专注、额外的技巧或努力或者造成过度的疲劳。当确定额外的努力时,飞行机组的分布情况应当予以考虑(如年龄和性别)。

b. 飞机机组与系统的交互能够让他们理解情景。如果合适,能够让飞行机组及时地检测到失效并进行机组干预。

c. 考虑在正常的和非正常的运行条件中,飞行机组成员和系统间的任务共享和任务分配。

10.3　简要案例说明

测量工作负荷的方法包括：

（1）评价任务感兴趣的绩效（主任务），例如差错数量、差错出现后不正确动作的数量、差错的结果、差错恢复时间。

（2）评价次任务绩效（附加在主任务之外的任务），此任务提供了对"空闲的"脑力或体力能力的测量。

（3）采集生理心理参数，例如心率、诱发脑电。

（4）采集主观评价测量，常用的方法包括 NASA－TLX 和 SWAT。

11 自 动 化

11.1 背景

"自动化"用来描述各种自动化系统,包括控制自动化、信息自动化和管理自动化。自动化改变了飞行机组的角色和操作的方式,影响飞行机组工作负荷、行为和创造力。自动化的使用期望能够减少飞行机组的工作负荷,但是在有些情况下,自动化可能对工作负荷的影响很小或者增加工作负荷,这是由于其可能引起与控制相关的额外的任务或者需要监视自动化系统的功能。可靠的、可预计的和对操作者透明的自动化系统与"沉默的"自动化系统相比,更容易让飞行机组获得信息和系统的诊断状态。

在设计自动化时需要考虑的一个重要问题是如何保持飞行机组"在环内"状态。高度自动化的系统只需要飞行机组作为监视者,这可能会削弱他们对系统状态的意识,从而导致在紧急情况下需要更长的响应时间,以及知识或者技能的缺失。此外,人通常不是一个好的监视者,随着纯粹的监视模式时间变长,保持注意的能力和绩效水平会显著变差。在任务分配时保持飞行机组的活动度和参与度可以预防这种情况。

在很多情况下,当驾驶员管理系统运行时,自动化系统的引入将操作者变成了一个监管的角色,即使飞行机组并不仅仅在监视系统,飞行机组是否了解自动化系统的行为就变得特别重要。由于自动化系统变得越来越复杂,它们内部的处理可能并不完全透明,因此,飞行机组可能认为自动化系统更加可靠,从而过度地信任自动化系统;但是,他们也有可能认为系统不可靠,不信任自动化系统,这会导致以下的结果。

过度信任会导致驾驶员不能有效地融入任务中,从而缺乏对自动化系统行为的意识。过度依赖自动化系统是过度信任的一种表现形式,有很多报告表明,驾驶员或飞行机组在没有对期望的飞机状态进行确认的情况下过分依赖自动化系统,相信自动化提供的信息并接受自动化系统的建议。例如,Wiener 报告了一个 DC-9 飞行机组的例子,在起飞过程中,飞行机组相信即将失速的触觉和听觉告警,并放弃了起飞,尽管空速和俯仰角的指示都是正常的,这个决定导致了乘客受伤和飞机损坏;Mosier 和她的同事在研究中报告了相似的行为,Mosier,Palmer 和 Degani 发现当驾驶员借助自动化系统来诊断一个潜在的发动机失效情况而不是使用纸质的检查单时,他们更容易关闭发动机。这也就是说,当提供自动化系统时,驾驶员更可能依据自动化系统而不是依据系统本身呈现的状态信息进行诊断。另外一个过度依赖自动化系统的例子是,Mosier等发现在进行模拟飞行时,当使用自动化系统检测系统状态并发出错误的发动机着火告警时,驾驶员更可能关闭发动机。所有的驾驶员都检测告警,但是很多驾驶员在没有对状态进行诊断或者考虑其他线索指示发动机正常的情况下就关闭了指示的发动机。在一些情况下,过度依赖自动化系统的现象是非常明显的,驾驶员会报告察觉到没有真实呈现的线索。

另一方面,不信任可能导致飞行机组禁用系统或者忽视系统行为。例如Parasuraman和Riley报告称飞机告警系统经常因为它们误警的比率高而被禁用。这对于空中防撞系统(TCAS)和近地告警系统(GPWS)特别严重,在很多情况下,可能需要系统保守地限制来避免潜在的灾难性的结果。

自动化系统行为、行为方式的原因以及限制的信息可以帮助驾驶员理解自动化系统是如何工作的,从而帮助驾驶员形成一个适当的信任机制并保持在任务过程中使用自动化系统和驾驶员介入之间合适的平衡。

飞行机组对安全飞行负有最终的责任,但是自动化系统或者驾驶员谁有最终的权力,系统的实现是不同的。因为使用自动化系统的一个原因是提高绩效水平,自动化可能被设计成防止飞行机组执行超出飞机操作限制或对飞机或组件造成物理伤害的动作,但在一些情况下,这些动作可能对于安全性是合适的和必需的。如果系统的逻辑和行为不适合当前的情况且飞行机组不能对行为进行控制,那么自动化系统的问题就会产生。

11.2　局方管理条例与指导性资料

11.2.1　总则

(1)通过飞行机组的选择和管理,自动化系统可以完成各种任务。应该提供对系统或系统集功能性管理的控制。25.1302中"自动化特定"控制应该让飞行机组完成以下内容:[AC-25.1302-1,5-6.c.(5)(a)]

a.安全地准备立即执行或随后执行的任务所需的系统,新任务的准备(如新的飞行航迹)不应该与当前自动化系统执行的任务发生干扰或混淆。

b.激活合适的系统功能,并且明确地理解对什么进行了控制以及飞行机组的期望。例如当操作垂直速度指示器时,飞行机组必须清楚地了解他们可以设置垂直速度或者设置飞行轨迹角。

c.根据运行环境的要求,对系统功能进行手动干预或转换到手动控制方式。例如如果系统功能缺失、不正常运行或失效,那么手动干预可能是必需的。

(2)当飞行机组对飞行控制器件使用一个替代的力时,自动驾驶仪不会产生潜

在的危害。[14 CFR 25.1329(l)]

11.2.2　理解系统行为

(1) 安装的设备与操作相关的行为必须：[14 CFR 25.1302(c)]

a. 是可预期和明确的。

b. 设计成飞行机组能够以适合任务的方式进行干预。

(2) 要求与操作相关的系统行为是可预期的和明确的，可以使得有资质的飞行机组明白系统在做什么和为什么这样做。这意味着飞行机组应该有足够的关于在可预见的环境中，他们进行动作或者安全的操作系统改变状态时，系统将会做什么的信息。这需要将系统行为与系统设计内的功能性逻辑进行区分，而飞行机组不知道也不需要知道系统的功能性逻辑。[AC-25.1302-1,5-6.a.(2)]

(3) 系统行为是由飞行机组和自动化系统交互产生的，系统行为应该通过以下内容进行确定：[AC-25.1302-1,5-6.c.(2)]

a. 管理系统运行的系统功能和逻辑。

b. 用户界面由控制和信息显示组成。这些控制和信息显示可以让飞行机组对系统进行输入，并向飞行机组提供系统行为的反馈。

(4) 设计应该同时考虑系统的功能和用户界面，这种设计应该避免管理系统行为的功能性逻辑对飞行机组的表现产生不可接受的影响，参考§25.1302(c)。与差错相关的以及对飞行机组造成困难的系统功能性逻辑和系统行为问题的例子包括：[AC-25.1302-1,5-6.c.(1)]

a. 控制和数据输入的飞行机组界面的复杂度以及提供给飞行机组的相应的系统指示的复杂度。

b. 飞行机组进行模式选择和转变对系统的行为缺少足够的理解和正确的预期。

c. 飞行机组对系统准备做什么和怎么做缺少足够的理解和正确的预期。

(5) 自动化系统可能需要最小的飞行机组干预就可以完成任务，但是自动化系统需要飞行机组进行监视。为了保证有效的监视，从而保持飞行机组对系统状态和安全运行的系统"目标"（未来的状态）的意识，显示应该提供可认知的反馈，包括：[AC-25.1302-1,5-6.c.(6)(a)]

a. 飞行机组对系统的输入，从而让飞行机组可以检测和更正差错。

b. 自动化系统或者运行模式当前的状态（在做什么）。

c. 为了达到或者保持期望的状态，系统采取的行动（要努力做什么）。

d. 自动化系统安全的未来的状态（将要做什么）。

e. 系统状态间的转变。

(6) 申请人应该考虑自动化系统设计的以下方面：[AC-25.1302-1,5-6.c.(7)]

a. 命令和真实数据的指示应该让飞行机组确定自动化系统是否如预期地进行工作,如 25.1302(c)(1)中所述。

b. 如果自动化系统接近它的运行限制或不正常的运行,或在所选择的等级不能运行,那么它必须表明飞行机组系统的运行限制。

c. 如果是安全运行的需要,那么自动化系统必须如 25.1302(b)(3)中所述,通过保证系统状态的共享和飞行机组对系统的输入来支持飞行机组的协调和合作。

d. 自动化系统应该让飞行机组在命令执行之前对命令的正确性进行检查和确认,这对于自动化系统特别重要,因为它们要求复杂地输入任务。

11.3　其他推荐

11.3.1　总则

(1) 自动化系统应该以一种可预测的,同时是可靠的方式运行。

(2) 自动化系统不应该增加任务难度或者生理需求,从而导致过度的工作负荷或者影响驾驶员其他的任务。[DOT/FAA/CT-03/05 HF-STD-001]

(3) 当设计自动化时,应该对与其他工具、系统功能和用户任务可能的交互进行评价。[DOT/FAA/CT-03/05 HF-STD-001]

(4) 当控制功能由自动化完成时,系统应该明确地说明(如说明功能不可用)。

(5) 应该提供自动化系统行为的反馈,从而不需要飞行长时间地持续监视系统。

11.3.2　角色和职责

(1) 由飞行机组完成的功能以及由自动化实现的功能应该明确地说明。

(2) 驾驶员不应该由于使用自动化而丧失技能,应该向驾驶员提供相关的、有意义的任务,从而让他们在系统运行过程中保持一个活动的角色,这有助于防止他们丧失相关的知识或技能。[DOT-VNTSC-FAA-95-3]

11.3.3　理解系统行为

(1) 控制自动化本身应该不会产生被动失效或者失效时没有提示的情况。[RTCA/DO-256,3.2.1.2.7]

(2) 自动化系统使用的程序应该进行记录,从而让飞行机组了解系统是如何运行的、系统在做什么以及系统将要做什么。[DOT/FAA/CT-03/05 HF-STD-001]

(3) 自动化系统完成或推荐一个动作所需要的所有的信息应该呈现或是可达的。如果使用的信息是推导或处理过的,那么原始的数据应该呈现或可达,以用来进行验证。[DOT/FAA/CT-03/05 HF-STD-001]

(4) 系统应该呈现动作对飞机状态影响的信息。

11.3.4　系统状态

(1) 与飞行状态或飞机系统相关的信息应该是可达的。

（2）系统应该提供足够的信息让飞行机组能够有效地监视自动化的行为，或在有需要时接管自动化系统。

（3）模式通告的选择或指示应该清楚、明确以防产生模式混淆。[DOT/FAA/CT－03/05 HF－STD－001]

（4）驾驶员应该及时确定功能是自动控制模式还是手动控制模式，如果功能从自动控制模式转换到手动控制模式，那么所需要的动作必须说明。

（5）只用来监视自动化行为的信息显示应该只呈现与正常情况偏离的数据。

（6）系统应该用动态信息实时地显示变化。[DOT/FAA/CT－03/05 HF－STD－001]

（7）关于系统进行了怎样的动作的信息应该可达。

11.3.5　失效通告

（1）自动化应该设计成用户可以持续地保持系统状态意识（如功能是有效或失效）以及功能潜在的后果（失效情况）。

（2）必须提供告警当：

a. 自动化功能接近保护限制时。

b. 当自动化发生失效以及不能可靠地、准确地运行时。

（3）应该向驾驶员提供时间足够长的失效通告，使得他们能够调整到新的控制需求。

11.3.6　保护限制

（1）如果系统提供保护限制，那么当需要保持安全飞行时，飞行机组应该超越这些限制，但是，控制应该预防驾驶员恶意地违反这些限制。[DOT/FAA/CT－03/05 HF－STD－001]

（2）驾驶员应该在任何时候都能够接管自动化程序，而不会干扰被控制的程序。

（3）飞行机组与自动化之间的功能转化不应该干扰或突然改变系统功能。

11.4　简要案例说明

自动化系统的复杂度和类型都是不同的，自动化系统的应用包括飞行性能计算器、移动地图显示/CDTIs、TCAS 和自动驾驶仪。

飞行机组和现在驾驶舱系统报告提供了与飞行机组界面相关的自动化事件/事故的例子。

附录 飞行试验检查单、评价程序和场景

本附录包含 6 部分内容,旨在帮助参与飞机审定的飞行试验驾驶员或者工程师识别显示评价中的人为因素问题。本部分的内容可以在局方的飞行试验评价中作为"快速参考"。

下表中记录了各种检查单,评价程序和场景。

标　题	文　件　范　围
1. 评价的步骤	总结了评价可用性的步骤,这些步骤可以为局方审查人员以及对自身评价感兴趣的制造商提供帮助
2. AC-25-11A:驾驶舱显示的符合性评价	AC-25-11A 中的检查单列出了人为因素问题。检查单是高级别的参考材料,可以作为驾驶舱显示和控制评价时的提醒项
3. 评价显示和控制的通用程序、场景和考虑	包含对驾驶舱显示或者控制器件通用的任务描述
4. 气象显示评价程序	包含的程序可以用于评价气象显示
5. GPS 评价程序和场景	包含的程序可以用于评价 GPS 显示
6. EVS/SVS 评价程序	包含的任务可以用于评价 EVS/SVS 显示

1. 评价的步骤

本检查单总结了显示或者控制器件评价的步骤,有助于局方审查员以及对自身评价感兴趣的制造商进行检查。

1) 检查用户界面

(1) 获取对可用功能的理解。

(2) 获取对如何实现功能的理解,如使用工作流程图描述完成任务的不同步骤和顺序。

　2) 选择评价方法

　(1) 驾驶舱或者显示系统的物理样机可以在初期的显示设计中使用,例如关于人体测量学的考虑、显示的可达性和可视性。

　(2) 对单一系统或者一组系统的显示能力所进行的部分任务仿真评价可以用来识别可用性问题。部分任务评价的结果可能存在局限性,因为所进行的任务可能是孤立的。

　(3) 模拟器评价提供了从高保真度驾驶舱和运行环境集成仿真中采集反馈的方式,但是结果可能受到模拟器准确仿真运行环境的程度的限制。

　(4) 在一些情况下,可能需要进行飞行评价。

　3) 具体的任务

　(1) 识别用户尝试使用显示完成的任务。

　(2) 任务不应该过于具体(如提供实现功能的详细步骤说明)。

　4) 招募被试对象进行评价

　(1) 招募的被试对象不能过于熟悉显示的设计,否则他们便无法从一个新用户的角度对用户界面进行评价。

　(2) 如果条件允许,则评价显示的被试对象最好是目标终端用户的代表,例如选择的驾驶员有相似的经验,并且预期会使用最终的显示;但是,一些不是驾驶员的被试对象也能够对一些类型的评价提供有用的意见。

　5) 开展评价

　(1) 在显示的预期功能上提供信息,并要求被试对象进行一些初始的训练,使得他们能够熟悉可用的功能。

　(2) 被试对象完成的任务应该与目标终端用户将要完成的任务相似。

　(3) 收集绩效的测量,例如完成任务的时间、完成任务的步骤以及完成任务的准确度。

　6) 记录完成的工作(以及未完成的工作)

　应该记录评价方法、假设和结果,此外,记录评价过程中所识别的潜在问题也是有益的。记录应该包含以下的内容:

　(1) 当前的设计或构型,包括软件版本号。这是关于功能如何被检查的详细信息,对于以后的评价很重要,因为系统可能较初始的评价发生了变化;同时,记录评价的版本或者构型控制也很重要。

　(2) 进行了哪些评价的内容?

　(3) 潜在的问题。

　(4) 相关的管理参考和指南(如适用的 14 CFR、部分要求)

　(5) 被试/观察员的清单(如谁参与了评价?)

　任何在评价过程中识别的问题都应该以清楚、准确、容易理解的方式进行记录。

2. AC – 25 – 11A：驾驶舱显示的符合性评价

以下的检查单提供了在显示系统评价中需要考虑的人为因素问题列表。人为因素问题适用于所有的显示系统和控制器件，检查单的设计和项目的用词来源于建立电子飞行包（Electronic Flight Bag，EFB）用户界面评价工具所开展的研究。本检查单可以用来表明符合 AC – 25 – 11A。

显示系统和/或控制器件应该根据检查单中的每个问题进行评价，并且应该提供对每个项目的评价作为支持实例。

1) 显示特征

（1）大小和分辨率。

（2）照度、对比度。

（3）灰度等级、色度。

（4）眩光、反射。

（5）缺陷。

（6）动态指标（刷新率、更新率和响应时间）。

（7）光线条件（白天与夜晚使用）：亮度调整（自动或手动）。

（8）机械完整性、可用性。

（9）安装。

a. 视觉遮挡。

b. 可视性和视觉包线。

c. 交互/与其他驾驶舱系统的干扰。

2) 显示信息元素

（1）文本。

a. 大小、字符类型、实例、颜色、对比度、照度。

b. 术语和缩略语的清晰度和一致性。

（2）符号、图形描述和图片：

a. 预期含义的清晰度、混淆度与其他驾驶舱显示的一致性。

b. 位置准确度。

c. 数量、易读性和区分度。

d. 图片大小、分辨率和线宽。

e. 颜色和亮度。

f. 方向。

g. 缩放和平移。

（3）显示指示、通告、消息和告警的理解的容易程度和准确性。

a. 数据准确性、趋势描述。

b. 滤波特性、操作范围的描述、分隔符。

c. 视觉杂乱、信息安排、参考的结构。

d. 颜色的使用(特别是红色和琥珀色/黄色)以及颜色编码。

e. 强度(听觉或视觉)。

(4) 显示上共享的信息(多应用)。

a. 管理共享信息(重叠、时间共享、在不同的显示窗口中并行的显示):

(a) 在不同的显示中平滑地过渡。

(b) 移动的准确性(如位置、时间)。

(c) 可读性。

(d) 信息优先权、信息融合。

(e) 去杂乱。

b. 共享信息显示间的一致性(如符合/颜色、方向、数据范围)。

c. 在页面内或者页面间移动的容易程度:

(a) 可以获取的功能、选项和具体的信息/页面。

(b) 识别当前的页面。

3) 信息元素的组织和管理(格式/布局)

(1) 显示信息的安排。

a. 页面格式、结构和组织(如"T型"布局)。

b. 显示信息的位置或者相对位置的一致性。

c. 与其他驾驶舱显示的一致性。

(2) 用户预期与内在逻辑的一致性。

(3) 有效范围(控制)和屏幕外材料的指示。

(4) 标志(如菜单、刻度、模式和单位): 直觉、位置、方向。

(5) 管理显示信息。

(6) 显示构型和重构。

(7) 管理窗口和菜单。

(8) 完成任务所需输入数量。

(9) 直觉逻辑和菜单结构,如步骤数。

(10) 自动弹窗的使用。

(11) 系统响应。

4) 控制器件(如指针控制设备、触摸屏以及物理旋钮)

(1) 可达性。

(2) 标注: 亮度。

(3) 机制的选择以及操作特性(如延迟和增益)。

(4) 在环境条件的正常范围内使用(如湍流、正常振动、灯光亮度高)。

(5) 听觉和触觉特性。

5）设计理念

（1）总的驾驶舱理念。

a. 与其他显示和控制的兼容性。

b. 驾驶舱显示中的显示元素以及控制的一致性。

（2）颜色理念：一致性、颜色数量、颜色区分度、红色和琥珀色/黄色的使用。

（3）信息管理理念：信息位置的传统。

（4）交互理念。

a. 反馈的数量（系统状态、告警、确认、消息和刺激、模式等）。

b. 通告、指示器、消息的清晰度和一致性。

（5）冗余管理理念：单一失效或多重失效的适应。

6）工作负荷

问题区域（过度的关注、疲劳）。

7）差错处理和预防

（1）训练时间、学习曲线。

（2）系统反馈（系统状态、告警、模式等）。

（3）从差错中恢复（如取消、清除）。

（4）差错的敏感性（模式差错、选择差错、数据输入差错、读取差错等）。

（5）差错消息。

8）自动化

（1）自动化是否支持且可预见？

（2）自动化时的用户控制（如手动接管）？

9）失效保护和缓解

（1）失效控制。

（2）失效识别。

3. 评价显示和控制的通用程序、场景和考虑

本节包含了一系列可以用作驾驶舱显示和控制器件评价的通用的程序和场景。这些程序、场景和考虑由 Divya Chandra 和 Michelle Yeh 开发，目标是向飞机审定人员提供电子飞行包 EFB 评价工具。该工具的格式和布局是在已经建立的 GPS 显示评价研究的基础上设计开发的（参考 GPS 评价程序和场景）。

下表中提供了人为因素问题中所包含的程序、场景和考虑，并且对于每一个人为因素问题，都提供了目标和评价的程序。

显示硬件

目标

保证显示在所有的光线条件下都可读。

评价程序

1) 检查显示硬件,包含物理形式的因素和显示质量

(1) 评价显示位置和可视性。

(2) 考虑分辨率、亮度、偏轴可读性等。

2) 检查以下条件情况下的显示

① 暗室(夜间运行);② 直接光照(白天运行);③ 办公室亮度。在这些情况下:

(1) 尝试调整屏幕亮度。

(2) 从偏轴角度观察显示以保证其可读性。

评价考虑

(1) 对于预期的应用,显示是否可接受? 显示上是否有伪影(如重影或线条、锯齿状线或者模糊影像)?

(2) 在驾驶舱光线条件下,显示是否可读?

(3) 屏幕的亮度或对比度是否可调?

观察和点评

控制

目标

保证所有的控制都可达并且是合适安装的。

保证所有控制的预期功能都清楚。

评价程序

(1) 评价控制的位置、可视性和可达性。

(2) 根据预期的使用,操作所有的控制。

评价考虑

(1) 是否所有的控制都可达?

(2) 是否所有的控制都可视?

(3) 控制的位置能否让驾驶员可以获得和使用每个控制而不会产生干扰?

(4) 是否有控制需要明显的或持续的肌肉用力?

(5) 是否有控制需要精确的操作(如指针控制设备、触摸屏等)?

(6) 是否有控制会被无意驱动?

(7) 控制的标注是否与其功能相一致?

显示安装

目标

保证显示的安装不会干扰任务的进行,并且在驾驶舱环境的物理需求中保持可用(如振动)。

（续表）

评价程序

（1）评价显示的位置和可达性。

（2）检查显示的连接和安装。

评价考虑

（1）日常使用的硬件组件是否容易获得？如果不，那么对飞行任务绩效或者安全性是否有影响？

（2）在飞行环境中，硬件组件是否足够的强壮？例如，在振动环境中长时间使用后，连接器是否连接正常或者触笔是否仍然正常工作？

（3）显示的位置是否容易获得，特别是在高工作负荷的飞行阶段？

可读性

目标

保证显示页面在各种光线条件下可读。

评价程序

（1）文本的安排和组织方式。

（2）以与驾驶舱观察距离相类似的距离读文本。

评价考虑

（1）当可行时，在不同页面中，信息的组织是否一致？是否有预期的信息缺失或者在不同的位置？

（2）如果需要，那么在湍流或者振动条件下，细节是否可以理解？

（3）是否每个页面上的文本都可读？

a. 字符在屏幕背景中是否突出？

b. 正常的观察条件下，字符是否足够大？

c. 在低的可视条件下（如快速检查单），文本中呈现的信息是否可用、足够大且容易识别？

d. 文本是否过小而不能容易识别，是否容易放大？

e. 是否经常使用大写字母和斜体字？

f. 字符间的空隙是否合适？

g. 行间距是否合适？

观察和点评

颜色的使用

目标

保证颜色是合适的，并且容易区分；保证颜色使用的一致性。

评价程序

（1）观察不同的页面上，颜色的使用和应用（如符号和文本）。

（2）在真实的光线条件下观察颜色（如暗室、直接光照以及办公室环境）。

（续表）

评价考虑

颜色的使用是否一致并且合适？

（1）是否使用红色和琥珀色（红色只用作警告，琥珀色只用作警戒）？

（2）颜色是否与其他的提示（例如形状）一起传递信息？

（3）如果屏幕是黑白色，那么驾驶员是否能够理解所有信息？

（4）如果使用多种颜色，那么在使用显示的所有光线条件下，是否都可以看见和区分？

观察和点评

菜单

目标

保证所有菜单的组织方式对驾驶员都是可预计的。

评价程序

（1）逐个检查菜单。

（2）通过不同的菜单选项进行导航。

评价考虑

（1）每个菜单列出有多少项？

（2）有多少个等级（执行动作之前需要对菜单选项进行多少次选择）？

（3）菜单的次序和组织是否有章可循？

（4）菜单的描述是否与动作/功能匹配？

（5）菜单是否遮挡了重要的信息？

观察和点评

符号

目标

保证所有符号可区分并且描述清楚。

评价程序

检查符号和图标，确定每个图标代表的意义。

评价考虑

（1）在不同的功能中，符号是否一致？ 当合适时，符号是否可区分？ 文本是否容易读？

（2）是否有图形图标会产生混淆？ 是否需要训练以保证图标可理解？

a. 初始的 EFB 训练是否使得图标的含义能充分理解？

b. 系统是否提供信息解释每个图标的含义？

（3）在所有可视条件下，图形物体是否在屏幕上清楚地描述？

a. 功能是否明显？

b. 图形物体是否能够与其他的信息进行区分？

（4）图标、符号是否与纸上描述的信息相一致？

观察和点评

消息、通告和告警

目标

保证消息、通告和告警清楚可视,并且从用户处获取合适的注意力。

评价程序

1) 如果显示有不同的模式,那么应该选择每一个模式
2) 激活所有的告警和警告
(1) 观察颜色的使用。
(2) 将告警和警告的呈现与其他驾驶舱系统进行比较。
(3) 检查消息优先权策略。
3) 检查告警策略

评价考虑

(1) 在模式变化时是否清楚通告?
(2) 使用的项目是否有意义?
(3) 缩略语的使用是否与推荐的相一致?
(4) 对于安装的系统,告警和提示是否满足条件的要求(特别考虑 §§23.1322 或者 25.1322)?
(5) 产生告警/提示是否有总的策略(如何时出现、如何进行优先级区分)? 该策略是否足够/合适?
(6) 是否应该避免出现引起分神的闪烁符号?
(7) 在高工作负荷飞行阶段,除非会造成当前应用的失效,否则信息是否会被抑制?

观察和点评

系统响应

目标

保证系统对用户输入的响应是足够的,并且不会损害绩效水平。

评价程序

系统响应通过以下方法进行评价:
(1) 输入字母数据,观察字符在屏幕上出现的速度。
(2) 如果有指针控制设备,那么应该移动指针,并观察其在屏幕上的位置是否更新。
(3) 从按钮上选择一个动作。

评价考虑

(1) 系统是否立即响应用户输入,例如,通过提供反馈?
a. 如果延迟处理,那么考虑是否显示正在忙碌指示和/或进度指示?
b. 指示是否清楚,对驾驶员是否有帮助?
(2) 系统处理速度变慢是否影响正常使用?

观察和点评

失效缓解

目标

保证一个系统的失效不会导致其他系统的失效。

评价程序

（1）注意告警的内容、时间、强度和优先级。

（2）确定系统如何响应紧急情况、功能失效和非显示系统故障。

（3）检查安全性分析文档以识别失效缓解方式。

评价考虑

（1）什么缓解方式可以预防系统失效？

（2）缓解方式是否足够？发生失效时，是否有备份？

（3）是否对显示失效提供指示？

（4）非显示失效是否影响显示特性的使用？

观察和点评

4. 气象显示评价程序

本部分包含评价气象显示的程序。这些程序由 Kim Raddatz、Pete Elgin 和 John Uhlarik 共同开发。

主　　题	评　价　程　序
上限和可视性	（1）寻找 KMQI 机场上限和可视性的文本和/或图形信息，并且注意这些数据的时效性。 （2）寻找机场的降雨条件（如果可用）。
风速和方向	（1）寻找 KPHF 机场风速和方向的文本和/或图形信息，并且注意这些数据的时效性。 （2）寻找 24 000 英尺（7 315 米）高度的风速和方向信息。
温度和露点差	寻找 KDAN 机场温度和露点差的文本和/或图形信息，并且注意这些数据的时效性。
下一代气象雷达	（1）识别当前位置 200 海里范围内恶劣的气象条件，使用图形化的下一代气象雷达信息。 （2）寻找一个 125 海里范围内的机场，使得下一代气象雷达指示飞越这个机场时会遇到强降雨。 （3）在下一代气象雷达的区域图片上叠加垂直地形剖面，并且识别当前位置到危险地形的距离。
闪电	通过显示区域内的雷击，识别闪电活动的相对位置，并且确定雷击的频率
湍流	寻找离当前位置最近的湍流
结冰	寻找离当前位置最近的结冰条件
涡流	确定涡流与当前位置的相对关系
METARS	要求 300 海里范围内的 METARS 信息

5. GPS 评价程序和场景

本部分包含全球定位系统(GPS)显示和控制的人为因素/驾驶员界面方面的评价程序和场景,程序和场景由 Steve Huntley 开发。

验证如何执行一个完整的进近和复飞

评价程序

GPS 单元编程:

　　(1) 终点和中间航路点。

　　(2) 选择进近。

　　(3) 选择 IAF。

接近 FAF 之前:

　　(4) 从 SEQ 转换到 HOLD。

　　(5) 当建立进入航路点后,转换到 SEQ。

地图上:

　　(6) 执行 DIRECT/ENTER 激活复飞。

评价考虑

　　(1) GPS 单元和通告器按钮的位置。

　　(2) 进近编程所需的控制动作数量。

　　(3) 在激活前确认航路的能力。

　　(4) 自动航路点顺序。

　　(5) 高度输入的要求。

　　(6) 在接近 FAF 之间,当接收器从 SEQ 转换到 HOLD 时,接收器提供距离和航向形成 FAF 作为指导。

验证重复进近编程,以及 HOLD 模式不合适的使用

评价程序

　　GPS 单元编程:

　　(1) 进入航路激活的 ROUTE 页面。

　　(2) 选择期望的航路点(FAF)。

　　(3) 在经过 FAF 后,从 SEQ 转换到 HOLD。

评价考虑

　　(1) FAF 没有航向和距离作为指导。

　　(2) 当经过 FAF 后,FAF 的航路段顺序。

验证 GPS 接收器如何控制飞 DME 弧形

评价程序

　　GPS 单元编程:

　　(1) 激活预期的进近。

　　(2) 准备进近。

　　(3) 在 GPS 中设置合适的高度。

（续表）

评价考虑

如果以正常的 GPS 进近方式飞行，将会发生以下的情况：

（1）GPS 直接从航路点飞到航路点，GPS 不会描述弧形。

（2）如果设计为弧形，则不会提供。

（3）在大部分情况下，没有从跑道终端航路点飞弧形的指导参考。因此，驾驶员不能使用"与适用的 DME 设备参考相似的飞行技术"（TSO - C129）。

6. EVS/SVS 评价程序

本部分提供了一系列评价 EVS/SVS 显示的程序和评价准则，这些程序由 FAA 飞机审定人为因素专家 Jeff Holland 开发。

试验点	飞行阶段	飞行操作/任务	试验条件	驾驶员-系统任务	评价准则	成功准则
1	地面操作	滑行前	无	初始化 & 验证系统运行	评价初始化的能力，理解 & 验证系统功能（应该需要确认地形/障碍物数据库）	直观的启动程序，系统功能的清楚通告
2	地面操作		无	输入 & 激活飞行计划	无	无
3	地面操作	滑行	无	验证合适的系统功能	通过观察真实世界与显示之间的一致性，来确认合适的系统功能	显示的目标和移动与真实世界的一致性
4	地面操作	起飞	无	输入使用的跑道	评价识别输入跑道的能力	驾驶员可以从其他显示信息中区分跑道
5	地面操作		无	对准中心线	评价显示中和真实世界中飞机相对中心线位置的一致性	相对于中心线，显示上的位置近似于真实飞机位置
6	地面操作		无	在起飞滑跑过程中保持飞机沿中心线前进	（1）评价起飞滑跑过程中，显示上飞机相对中心线的位置与真实世界的一致性（2）评价起飞滑跑过程中，显示的动态特性，移动 & 抖动	（1）起飞滑跑过程中，相对于中心线，显示上的位置近似于真实飞机位置（2）显示的动态特性，移动 & 抖动不会引起驾驶员注意力分散

（续表）

试验点	飞行阶段	飞行操作/任务	试验条件	驾驶员-系统任务	评价准则	成功准则
7	地面操作		无	剩余跑道距离	单独参考 PFD 显示，评价确定剩余跑道距离的能力	显示不会错误地指示超过真实的跑道距离
8	爬升	初始爬升姿态	路径、交通、无 F/D 显示下的地形选择。飞行过程中，驾驶员关闭视觉限制设备 & 持续使用	建立及保持最佳的爬升速率	评价获得及保持最佳爬升速率时合适的爬升姿态的能力	(1) PFD 上合适的爬升姿态是清楚、明确和正确的，并且与真实世界姿态相一致 (2) 其他符号不会干扰观察主飞行信息
9	在航路上	离场	ATC 或者试验员给驾驶员初始的航向，然后改变航向飞行	遵循 ATC 航向指示	评价 ADI 上的航向指示与线索	航向信息清楚且明确，能够让驾驶员获得及保持特定的航向
10	在航路上	加入计划航路	ATC 或试验员会在飞行计划中明确飞机随后的航路点，并跳过最近的航路点	识别并加入计划的航路（只基于 PFD 符号）	(1) 只基于 PFD 显示，从当前航向偏转 45°～90°，评价确定航路的位置、方向以及到路径的距离 (2) 评价其他显示符号的干扰	(1) 驾驶员正确地确定路径的位置、方向以及到航路的距离。驾驶员操作飞机在预期的点和方向加入航迹 (2) 不会干扰其他显示符号的可视性、可读性和理解
11	在航路上	加入计划航路	随后的航路点上有 MCA，飞机可以在交叉航路点前到达（首先使用航迹导航）	沿航路爬升到下一个航路点的 MCA	(1) 评价识别飞机在交叉点上不会达到 MCA 高度的能力 (2) 评价航路显示高于飞机的情况下，对驾驶员绩效的影响	(1) 驾驶员识别飞机不会达到航迹高度并且持续，理解飞机需要继续爬升到航迹下方 (2a) 驾驶员不会被强制使用大于最大爬升率的速率达到航迹 (2b) 在计划的航路上，航迹提供可接受的水平及垂直导航

（续表）

试验点	飞行阶段	飞行操作/任务	试验条件	驾驶员-系统任务	评价准则	成功准则
12	在航路上	无 F/D 显示,沿航线飞行	在指定的高度及航线上,保持直线及水平飞行(首先使用航迹导航)	沿预期的航线保持方向及高度到下一个航路点	评价航迹的有效性及可用性	(1) 在可接受的工作负荷等级条件下,航迹显示提供可接受的航路点之间的导航指示 (2) 航迹不会受到PFD上其他符号和信息显示的干扰
13	在航路上	无 F/D 显示,沿航线飞行	执行转弯,下降到较低高度	保持飞机沿航迹飞行	评价转弯飞行航迹的有效性及可用性	(1) 在可接受的工作负荷等级条件下,航迹显示提供可接受的沿曲线路径的导航指示 (2) 航迹不会受到PFD上其他符号和信息显示的干扰
14	在航路上	有 F/D 显示,沿航线飞行	在指定的高度及航线上,保持直线及水平飞行(首先使用航迹导航)	沿预期的航线保持方向及高度到下一个航路点	(1) 评价有效性、航迹工作负荷及在航路上直线航迹导航 F/D (2) 评价航迹与F/D 指示一起的一致性和可用性 (3) 评价显示符号杂乱,符号/场景遮挡及产生干扰的情况	(1) 在可接受的工作负荷等级条件下,航迹与 F/D 指示提供可接受的沿直线航迹的导航指示 (2) 航迹与 F/D 指示的一致性很好,并且提供可接受的可用性 (3) 显示不会出现杂乱,也不会发生遮挡或干扰
15	在航路上	有 F/D 显示,沿航线飞行	执行转弯,下降到较低高度	保持飞机沿航迹飞行	(1) 当航迹与F/D 同时显示时,评价航迹的有效性与可用性 (2) 评价航迹与F/D,考虑一致性、交互、可接受的可用性 (3) 评价显示符号杂乱,符号/场景遮挡及产生干扰的情况	(1) 在可接受的工作负荷等级条件下,航迹与 F/D 指示提供可接受的沿曲线航迹的导航指示 (2) 当它们共同显示与使用时,航迹与 F/D 指示的一致性很好,并且提供可接受的可用性 (3) 显示不会出现杂乱,也不会发生遮挡或干扰

（续表）

试验点	飞行阶段	飞行操作/任务	试验条件	驾驶员-系统任务	评价准则	成功准则
16	在航路上	径向偏移 Parallel Offset	仿真的前方天气需要在当前高度向右/向左飞行	只使用 PFD 指示向右/向左径向偏移 4 英里（6.43 千米）飞行	评价指示导航向右/向左径向偏移 4 英里（6.43 千米）的可接受性	系统提供的指示可以接受，能够容易偏移的平行航线上
17	在航路上	重新加入计划航路	仿真的天气在飞机后方，重新加入初始航路，保持当前高度	只使用 PFD 指示重新加入计划航路	评价指示导航至初始航路的可接受性	系统提供可接受的指示线索重新加入航线
18	在航路上	径向偏移 Parallel Offset	更多仿真的前方天气需要在当前高度向右/向左飞行	只使用 MFD 参考导航数据向右/向左径向偏移 4 英里（6.43千米）飞行	评价指示导航向右/向左径向偏移 4 英里（6.43 千米）的可接受性	评价指示导航 4 英里（6.43 千米）向右/向左径向偏移的可接受性
19	在航路上	径向偏移 Parallel Offset	仿真的天气在飞机后方，重新加入初始航路，保持当前高度	使用 MFD 地图显示参考重新加入初始航线	评价使用"worm"截获航迹的能力	"Worm"提供足够的指示截获航迹
20		绕过下一个航路点	在计划的飞行计划航线上保持当前高度	绕过下一个航路点及执行到飞行计划中随后的航路点	评价 PFD 符号提供足够的指示到随后的航路点	PFD 符号提供足够的指示到随后的航路点
21	在航路上	保持	ATC 命令驾驶员保持__英里__方向	如 ATC 规定的加入且保持飞行直到使用 PFD 信息给出下一次许可	评价加入且保持飞行时 PFD 显示符号的有效性，可用性	显示符号提供加入并保持飞行有效的且可用的指示
22	在航路上	异常姿态恢复	(1)飞机靠近一座大山，高度低于山峰 (2)当飞机控制交还给试飞员时，背景里有大山 (3)飞机处于异常的抬头姿态	采取正确的操作将飞机恢复到直线及水平飞行	评价将地形与人工地平线区分以恢复直线及水平飞行的能力	(1)显示提供足够的线索将大山与地平线区分 (2)人工地平线明显地从背景中突出以识别地平线 (3)驾驶员容易识别飞机姿态与倾斜，并立即采取动作进行恢复

（续表）

试验点	飞行阶段	飞行操作/任务	试验条件	驾驶员-系统任务	评价准则	成功准则
23	在航路上	异常姿态恢复	(1) 飞机靠近一座大山，高度低于山峰 (2) 当飞机控制交还给试飞员时，背景里有大山 (3) 飞机处于异常的低头姿态	采取正确的操作将飞机恢复到直线及水平飞行	评价将地形与人工地平线区分以恢复直线及水平飞行的能力	(1) 显示提供足够的线索将大山与地平线区分 (2) 人工地平线明显地从背景中突出以识别地平线 (3) 驾驶员容易识别飞机姿态与倾斜，并立即采取动作进行恢复
24	在航路上	异常姿态恢复	(1) 飞机飞到大片水域上方 (2) 飞机处于异常的抬头姿态，显示中有 SVS 水域描绘	采取正确的操作将飞机恢复到直线及水平飞行	评价将地形与人工地平线区分以恢复直线及水平飞行的能力	(1) 显示提供足够的线索将天空与水面区分 (2) 人工地平线明显地从天空/水面中突出以识别地平线 (3) 驾驶员容易识别飞机姿态与倾斜，并立即采取动作进行恢复
25	在航路上	异常姿态恢复	(1) 飞机飞到大片水域上方 (2) 飞机处于异常的低头姿态，显示中有 SVS 水域描绘	采取正确的操作将飞机恢复到直线及水平飞行	评价将地形与人工地平线区分以恢复直线及水平飞行的能力	(1) 显示提供足够的线索将天空与水面区分 (2) 人工地平线明显地从天空/水面中突出以识别地平线 (3) 驾驶员容易识别飞机姿态与倾斜，并立即采取动作进行恢复
26	在航路上	失速	足够的高度进行失速恢复	执行全功率开失速	评价显示失速条件、恢复到正常的爬升姿态、空速的能力	(1) 显示提供足够的线索识别失速与从失速中恢复的正确的操作 (2) 飞机掉高度不大于使用传统设备所掉高度
27	在航路上—下降	下降到预先确定的高度		只参考 PFD 航迹，选择并输入信息，提供下降指示到预先确定的高度	评价使用航迹指示下降到较低高度的充分性	航迹指示提供足够的线索保持预期的下降率

（续表）

试验点	飞行阶段	飞行操作/任务	试验条件	驾驶员-系统任务	评价准则	成功准则
28	在航路上	飞近一个或多个机场			（1）评价PFD上机场"指示"的有效性及可用性 （2）评价显示杂乱及其他显示符号的干扰	（1）机场"指示"提供良好的地理位置意识且帮助识别目的地机场 （2）机场"指示"不会出现杂乱，或者干扰其他符号的可视性、理解、使用
29	在航路上	转为进近	处于或高于程序所要求的高度	只使用PFD信息操作截获IAF	评价识别、操作、飞到IAF的能力	系统提供足够的导航线索识别、操作、截获IAF
30	进近	从IAF飞到FAF	处于或高于程序所要求的高度	下降到航段最小的高度，保持航线	评价用于下降及保持航线到FAF的符号的充分性	系统提供足够的线索下降到航段最小高度，并保持可接受的航线
31	进近	精密进近—ILS	每名驾驶员的进近必须处于保持预期轨迹所必需的风的条件（ACO需要评价飞机的侧风限制）	依据批准的程序，执行精密ILS进近到决断高度（DA）	（1）评价使用PFD上符号执行进近的充分性 （2）评价执行程序过程中，SVS符号是否会干扰PFD上的线索与指示 （3）评价使用SVS显示确定飞机到跑道的方法与距离的能力 （4）评价SVS描绘信息与导航指示（CDI，HIS等）的一致性 （5）评价SVS显示背景移动对速度感知的影响 （6）评价相对于ILS指示，使用航迹保持可接受的水平与垂直定位 （7）评价使用航迹进近的工作负荷	（1）PFD符号提供足够的线索执行进近 （2）SVS符号不会干扰PFD的可视性、理解、线索的使用与指示 （3a）SVS帮助驾驶员在进近的过程中对准跑道 （3b）驾驶员能够估计到跑道的距离，并且具有相对的准确性 （4）SVS描绘信息与导航指示一致 （5）SVS背景移动不会造成与真实速度的感知偏差 （6）航迹提供可接受的指示，并在进近过程中保持在航段的水平与垂直限制内 （7）在进近时使用航迹，不会增加不可接受的工作负荷

(续表)

试验点	飞行阶段	飞行操作/任务	试验条件	驾驶员-系统任务	评价准则	成功准则
32	进近	复飞(missed approach)	在 MAP 执行复飞	评价使用导航指示飞到指定保持点（只使用PFD)的充分性	(1) PFD 上显示的指示提供足够的线索爬升并飞到 MAP 保持点 (2) PFD 上的指示线索不会干扰 PFD 上其他符号的可视性、理解和使用
33	进近	GPS 进近	根据发布的程序执行 GPS 进近	评价 GPS 进近中 SVS 显示的性能	(1) SVS 向驾驶员提供更好的机场区域、障碍物、飞机相对跑道位置的意识 (2) SVS 显示不会干扰 PFD 上其他符号的可视性与使用
34	进近	返航仪表进近	返航正常仪表进近	依据程序进近	评价航迹与 SVS 显示的有效性、可用性与工作负荷	航迹与 SVS 显示提供可接受的指示与工作负荷,且容易使用
35	在航路上	保持	ATC 命令驾驶员保持__英里__方向	如 ATC 规定的加入且保持飞行直到使用 PFD 信息给出下一次许可	评价加入与保持飞行时 PFD 显示符号的有效性、可用性	显示符号提供加入、保持飞行有效的、可用的指示
36	着陆	着陆	无具体要求	执行正常着陆	(1) 评价内部描绘的跑道与外部观察的跑道的相关性 (2) 评价确定滑跑时剩余跑道长度的能力	(1) SVS 显示有效地描绘真实世界 (2) 显示不会对驾驶员确定剩余跑道长度产生大的误导
37	N/A	障碍物意识与规避	飞近并飞向已知的障碍物,直到产生警戒及警告	如果需要避免飞得过于靠近障碍物,那么应该采用视觉获取并采取正确的动作	(1) 比较显示上障碍物位置及高度与真实世界障碍物位置及高度的相对关系 (2) 评价显示上障碍物的大小及颜色 (3) 评价障碍物显示是否会干扰其他的信息	(1) 显示上障碍物位置及高度与真实世界障碍物位置及高度可接受的一致性 (2) 显示上障碍物的大小及颜色帮助识别危险等级 (3) 符号的大小及颜色不会干扰或遮挡其他的显示信息

（续表）

试验点	飞行阶段	飞行操作/任务	试 验 条 件	驾驶员-系统任务	评 价 准 则	成 功 准 则
38	N/A	其他飞机意识及规避	在不同的截获角度,飞到产生警戒及警告	如果需要规避其他飞机,那么应该采用视觉获取并采取正确的动作	(1) 比较显示与真实世界中本机与其他飞机的相对位置、高度、方向（只使用PFD） (2) 评价是否会干扰其他显示符号	(1) 显示与真实世界中本机与其他飞机的相对位置、高度、方向保持一致 (2) 不会干扰其他显示符号的可视性、可读性和理解
39	N/A	地形意识与规避	飞近并飞向地形,直到产生警戒及警告	需要避免过度靠近地形的意识、识别、动作	(1) 评价PFD显示描绘近距离地形且需要正确动作的能力 (2) 评价从PFD描绘中确定飞机高于水面高度的能力 (3) 评价识别水域边缘高出地形的能力	(1) 驾驶员容易识别潜在的地形冲突,且显示帮助采取正确的动作规避地形冲突 (2) 驾驶员能够只从PFD描绘中确定飞机高于水面的高度 (3) 驾驶员正确地识别水域边缘高出地形
40	N/A	地面评价	如果需要,那么在地面上使用外部电源	选择与SVS相关的多种系统功能与选项	评价: (1) 控制设备的可达性、操作、反馈 (2) 控制符号的可视性、可读性、理解性 (3) 定位、选择功能、选项的能力（考虑菜单结构）	(1) 飞行中使用的控制容易获得,操作保持一致性与核实性,且提供充分的操作反馈 (2) 控制标签容易看见、阅读和理解 (3) 菜单结构利于定位、选择功能、选项

注：① 飞行的所有的点都不使用自动驾驶仪。
　　② 在试验过程中,可能不是所有试验计划中的试验点都可行,改变需要考虑试验点的目标。
　　③ 需要进行夜间的评价以评价SVS相关的符号及其在期望的亮度等级观察其他符号的能力。
　　④ 对于更高性能的飞机可能需要基于试验机之外的额外的试验。

参 考 文 献

［1］ CCAR - 21 - R3 民用航空产品和零部件合格审定规定［S］.2007.

［2］ CCAR - 25 - R4 中国民用航空规章第 25 部运输类飞机适航标准［S］.2011.

［3］ CCAR - 23 - R3 正常类,实用类,特技类和通勤类飞机适航规定［S］.2004.

［4］ CCAR - 27 - R1 正常类旋翼航空器适航规定［S］.2002.

［5］ CCAR - 29 - R1 运输类旋翼航空器适航规定［S］.2002.

［6］ AC - 21 - 02 机载系统和设备合格审定中的软件审查方法［S］.2000.

［7］ AC - 21 - AA - 2013 - 14R6 航空器内、外部标记和标牌［S］.2013.

［8］ Title 14 of the Code of Federal Regulations（CFR）25，Airworthiness Standards：Transport Category Airplanes［S］. 2013.

［9］ Advisory Circular（AC）20 - 131A，Airworthiness Approval of Traffic Alert and Collision Avoidance Systems（TCAS II）and Mode S Transponders［S］. 1993.

［10］ Advisory Circular（AC）20 - 138C，Airworthiness Approval of Positioning and Navigation Systems［S］. 2012.

［11］ Advisory Circular（AC）20 - 151A，Airworthiness Approval of Traffic Alert and Collision Avoidance Systems（TCAS II），Versions 7.0 & 7.1 and Associated Mode S Transponders［S］. 2009.

［12］ Advisory Circular（AC）20 - 175，Controls for Flight Deck Systems［S］. 2011.

［13］ Advisory Circular（AC）23 - 8C，Flight Test Guide for Certification of Part 23 Airplanes［S］. 2011.

［14］ Advisory Circular（AC）23 - 18，Installation of Terrain Awareness and Warning System（TAWS）Approved for Part 23 Airplanes［S］. 2000.

［15］ Advisory Circular（AC）23.1309 - 1E，System Safety Analysis and Assessment for Part 23 Airplanes［S］. 2011.

［16］ Advisory Circular（AC）23.1311 - 1C，Installation of Electronic Display in Part 23 Airplanes［S］. 2011.

［17］ Advisory Circular（AC）23 - 1523，Minimum Flight Crew［S］. 2005.

[18] Advisory Circular（AC）25 - 7C，Flight Test Guide for Certification of Transport Category Airplanes[S]. 2012.

[19] Advisory Circular（AC）25 - 11A，Electronic Flight Deck Displays [S]. 2007.

[20] Advisory Circular（AC）25 - 23，Airworthiness Criteria for the Installation Approval of a Terrain Awareness and Warning System（TAWS）for Part 25 Airplanes[S]. 2000.

[21] Advisory Circular（AC）25.773 - 1，Pilot Compartment View Design Considerations[S]. 1993.

[22] Advisory Circular（AC）25.1302 - 1，Installed Systems and Equipment for Use by the Flightcrew[S]. 2013.

[23] Advisory Circular（AC）25.1309 - 1A，System Design and Analysis [S]. 1988.

[24] Advisory Circular（AC）25.1322 - 1，Flightcrew Alerting[S]. 2010.

[25] Advisory Circular（AC）25.1329 - 1B，Approval of Flight Guidance Systems[S]. 2012.

[26] Advisory Circular（AC）25.1523 - 1，Minimum Flightcrew[S]. 1993.

[27] Advisory Circular（AC）27 - 1B，Certification of Normal Category Rotorcraft[S]. 2008.

[28] Advisory Circular（AC）29 - 2C，Certification of Transport Category Rotorcraft[S]. 2008.

[29] Advisory Circular（AC）120 - 76B，Guidelines for the Certification, Airworthiness, and Operational Use of Electronic Flight Bags[S]. 2012.

[30] Technical Standard Order（TSO）- 6e，Direction Instrument，Magnetic （Gyroscopically Stabilized）[S]. 2008.

[31] Technical Standard Order（TSO）- C8e，Vertical Velocity Instruments （Rate-of-Climb）[S]. 2007.

[32] Technical Standard Order（TSO）- C10b，Altimeter，Pressure Actuated, Sensitive Type[S]. 1959.

[33] Technical Standard Order（TSO）- C44C，Fuel Flowmeters[S]. 2006.

[34] Technical Standard Order（TSO）- C47A，Fuel，Oil，and Hydraulic Pressure Instruments[S]. 2006.

[35] Technical Standard Order（TSO）- C49b，Electric Tachometer：Magnetic Drag（Indicator and Generator）[S]. 1995.

[36] Technical Standard Order（TSO）- C113a，Airborne Multipurpose Electronic Displays[S]. 2012.

[37] Technical Standard Order (TSO) - C118, Traffic Alert and Collision Avoidance System (TCAS) Airborne Equipment, TCAS I[S]. 1998.

[38] Technical Standard Order (TSO) - C119d, Traffic Alert and Collision Avoidance System (TCAS) Airborne Equipment, TCAS II with Hybrid Surveillance[S]. 2013.

[39] Technical Standard Order (TSO) - C145c, Airborne Navigation Sensors Using The Global Positioning System Augmented By The Satellite Based Augmentation System[S]. 2008.

[40] Technical Standard Order (TSO) - C146c, Stand-Alone Airborne Navigation Equipment Using The Global Positioning System Augmented By The Satellite Based Augmentation System[S]. 2008.

[41] Technical Standard Order (TSO)- C147, Traffic Advisory System (TAS) Airborne Equipment[S]. 1998.

[42] Technical Standard Order (TSO)- C151c, Terrain Awareness and Warning System (TAWS)[S]. 2012.

[43] Technical Standard Order (TSO) - C153, Integrated Modular Avionics Hardware Elements[S]. 2002.

[44] Technical Standard Order (TSO)- C154c, Universal Access Transceiver (UAT) Automatic Dependent Surveillance-Broadcast (ADS - B) Equipment[S]. 2009.

[45] Technical Standard Order (TSO) - C157a, Aircraft Flight Information Services-Broadcast (FIS - B) Data Link Systems and Equipment[S]. 2011.

[46] Technical Standard Order (TSO) - C159a, Next Generation Satellite Systems (NGSS) Equipment[S]. 2010.

[47] Technical Standard Order (TSO)- C164, Night Vision Goggles[S]. 2004.

[48] Technical Standard Order (TSO) - C165, Electronic Map Display Equipment for Graphical Depiction of Aircraft Position[S]. 2003.

[49] Notice (N) 8110.98, Addressing Human Factors/Pilot Interface Issues of Complex, Integrated Avionics as Part of the Technical Standard Order (TSO) Process[S]. 2002.

[50] Order 9500.25, Protection of Human Research Subjects[S]. 1996.

[51] Order AM 9950.3D, Aerospace Medicine Research Order[S]. 2010.

[52] Policy Statement Number PS - ACE100 - 2002 - 002, Installation Approval of Multi-Function Displays Using the AML STC Process; Policy Statement PS - ACE100 - 2002 - 002[S]. 2003.

[53] Policy Statement Number PS - ANM - 03 - 111 - 18, Policy Statement on

the Installation of Transport Category Airplane Flightdeck Liquid Crystal Displays[S]. 2006.

[54] Policy Statement Number PS - ANM100 - 01 - 03A，Factors to Consider When Reviewing an Applicant's Proposed Human Factors Methods of Compliance for Flight Deck Certification[S]. 2003.

[55] Policy Statement Number PS - ANM100 - 2001 - 00113，Interim Summary of Policy and Advisory Material Available for Use In the Certification of Cabin Mounted Video Cameras Systems with Flight Deck Displays on Title 14 CFR Part 25 Aircraft[S]. 2001.

[56] Policy Statement Number PS - ANM111 - 1999 - 99 - 2，Guidance for Reviewing Certification Plans to Address Human Factors for Certification of Transport Airplane Flight Decks[S]. 1999.

[57] Policy Statement Number PS - ANM111 - 2001 - 99 - 01，Improving Flightcrew Awareness During Autopilot Operation[S]. 2001.

[58] Public Statement Number PS - ACE100 - 2001 - 004，Public Statement Number PS - ACE100 - 2001 - 004 on Guidance for Reviewing Certification Plans to Address Human Factors for Certification of Part 23 Small Airplanes[S]. 2002.

[59] Public Statement Number PS - ANM100 - 2001 - 00114，Interim Summary of Policy and Advisory Material Available for Use Cabin to Flight Deck Alerting Systems on Title In the Certification of Airplane 14 CFR Part 25 Aircraft[S]. 2001.

[60] ICAO 8400/5. Procedures for Air Navigation Services ICAO Abbreviations and Codes[S]. 1999.

[61] RTCA/DO - 229D，Minimum Operational Performance Standards for Global Positioning System/Wide Area Augmentation System Airborne Equipment[S]. 2006.

[62] RTCA/DO - 256，Minimum Human Factors Standards for Air Traffic Services Provided via Data Communications Utilizing the ATN，Builds 1 and 1A[S]. 2000.

[63] RTCA/DO - 257A，Minimum Operational Performance Standards for the Depiction of Navigational Information on Electronic Maps[S]. 2003.

[64] SAE Aerospace Information Report AIR1093A，Numeral，Letter and Symbol Dimensions for Aircraft Instrument Displays[S]. 2002.

[65] SAE Aerospace Recommended Practice ARP1874，Design Objectives for CRT Displays for Part 25 (Transport) Aircraft[S]. 1988.

[66] SAE Aerospace Recommended Practice ARP4032B, Human Engineering Considerations in the Application of Color to Electronic Aircraft Displays [S]. 2013.

[67] SAE Aerospace Recommended Practice ARP4102, Flight Deck Panels, Controls, and Displays[S]. 1988.

[68] SAE Aerospace Recommended Practice ARP4102/7, Electronic Displays: and Appendix A, B, & C[S]. 1988.

[69] SAE Aerospace Recommended Practice ARP4103, Flight Deck Lighting for Commercial Transport Aircraft[S]. 1989.

[70] SAE Aerospace Recommended Practice ARP4105C, Abbreviations, Acronyms, and Terms for Use on the Flight Deck[S]. 2012.

[71] SAE Aerospace Recommended Practice ARP4256A, Design Objectives for Liquid Crystal Displays for Part 25 (Transport) Aircraft[S]. 2001.

[72] SAE Aerospace Recommended Practice ARP5289A. Electronic Aeronautical Symbols[S]. 2011.

[73] SAE Aerospace Recommended Practice ARP5898, Human Interface Criteria for Flight Deck Surface Operations Displays[S]. 2002.

[74] SAE Aerospace Standard AS392C, Altimeter, Pressure Actuated Sensitive Type[S]. 1959.

[75] SAE Aerospace Standard AS404C, Electric Tachometer: Magnetic Drag (Indicator and Generator)[S]. 2001.

[76] SAE Aerospace Standard AS407D, Fuel Flowmeters[S]. 2012.

[77] SAE Aerospace Standard AS408C, Pressure Instruments — Fuel, Oil, and Hydraulic (Reciprocating Engine Powered Aircraft)[S]. 2001.

[78] SAE Aerospace Standard AS8013A, Minimum Performance Standard for Direction Instrument, Magnetic (Gyroscopically Stabilized)[S]. 1996.

[79] SAE Aerospace Standard AS8016A, Vertical Velocity Instrument (Rate-Of-Climb)[S]. 1996.

[80] SAE Aerospace Standard AS8034B, Minimum Performance Standard for Airborne Multipurpose Electronic Displays[S]. 2011.

[81] Adams R J, Adams C A, Huntley M S, et al. Determination of Loran – C/GPS Human Factors Issues (Report No. DOT/FAA/RD – 93/4; DOT – VNTSC – FAA – 93 – 3)[R]. John A Volpe National Transportation Systems Center Cambridge MA, 1993.

[82] Ahlstrom V, Longo K. Human factors design standard for acquisition of commercial-off-the-shelf subsystems, non-developmental items, and

developmental systems（DOT/FAA/CT‐03/05 HF‐STD‐001）［S］. Atlantic City：Federal Aviation Administration William J. Hughes Technical Centre，2003.

[83] Friedman-Berg F，Allendoerfer K，Pai S. Human Factors Analysis of Safety Alerts in Air Traffic Control［J］. Human Factors，2007.

[84] Berson B L，Po-Chedley D A，Boucek G P，et al. Aircraft Alerting Systems Standardization Study. Volume II. Aircraft Alerting System Design Guidelines（DOT‐FAA‐RD‐81/38，II）［R］. Boeing Commercial Airplane co Seattle WA，1981.

[85] Boucek G P. Aircraft alerting systems standardization study，phase I：final report（Report No：FAA‐RD‐80‐68）［M］. Dept. of Transportation，Federal Aviation Administration，Systems Research and Development Service，1980.

[86] Boucek Jr G P，Veitengruber J E，Smith W D. Aircraft alerting systems criteria study. Volume II. Human factors guidelines for aircraft alerting systems（Report No：FAA‐RD‐78‐222 II）［R］. Boeing Commercial Airplane co Seattle WA，1977.

[87] Cardosi K，Hannon D. Guidelines for the Use of Color in ATC Displays（DOT‐VNTSC‐FAA‐98‐5；DOT/FAA/AR‐99/52）［R］. John A Volpe National Transportation Systems Center Cambridge MA，1999.

[88] Cardosi K M，Huntley M S. Human Factors for Flight Deck Certification Personnel（DOT‐VNTSC‐FAA‐93‐4；DOT‐FAA‐RD‐93‐5）［R］. John A Volpe National Transportation Systems Center Cambridge MA，1993.

[89] Cardosi K M，Murphy E D. Human factors in the design and evaluation of air traffic control systems（DOT‐VNTSC‐FAA‐95‐3；DOT/FAA/RD‐95‐3）［R］. John A Volpe National Transportation Systems Center Cambridge MA，1995.

[90] Chamberlain R M，Heers S T，Mejdal S，et al. Multi-Function Displays：A Guide for Human Factors Evaluation（DOT/FAA/OAM‐TM‐03‐01）［R］. Monterey Technologies inc Monterey CA，2013.

[91] Chandra D C，Yeh M. A tool kit for evaluating electronic flight bags（DOT/FAA/AR‐06/44；DOT‐VNTSC‐FAA‐06‐21）［C］. 2006.

[92] Chandra D C，Yeh M，Riley V，et al. Human factors considerations in the design and evaluation of Electronic Flight Bags（EFBs），Version 2（DOT‐VNTSC‐FAA‐03‐07；DOT/FAA/AR‐03/67）［J］. Electronic

Equipment，2003.

[93] Corwin W H，Sandry-Garza D L，Biferno M H，et al. Assessment of Crew Workload Measurement Methods，Techniques and Procedures. Volume 1. Process，Methods and Results（WRDC – TR – 89 – 7006）[R]. Douglas Aircraft co Long Beach CA，1989.

[94] Abbott K，McKenney D，Railsback P. Operational use of flight path management systems [R]. Final Report，Performance-based operations Aviation Rulemaking Committee/Commercial Aviation Safety Team， Flight Deck Automation Working Group，2013.

[95] Gabree S，Yeh M，Jo Y J. Electronic Flight Bag（EFB）：2010 Industry Survey（DOT – VNTSC – FAA – 10 – 14）[R]. 2010.

[96] General Aviation Manufacturers Association. Recommended practices and Guidelines for Part 23 Cockpit/Flight Deck Design（GAMA Publication No. 10）[G]. Washington，GAMA，2000.

[97] Huntley Jr M S，Turner J W，Donovan C S，et al. FAA Aircraft Certification Human Factors and Operations Checklist for Standalone GPS Receivers（TSO C129 Class A）（DOT/FAA/AAR – 95/3；DOT – VNTSC – FAA – 95 – 12）[R]. John A Volpe National Transportation Systems Center Cambridge MA，1995.

[98] McAnulty D M. Guidelines for the design of GPS and LORAN receiver controls and displays（DOT – VNTSC – FAA – 95 – 7；DOT/FAA/RD – 95 – 1）[R]. Technical Report DOT/FAA/RD – 95/01. Washington，DC： Federal Aviation Administration，1995.

[99] Mejdal S，McCauley M E，Beringer D B. Human factors design guidelines for multifunction displays（DOT/FAA/AM – 01/17）[R]. Monterey Technologies inc Monterey CA，2001.

[100] NASA N. Std – 3000. man systems integration standards [S]. National Aeronautics and Space Administration：Houston，USA，1995.

[101] Tsang P S，Vidulich M A. Principles and practice of aviation psychology [M]. Lawrence Erlbaum Associates Publishers，2003.

[102] Wickens C D，Dixon S R. Is There a Magic Number 7（to the Minus 1）?： The Benefits of Imperfect Diagnostic Automation：A Synthesis of the Literature [M]. University of Illinois at Urbana-Champaign，Aviation Human Factors Division，2005.

[103] Wright M. Global Positioning System：A Guide for the Approval of GPS Receiver Installation and Operation（DOT – VNTSC – FAA – 96 – 18）[R].

John a volpe national transportation systems center cambridge ma，1996.

[104] Wright M C，Barlow T. Resource Document for the Design of Electronic Instrument Approach Procedure Displays（DOT‒VNTSC‒FAA‒95‒9；DOT/FAA/RD‒95/2）［R］. BATTELLE MEMORIAL INST COLUMBUS OH，1995.

[105] Yeh M. Human factors considerations in the design and evaluation of moving map displays of ownship on the airport surface（DOT/FAA/AR‒04/39；DOT‒VNTSC‒FAA‒04‒11）［R］. John A. Volpe National Transportation Systems Center，2004.

[106] Yeh M，Chandra D C. Designing and evaluating symbols for electronic displays of navigation information：Symbol stereotypes and symbol-feature rules（DOT/FAA/AR‒05/48；DOT‒VNTSC‒FAA‒05‒16）［R］. 2005.

[107] Yeh，M. and Chandra，D. C. Survey of Symbology for Aeronautical Charts and Electronic Displays：Navigation Aids，Airports，Lines，and Linear Patterns（DOT/FAA/AR‒07/66；DOT‒VNTSC‒FAA‒08‒01）［R］. 2008.

[108] Yeh M，Eon D. Surface moving map industry survey（DOT‒VNTSC‒FAA‒09‒15）［R］. 2009.

[109] Yeh M，Gabree S. Human Factors Considerations for the Integration of Traffic Information and Alerts on an Airport Surface Map（DOT/FAA/AR‒TN10/28，DOT‒VNTSC‒FAA‒10‒16）［M］. US Federal Aviation Administration，Human Factors Research and Engineering Group，2010.

[110] Zuschlag M，Chandra D C，Grayhem R. The Usefulness of the Proximate Status Indication as Represented by Symbol Fill on Cockpit Displays of Traffic Information（DOT‒VNTSC‒FAA‒13‒03；DOT/FAA/TC‒13/24）［R］. 2013.

[111] 班永宽.世界航空安全与事故分析 第五集，航空事故与人为因素［M］.上海：中国民航出版社，2002.

[112] 凌晓熙.人为因素对航空安全影响的研究［J］.中国科技信息，2007（9）：87‒89.

[113] 钟仕兵.人为差错因素的危害与预防［J］.中国民用航空，2005（10）：63‒64.

[114] 李丽洁.人为差错案例分析及其对策［J］.中国民航学院学报，2004，22（B06）：71‒74.

[115] 张晶,李映红,魏东.减少人为差错保证飞行安全——基于人因工程学的飞

行安全中的人为因素研究[J].科技信息,2010(5):208.

[116] 傅山.民用运输类飞机驾驶舱人为因素设计原则[M].上海:上海交通大学出版社,2013.

[117] 王有隆.民用飞机电子显示技术的发展[J].航空电子技术,2002,33(2):31-36.

[118] 徐敏敏,揭裕文.面向适航审定的飞行场景研究[J].民用飞机设计与研究,2014(2):66-69.

[119] 江卓远,孙瑞山.民机飞行安全中的人为因素影响机理研究[J].科技创新导报,2016,13(15):181.

[120] 傅山,王臻.驾驶舱人机工效综合评价体系[J].科技资讯,2016,14(12):161.

[121] 傅山,王黎静,黄丹.民用飞机驾驶舱人机工效综合评估理论与方法研究年度报告[J].科技资讯,2016,14(13):179-180.

[122] 何静远.驾驶舱驾驶员手眼配合模式与认知过程相关性研究[D].上海:上海交通大学,2013.

[123] 钮松.面向民机驾驶舱人机工效设计的布局优化研究[D].南京:南京航空航天大学,2013.

[124] 许卫.有关自动化飞机驾驶舱的人机工效学问题[J].国际航空,2004(5):49-51.

[125] 吴文灿,姜国华.驾驶舱显示与照明系统人机工效的可靠性设计与分析[J].航天医学与医学工程,1998,11(1):60-62.

[126] 王黎静,袁修干.飞机座舱设计人机工效评价探讨[J].中国安全科学学报,2002,12(2):64-66.

[127] 周颖伟,庄达民,吴旭,等.显示界面字符编码工效设计与分析[J].北京航空航天大学学报,2013(6):761-765.

[128] 舒秀丽,董文俊,董大勇.基于人机工效的民机驾驶舱设计原理[J].航空工程进展,2015,6(2):222-227.

[129] 张垠博,吴磊,谢岳峰.基于人机工效的民用飞机中央操纵台中部区域设计[J].航空科学技术,2014(8):38-43.

[130] 林燕丹,艾剑良,杨彪,等.民机驾驶舱在恶劣光环境下的驾驶员视觉工效研究[J].科技资讯,2016,14(13):175-176.

索　引